深入 SQL Server 2016 高可用

［美］Paul Bertucci 著

连晓峰 周春元 译

中国水利水电出版社
www.waterpub.com.cn
·北京·

内 容 提 要

"永远在线，永远可用"对于任何一个现代化公司来说，这不仅是一个业务目标，更是竞争需求。

本书重点讲述了 SQL Server 2016 的高可用特性及企业实战技术。通过学习并掌握这些技术，读者能够亲自打造一个高可用性系统。主要内容包括微软 SQL Server 集群、SQL 数据复制、日志迁移、数据库镜像/快照、持续可用性组以及基于 Azure 的大数据和 Azure SQL 内置架构等。本书还提供了一组反映企业真实的高可用性需求的业务场景，引领读者学习高可用性的设计过程，并讲解如何选择最合适的高可用性选项、方法及策略，从而使读者学会用特定的技术方案来实现业务场景的高可用性需求。本书业务场景的引入及实现源自真实的客户案例，便于读者理解真实业务场景的高可用性情况。

本书适合系统设计师、系统架构师、系统管理员、数据构架师、DBA、SQL 开发人员及一些管理岗位人员（如 CIO、CTO 等）学习参考，也适合大学数据库相关专业的师生作为参考用书。

北京市版权局著作权合同登记图字：01-2018-4779

本书授权译自培生教育集团旗下之 Sams 出版公司的英文原版书 *SQL SERVER 2016 HIGH AVAILABILITY UNLEASHED* 第 1 版，原书书号 9780672337765，作者 BERTUCCI, PAUL；SHREEWASTAVA, RAJU。本书版权归培生教育出版集团公司所有，Copyright©2018 by Pearson Eduation, Inc）

版权所有，未经培生教育集团公司允许，本书任何部分都不能以任何形式、任何方式进行复制或转换，如电子方式或机械方式，包括复印、录制或存储于检索系统。本书简体中文版由中国水利水电出版社版，Copyright©2018。

图书在版编目（CIP）数据

深入SQL Server 2016高可用 /（美）保罗·贝尔图奇（Paul Bertucci）著；连晓峰，周春元译. -- 北京：中国水利水电出版社，2018.8
书名原文：SQL SERVER 2016 HIGH AVAILABILITY UNLEASHED(INCLUDES CONTENT UPDATE PROGRAM)
ISBN 978-7-5170-6723-8

Ⅰ. ①深… Ⅱ. ①保… ②连… ③周… Ⅲ. ①关系数据库系统 Ⅳ. ①TP311.138

中国版本图书馆CIP数据核字(2018)第185606号

责任编辑：周春元　　加工编辑：孙 丹　　封面设计：梁 燕

书　名	深入 SQL Server 2016 高可用 SHENRU SQL Server 2016 GAO KEYONG
作　者	［美］Paul Bertucci 著 连晓峰　周春元 译
出版发行	中国水利水电出版社 （北京市海淀区玉渊潭南路 1 号 D 座 100038） 网址：www.waterpub.com.cn E-mail：mchannel@263.net（万水） 　　　　sales@waterpub.com.cn 电话：（010）68367658（营销中心）、82562819（万水）
经　售	全国各地新华书店和相关出版物销售网点
排　版	北京万水电子信息有限公司
印　刷	三河市铭浩彩色印装有限公司
规　格	184mm×240mm　16 开本　22 印张　455 千字
版　次	2018 年 8 月第 1 版　2018 年 8 月第 1 次印刷
印　数	0001—3000 册
定　价	68.00 元

凡购买我社图书，如有缺页、倒页、脱页的，本社营销中心负责调换

版权所有·侵权必究

作者简介

Paul Bertucci 是 Data by Design 公司的创始人（www.dataXdesign.com）。该公司是一家在美国和法国巴黎设有办事处的数据库咨询公司。作者在数据库设计、数据建模、数据结构、数据复制、性能调优、分布式数据系统、大数据/Hadoop、数据集成、高可用性、灾难恢复/业务连续性、主数据管理/数据质量等方面具有 30 多年的丰富经验，并为包括英特尔、可口可乐、赛门铁克、Autodesk、苹果、东芝、洛克希德、威尔斯银行、美林、Safeway、Texaco、Charles Schwab、Wealth Front、太平洋天然气和电力、Dayton Hudson、Abbott Labs、思科、Sybase、本田等世界 500 强企业提供过系统架构服务。作者曾撰写大量论文、公司和国际数据标准，并为 Sybase 开设"性能调优"和"物理数据库设计"课程，为 Chen & Associates（Peter P. Chen 博士）开设"实体关系建模"等优质课程。其作品还包括在 Sams 出版社出版的《微软 SQL Server 详解丛书（SQL Server2000, 2005, 2008R2, 2012 和 2014）》《24 小时不间断运行的 ADO.NET》和《微软 SQL Server 高可用性》等。

作者曾部署过基于 MS SQL Server、Sybase、DB2 和 Oracle 数据库引擎的许多传统数据库系统，以及基于 Hadoop 和非 SQL 数据库（键值对）（如 Oralce 的 NoSQL 和 Cassandra 的 NoSQL）的大数据数据库系统。另外，还设计/架构了一些数据库、数据建模、性能调优、数据完整性、数据集成和多维空间规划等方面的商业化工具

作者还是市值数十亿美元的全球企业架构团队的领导者，同时领导过数据仓库/BI、大数据、主数据管理、身份管理、企业应用集成和协作系统方面的全球团队。曾担任赛门铁克首席数据架构师、Autodesk 共享服务首席架构师和首席执行官、Diginome 首席技术官、LISI 和 PointCare 首席执行官等职务。作者经常在许多会议和全球峰会上发表演讲，如 SQL Saturday、Ignite、TechEd、MDM 峰会、Oracle World、Informatica World、SRII、MIT 首席数据官研讨会等。

作者毕业于加州大学伯克利分校的计算机科学和电气工程专业。目前与三个孩子（Donny、Juliana 和 Nina）生活在太平洋西北部（俄勒冈州），另外还有两个已工作的孩子——Marissa 和 Paul Jr 生活在波特兰。

可以通过 pbertucci@dataXdesign.com 与作者联系。

合作者

Raju Shreewastava 是一名众多全球企业的数据仓库、商业智能和大数据知名专家。在硅谷负责一些大数据重大项目的实现。在 Autodesk 公司与 Paul 共事时，曾负责数据仓库/商业智能和大数据团队。为本书第 11 章提供了大数据和 Azure 方面的内容及相关示例。作者在数据库设计、数据集成和部署方面具有 20 多年的丰富经验。可通过 raju.shreewastava@gmail.com 与作者联系。

本书献给

不经历风雨怎能见彩虹，没有付出艰苦的努力、坚持、灵感和实践，很难实现成功。本人成功的点点滴滴都要归功于我的父母——Donald 和 Jane Bertucci。另外，我的灵感源于我想成为孩子们的好父亲，帮助他们在人生道路上取得成功，但更大的灵感和支持来自于我的爱人——Michelle，谨以此书献给她。

致谢

在本书的写作过程中，需要花费大量的时间来研究、演示和描述最前沿的技术主题，这些重任都落在我身边的同事和友人身上。铭记在心，在此感谢我的家人，他们允许我占用本应属于家庭的几个月的"温馨时光"。

当然，付出总会有回报，这就形成了技术卓越且业务关系稳固的团队。在此，许多人直接或间接地参与了本书的工作。在此特别感谢以下杰出的技术人员：Yves Moison, Jose Solera, Anthony Vanlandingham, Jack McElreath, Paul Broenen, Jeff Brzycki, Walter Kuketz, Steve Luk, Bert Haberland, Peter P. Chen, Gary Dunn, Martin Sommer, Raju Shreewastava, Mark Ginnebaugh, Christy Foulger, Suzanne Finley 和 G. "Morgan" Watkins。

另外，还要感谢 Ryan McCarty 提供的技术环境、安装和测试，以及 Raju Shreewastava 提供的第 11 章中有关大数据和 Azure 的大部分内容及示例。

非常感谢你们！

此外，Pearson 出版社的责任编辑和文字编辑还提出了许多很好的建议和意见，他们为本书的出版付出了巨大的努力。

意见反馈

作为本书读者，你们的评价和意见最为重要。我们非常重视您的意见，并想从中获知我们哪些做得对、哪些可以做得更好、希望出版哪些领域的丛书，以及任何留言。

期待您的评论，可以通过电子邮件或来信告诉我们您的感受、书中的不足之处，以及希望我们提供的更好服务。

但请注意，我们不能为您解决与本书主题相关的技术问题。

来信时，请务必注明本书书名、作者以及您的姓名和电子邮件地址。我们将仔细阅读您的意见，并与本书作者和编辑进行沟通。

电子邮件：consumer@samspublishing.com

地址： Sams 出版社
ATTN: 读者反馈
800 East 96th Street
Indianapolis
IN 46240 USA

读者资源

为便于下载、更新和修正，请在 www.informit.com 中注册，步骤如下：在 www.informit.com/register 页面登录或创建一个账户，输入本书 ISBN 号 9780672337765 并单击"提交"按钮。注册完成后，您将在注册产品中找到任何可用的额外资源。

前　　言

"永远在线，永远可用。"对于任何一个希望在云计算领域具有竞争力的公司来说，这不仅是一个业务目标，更是竞争需求。部署在正确架构之上的高可用性技术，能够不间断地为客户提供价值。

——Jeff Brzycki，Autodesk 首席信息官，2017 年 3 月

99.999%

宕机（系统服务不可用）带来的损失简单而直接，如带来直接的利润损失、部署能力的损失、客户体验的损失等。如果您的应用经常宕机或者存在较大的宕机风险，那么本书非常适合您。如果您的业务需要通过"高可用"或"持续可用"来保证公司利润、部署能力、客户体验不受损失，那么本书也非常适合您。

帮助您理解高可用性（HA）解决方案、选择高可用性方法，从而达到利益最大化、成本最小化是本书的核心目标。本书为您提供了高可用解决方案设计与实施的路径。一个好消息是，一般的软硬件提供商，特别是微软公司，在产品的可用性方面已经进行了长期的探索，并向着 99.999%（简称 5 个 9）的可用性目标努力前进。一个期望达到 5 个 9 可用性的 24×7 应用，一年的总宕机时间不过 5.26 分钟，所以，如何设计出如此高的可用性是一项非常艰巨的挑战。

本书甚至涉及了一些关于"100% 可用性"的选项。这些技术伴随着高可用性解决方案的正式方法论，将使您能够用最少的开发及平台成本，让系统从设计、安装到维护获得最高的可用性。

满足需求的合适的高可用方法、高可用解决方案的投资回报率（Return on Investment，RIO）是搭建高可用环境的两个核心因素，对这两个因素的理解与把握能力决定了公司的成功或失败。一个公司的核心应用可能需要某种类型的高可用性解决方案。比如，对于一个全球在线定货系统，较长时间宕机不但会造成利润损失，还会影响客户对该公司的口碑，这个赌注就太大了。

本书讲述了如何为新的应用程序进行高可用性设计，以及如何更新当前的应用以提高可用性。在所有案例中，一个关键的考虑是业务驱动，即业务对应用的可用性需求的影响，以及在任何时期内如果该应用不具备这种可用性所带来的生产成本及客户口碑成本。

本书着重讲述了最新的 Microsoft SQL Server 产品的高可用性能力及选项，这些能力将使您能够打造一个高可用性系统，其中包含微软集群服务、SQL Server 2016 的 SQL 集群、SQL 数据复制、日志传输、数据库镜像/快照、保持可用性组以及基于 Azure 的大数据和

Azure SQL 内置架构。

最重要的是，本书提供了一组反映企业真实的高可用性需求的商业场景。通过这些特定的商业场景，使您学会高可用性的设计过程，并告诉您如何选择最合适的高可用性方法，从而学会用特定的技术方案来实现商业场景需求的途径。

与一本技术手册相比，也许您感觉本书更像一本菜谱或谷歌地图中的路线建议，而这正是我们所要达到的效果。一方面，本书对技术语法进行了讲解，但本书更多地聚焦于解释你为什么要选择某个特定方法来满足特定商业或应用需求。本书商业场景的引入及实现源自真实的客户实现，当然鉴于保密因素，本书并没有透露这些客户的具体名称。这些商业场景可用于纠正在面临这些商业场景时的高可用性情况。本书还包含一些使用了微软提供的声名不佳的 AdventureWorks 数据库的案例，使用 AdventureWorks 可以让您快速而方便地重现一些解决方案。

可以在本书的网站链接获得启动您的下一个高可用性实现的工具、脚本、文档、索引，网址是 www.informit.com/title/9780672337765。

本书适用人群

本书适合系统设计师，系统架构师，系统管理员，数据构架师，DBA、SQL 开发人员，以及一些管理岗位人员（如 CIO、CTO 等）学习参考。此外，由于很多问题及影响会导致利润、产品及客户美誉度的损失，所以本书也会对关心判断、选择及投资回报率的 CFO 有所帮助。一个积极的、深刻理解高可用性的好处、复杂性、能力的 CFO，将更容易地了解公司是否很好地处于优秀高可用性技术的保护之下。

本书的组织结构

本书分为以下三个部分：

- ▶ 第一部分，理解高可用性。第 1 章、第 2 章主要阐明高可用性的定义、介绍常见的高可用性商业场景，并介绍了微软产品家族中与高可用性有直接关系的不同的软硬件选择。
- ▶ 第二部分，选择正确的高可用性方法。第 3 章明确定义了一个正式的设计方法，用于在各种商业场景下实现高可用性。
- ▶ 第三部分，实现高可用。第 4 章～第 17 章讲述了每种高可用方案的架构、设计、实现步骤及所需技术。每一个业务场景都达到了完全的高可用性实现。最后是一个对全书涉及的所有方法的总结，同时对高可用性的未来发展进行了展望。

鉴于越来越多的企业或组织涉足大数据业务，所以本书也讨论了关于大数据业务的高可用性。

本书关于高可用性方法的讲解一应俱全。对于给定的业务和服务，从业务需求开始到高可用性实现的结束，相信本书必将带给您足够清晰的理解与认知。

本书的约定惯例

本书中，命令与存储过程的名称一律以等宽字体呈现。对于关键字及对象的名称，我们尽量保持了大小写的一致性，但由于 SQL Server 默认安装的情况下并不区分关键字与对象名称的大小写，所以例子中的关键字或对象名称的大小写并不一定完全一致。

本书的"提示"涵盖了与讨论主题相关的设计与架构思想，表示对所讨论的观点的补充或对设计向导的帮助。例如，对于一个数据库的不同数据存取类型，什么样的磁盘阵列级别是合适的，就会通过"提示"来提供一些额外视角，这些提示可能会高于或超出对磁盘阵列的普通解释，但在创建 SQL Server 数据库时，能够考虑到这些问题是非常有益的。

设定目标

与大家接触过的很多其他系统一样，根据用户（业务）对系统可用性需求的期望，建立起需求文档是非常重要的。对于渴望高可用性的系统来说，这些高可用性需求必须十分精确。创建高可用系统的风险非常高，本书所讲的具有良好理论基础的、经过时间检验的方法论，很好地平衡了成本与收益，并且减少了高可用性技术选择的随意性。对现有或未来的应用的高可用性需求来说，我们还有很多事情要做。本书简单而直接地向您展示了如何理解、进行成本调整、达到这些高可用性目标以及将宕机时间控制在最小的程度。另外，本书还是 Sams 出版公司出版的 *Microsoft SQL Server 2014 Unleashed* 的绝佳姊妹篇。

目录

前言

Part I 理解高可用性

第1章 理解高可用性   1
- 1.1 高可用性概述   1
- 1.2 可用性计算   5
  - 1.2.1 可用性计算示例：一个24×7×365的应用   5
  - 1.2.2 连续可用性   7
- 1.3 可用性变量   9
- 1.4 实现高可用性的一般设计方法   11
- 1.5 内置高可用性的开发方法   12
  - 1.5.1 评估现有应用   14
  - 1.5.2 什么是服务水平协议？   15
- 1.6 高可用性业务场景   15
  - 1.6.1 应用服务供应商   16
  - 1.6.2 全球销售和市场品牌推广   16
  - 1.6.3 投资组合管理   17
  - 1.6.4 挖掘前确认的呼叫中心   17
- 1.7 提供高可用性的微软技术   18
- 1.8 小结   19

第2章 微软高可用性选项   21
- 2.1 高可用性入门   21
  - 2.1.1 创建容错磁盘：RAID和镜像   23
  - 2.1.2 利用RAID提高系统可用性   24
  - 2.1.3 通过分散服务器来降低风险的实例   29
- 2.2 构建高可用性解决方案的微软选项   30
  - 2.2.1 Windows服务器故障转移集群   31
  - 2.2.2 SQL集群   32
  - 2.2.3 AlwaysOn可用性组   34
  - 2.2.4 数据复制   35
  - 2.2.5 日志传送   36
  - 2.2.6 数据库快照   37
  - 2.2.7 微软Azure选项和Azure SQL数据库   38

		2.2.8 应用集群	40
	2.3	小结	41

Part II　选择正确的高可用性方法

第3章　高可用性选择　43

- 3.1 实现高可用性的四步过程 43
- 3.2 步骤1：启动第0阶段高可用性评估 44
  - 3.2.1 第0阶段高可用性评估所需资源 44
  - 3.2.2 第0阶段高可用性评估的任务 45
- 3.3 步骤2：量测高可用性的主要变量 47
- 3.4 步骤3：确定高可用性最优解决方案 48
- 3.5 步骤4：检验所选高可用性解决方案的成本 66
  - 3.5.1 ROI计算 66
  - 3.5.2 在开发方法中添加高可用性元素 67
- 3.6 小结 68

Part III　高可用性实现

第4章　故障转移集群　71

- 4.1 不同形式的故障转移集群 72
- 4.2 集群如何工作 73
  - 4.2.1 理解WSFC 74
  - 4.2.2 利用NLB扩展WSFC 77
  - 4.2.3 在WFSC中如何设置SQL Server集群和AlwaysOn的实现阶段 78
  - 4.2.4 故障转移集群的安装 79
- 4.3 SQL集群配置 84
- 4.4 AlwaysOn可用性组配置 84
- 4.5 SQL Server数据库磁盘配置 85
- 4.6 小结 86

第5章　SQL Server集群　87

- 5.1 在WSFC下安装SQL Server集群 88
- 5.2 SQL Server故障转移集群中需注意的问题 99
- 5.3 多站点SQL Server故障转移集群 99
- 5.4 场景1：具有SQL Server集群的应用服务提供商 100
- 5.5 小结 102

第6章　SQL Server AlwaysOn可用性组　103

- 6.1 AlwaysOn可用性组用例 103
  - 6.1.1 Windows服务器故障转移集群 104
  - 6.1.2 AlwaysOn故障转移集群实例 104

		6.1.3 AlwaysOn可用性组	105
		6.1.4 故障转移与扩展选项结合	108
	6.2	构建一个多节点AlwaysOn配置	108
		6.2.1 验证SQL Server实例	109
		6.2.2 设置故障转移集群	109
		6.2.3 准备数据库	111
		6.2.4 启用AlwaysOn高可用性	111
		6.2.5 备份数据库	112
		6.2.6 创建可用性组	112
		6.2.7 选择可用性组的数据库	113
		6.2.8 确定主副本和次要副本	115
		6.2.9 同步数据	116
		6.2.10 设置监听器	118
		6.2.11 连接所用的监听器	121
		6.2.12 故障转移到次要副本	121
	6.3	仪表盘和监测	123
	6.4	场景2：使用AlwaysOn可用性组的投资组合管理	124
	6.5	小结	126
第7章	SQL Server数据库快照		127
	7.1	数据库快照的含义	128
	7.2	即写即拷技术	131
	7.3	何时使用数据库快照	132
		7.3.1 恢复目的的快照还原	132
		7.3.2 在大规模更改之前保护数据库	133
		7.3.3 提供测试（或质量保证）起始点（基线）	133
		7.3.4 提供时间点报表数据库	134
		7.3.5 从镜像数据库提供高可用性和卸载报表数据库	135
	7.4	设置和撤销数据库快照	136
		7.4.1 创建一个数据库快照	136
		7.4.2 撤销一个数据库快照	140
	7.5	用于恢复的数据库快照还原	140
		7.5.1 通过数据库快照还原源数据库	140
		7.5.2 利用数据库快照进行测试和QA	141
		7.5.3 数据库快照的安全保障	142
		7.5.4 快照的稀疏文件大小管理	142
		7.5.5 每个源数据库的数据库快照个数	143
		7.5.6 为实现高可用性添加数据库镜像	143
	7.6	数据库镜像的含义	143
		7.6.1 何时使用数据库镜像	145
		7.6.2 数据库镜像配置的角色	145
		7.6.3 角色扮演和角色切换	145

		7.6.4 数据库镜像工作模式	146
7.7	设置和配置数据库镜像		147
	7.7.1	准备镜像数据库	147
	7.7.2	创建端点	149
	7.7.3	授权权限	151
	7.7.4	在镜像服务器上创建数据库	151
	7.7.5	确定数据库镜像的其他端点	153
	7.7.6	监视镜像数据库环境	154
	7.7.7	删除镜像	157
7.8	测试从主服务器到镜像服务器的故障转移		158
7.9	在数据库镜像上设置数据库快照		160
7.10	场景3：使用数据库快照和数据库镜像的投资组合管理		162
7.11	小结		164

第8章　SQL Server数据复制　165

8.1	实现高可用性的数据复制		165
	8.1.1	快照复制	165
	8.1.2	事务复制	166
	8.1.3	合并复制	166
	8.1.4	数据复制的含义	167
8.2	发布服务器、分发服务器和订阅服务器的含义		169
	8.2.1	发布和项目	170
	8.2.2	筛选项目	170
8.3	复制方案		173
	8.3.1	中央发布服务器	174
	8.3.2	具有远程分发服务器的中央发布服务器	175
8.4	订阅		176
	8.4.1	请求订阅	176
	8.4.2	推送订阅	177
8.5	分发数据库		177
8.6	复制代理		178
	8.6.1	快照代理	178
	8.6.2	日志读取器代理	179
	8.6.3	分发代理	179
	8.6.4	各种其他代理	180
8.7	用户需求驱动的复制设计		180
8.8	复制设置		180
	8.8.1	启用分发服务器	181
	8.8.2	发布	183
	8.8.3	创建一个发布	183
	8.8.4	创建一个订阅	185
8.9	切换到温备用（订阅服务器）		190

	8.9.1	切换到温备用的场景	190
	8.9.2	切换到温备用（订阅服务器）	190
	8.9.3	订阅服务器转换为发布服务器（如果需要）	191
8.10	复制监视		191
	8.10.1	SQL语句	191
	8.10.2	SQL Server Management Studio	192
	8.10.3	Windows性能监视器与复制	194
	8.10.4	复制配置的备份和恢复	194
8.11	场景2：利用数据复制的全球销售和市场营销		196
8.12	小结		198

第9章 SQL Server日志传送　　199

9.1	廉价的高可用性		199
	9.1.1	数据延迟和日志传送	200
	9.1.2	日志传送的设计和管理含义	201
9.2	日志传送设置		202
	9.2.1	创建日志传送之前	202
	9.2.2	利用数据库日志传送任务	203
	9.2.3	源服务器发生故障时	211
9.3	场景4：使用日志传送的挖掘前呼叫		211
9.4	小结		213

第10章 云平台的高可用性选项　　215

10.1	高可用性云存在的问题		215
10.2	利用云计算的高可用性混合方法		216
	10.2.1	复制拓扑的云扩展	217
	10.2.2	为提高高可用性的日志传送云扩展	219
	10.2.3	为提高高可用性创建一个云端拉伸数据库	220
	10.2.4	将AlwaysOn可用性组应用到云端	221
	10.2.5	利用云端的AlwaysOn可用性组	222
	10.2.6	在云端使用高可用性的Azure SQL数据库	224
	10.2.7	使用主动式异地数据复制备援	225
	10.2.8	使用云端Azure大数据选项时的高可用性	226
10.3	小结		226

第11章 高可用性和大数据选项　　227

11.1	Azure的大数据选项		227
	11.1.1	HDInsight	228
	11.1.2	机器学习Web服务	229
	11.1.3	数据流分析	229
	11.1.4	认知服务	229
	11.1.5	数据湖分析	229

11.1.6	数据湖存储	229
11.1.7	数据工厂	230
11.1.8	嵌入式Power BI	231
11.1.9	微软Azure数据湖服务	231

11.2 HDInsight特性 231
- 11.2.1 使用NoSQL功能 232
- 11.2.2 实时处理 232
- 11.2.3 交互式分析的Spark 233
- 11.2.4 用于预测分析和机器学习的R服务器 233
- 11.2.5 Azure数据湖分析 233
- 11.2.6 Azure数据湖存储 234

11.3 Azure大数据的高可用性 235
- 11.3.1 数据冗余 235
- 11.3.2 高可用性服务 236

11.4 如何创建一个高可用性的HDInsight集群 236
11.5 大数据访问 244
11.6 从企业初创到形成规模的过程中，大数据经历的七个主要阶段 246
11.7 大数据解决方案需要考虑的其他事项 249
11.8 Azure大数据用例 249
- 11.8.1 用例1：迭代探索 249
- 11.8.2 用例2：基于需求的数据仓库 250
- 11.8.3 用例3：ETL自动化 250
- 11.8.4 用例4：BI集成 250
- 11.8.5 用例5：预测分析 250

11.9 小结 250

第12章 高可用性的硬件和操作系统选项 253

12.1 服务器高可用性的考虑 254
- 12.1.1 故障转移集群 254
- 12.1.2 网络配置 255
- 12.1.3 虚拟机集群复制 256
- 12.1.4 虚拟化竞争 256

12.2 备份考虑 258
- 12.2.1 集成虚拟机管理程序复制 259
- 12.2.2 虚拟机快照 259
- 12.2.3 灾难恢复即服务 260

12.3 小结 260

第13章 灾难恢复和业务连续性 261

13.1 如何实现灾难恢复 262
- 13.1.1 灾难恢复模式 263
- 13.1.2 恢复目标 268

    13.1.3 以数据为中心的灾难恢复方法 268
  13.2 灾难恢复的微软选项 269
    13.2.1 数据复制 269
    13.2.2 日志传送 271
    13.2.3 数据库镜像和快照 272
    13.2.4 数据变更捕获 272
    13.2.5 AlwaysOn可用性组 273
    13.2.6 Azure和主动式异地数据复制备援 275
  13.3 灾难恢复的整体过程 275
    13.3.1 灾难恢复的重点关注问题 276
    13.3.2 规划和执行灾难恢复 282
  13.4 近期是否有过拆分数据库 282
  13.5 第三方灾难恢复方案 283
  13.6 小结 283

第14章 高可用性实现 285
  14.1 首要基础 285
  14.2 组建高可用性评估小组 287
  14.3 设置高可用性评估项目计划进度/时间表 288
  14.4 执行第0阶段高可用性评估 288
    14.4.1 步骤1：进行高可用性评估 289
    14.4.2 步骤2：确定高可用性主要变量 291
    14.4.3 在开发生命周期中集成高可用性任务 292
  14.5 选择高可用性解决方案 294
  14.6 确定高可用性解决方案是否具有高性价比 296
  14.7 小结 298

第15章 当前部署的高可用性升级 299
  15.1 量化当前部署 300
  15.2 确定采用何种高可用性解决方案进行升级 302
  15.3 规划升级 306
  15.4 执行升级 306
  15.5 测试高可用性配置 307
  15.6 监视高可用性的性能状况 308
  15.7 小结 310

第16章 高可用性和安全性 313
  16.1 安全性总体框架 314
    16.1.1 使用对象权限和角色 315
    16.1.2 使用模式绑定视图的对象保护 317
  16.2 确保高可用性选项具有适当的安全性 319
    16.2.1 SQL集群安全性考虑 319

		16.2.2 日志传送安全性考虑	320
		16.2.3 数据复制安全性考虑	321
		16.2.4 数据库快照安全性考虑	322
		16.2.5 AlwaysOn可用性组安全性考虑	323
	16.3	SQL Server审核	324
	16.4	小结	327

第17章	高可用性的未来发展方向	329
17.1	高可用性即服务	329
17.2	100%虚拟化的平台	330
17.3	100%的云平台	331
17.4	先进的异地数据复制备援	332
17.5	灾难恢复即服务？	334
17.6	小结	335

第 1 章
理解高可用性

清楚地了解构成高可用性环境的关键要素和完全理解需要考虑高可用性解决方案的业务需求，在很大程度上决定了公司的成败。很多情况下，一个公司最关键的应用可能需要某种类型的高可用性解决方案。高可用性通常是指具有"可恢复能力"，即快速恢复或故障转移的能力。在当今竞争日趋激烈的市场中，如果一个全球在线订单系统崩溃（即由于任何原因而不可用），且在任何一段时间内停机，那么会造成数百万美元的巨大经济损失，同时也会使得公众对企业的好感大大降低。企业利润本身就很低，更别提算上停机成本后企业是否还有利润了。计划外甚至计划中停机所造成的影响可能会大大超出预先想象。

本章内容提要
- 高可用性概述
- 可用性计算
- 可用性变量
- 实现高可用性的一般设计方法
- 内置高可用性的开发方法
- 高可用性业务场景
- 提供高可用性的微软技术
- 小结

1.1 高可用性概述

Ponemon Institute 2013 年的一份调查报告显示，计划外停机的成本十分昂贵，且停机成本日益增加（详见 www.datacenterknowledge.com/archives/2013/12/03/study-cost-data-center-downtime-rising）。报告指出，计划外停机每分钟的平均成本达到了 7900 美元，比 2010 年上升了 41%。在同一调查报告中，所报道的事故平均时间长度达到了 86 分钟，由此计算可得平均每次事故的成本约为 690200 美元（2010 年，平均时长为 97 分钟，成本约为 505500 美元）。

由 Eagle Rock 联盟最近发起的专注于工业领域停机成本的另一项调查（ERP；详见 www.eaglerockltd.com）

表明，每小时的停机成本显著偏高，尤其是对于某些工业部门。以下是每小时经济损失的示例：

- 航空订票系统——每小时损失 150000 ～ 200000 美元
- ATM 服务系统——每小时损失 12000 ～ 17000 美元
- 证券交易系统（零售）——每小时损失 560 万～ 730 万美元

上述研究结果表明，全球停机成本平均每年超过数十亿美元甚至更多。

建立一个支撑业务的稳健应用的风险是很高的。一个技巧是，在一开始的时候就将应用建立在满足可用性需求的架构和系统中。如果已有一个需结合高可用性解决方案进行部署的应用，那么公司可能会有风险，需要尽快实现高可用性解决方案不计代价付诸实施（且不能有任何差错）。如果正在构建一个新的应用，那么需要考虑一个适当的高可用性解决方案，通过综合考虑各种高可用性影响因素并将其整合到当前的开发方法中。

本章定义了许多高可用性相关术语，介绍了可用性百分比的计算过程，区分了不同类别的可用性，展示了一个完整的高可用性需求（或许是自身的高可用性需求）所需的关键信息，并描述了一些常见的高可用性业务场景。后续的章节将介绍如何将高可用性需求与特定的高可用性解决方案相匹配，其中重点是基于微软的选项。如今，可以利用现场选项、云平台选项以及包括现场选项和云选项在内的各种混合选项。尽管这是非常新的技术，但微软已经推出针对应用和数据库层的完整的平台即服务（PaaS）选项，且可以摒弃大部分的行政管理。这些选项的特点在于具有 Azure SQL 数据库和涵盖各种高可用性解决方案的配置。

如图 1.1 所示，实现系统的高可用性其实是将一些元素组合在一起。图中展现了许多可能的系统组件，包括现场的、云端的和混合的选项。从高可用性角度来看，应用只能与该复杂栈中最薄弱环节的性能相同。

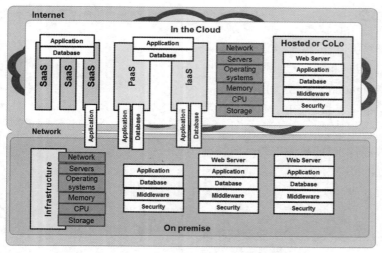

图 1.1 表明可能发生故障的各个系统硬件和软件组件的系统栈

Key Words:
Internet 互联网
in the cloud 在云端
application 应用
database 数据库
network 网络
servers 服务器
operating systems 操作系统
memory 内存
storage 存储
infrastruction 基础设施
middleware 中间件
security 安全性
hosted or CoLo 托管或主机托管

应用可能是在云端的软件即服务（SaaS）应用，此时，可用性主要依赖于 SaaS 供应商，只需考虑如何保证互联网与网络的连接。或许你已利用云端的 PaaS 环境构建了应用，同理，其可用性也必须依赖于 PaaS 供应商。现在已有许多其他云和托管选项的组合可供使用，如图 1.1 所示，包括使用基础设施即服务（IaaS）、完全托管的基础设施（租用硬件）和主机托管（CoLo，服务器位于他人机架上）。

由图 1.1 还可知，每个系统组件（网络、应用、中间件、数据库和操作系统）都有各自的漏洞，可能会影响系统栈中的其他层。

如果操作系统崩溃或为了执行维护计划而必须关闭，那么就会影响系统栈的其他部分。栈的最外层是网络，如果网络发生故障，应用可能不会受到影响（即应用仍正常运行）。然而，由于用户不能通过网络访问应用，所以实质上应用也"停机"了。

在整个系统栈中嵌入的是所有物理硬件（基础设施）组件，它们有各自的故障问题。随着逐步趋向于基于云或混合的应用解决方案，高可用性的关注重点也会重新调整。而且最重要的是，在这些组件中还贯穿着人为失误的可能性。如果可以减少或消除人为失误（意外将数据库脱机、意外删除表中数据等），那么就会大大增加系统的可用性（现在已有解决人为失误问题的标准方法，但这超出了本书的讨论范畴）。

正如图 1.2 中的可用性树所示，应用的连续可用性（或高可用性）主要涉及三个变量：

- 正常运行时间：应用启动、运行和最终用户可用的时间。
- 计划停机时间：IT 人员为完成计划维护、升级等任务而导致一个或多个系统栈不可用的时间。
- 计划外停机时间：由于故障，如人为失误、硬件故障、软件故障或自然灾害（地震、龙卷风等）而造成的系统不可用的时间。

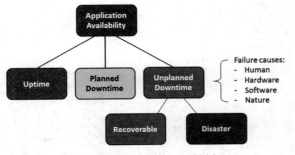

图 1.2　描述可用性不同方面的可用性树

正如可能从自身经历中所知道的，计划停机时间占到了大多数系统不可用的绝大部分时间。其中包括硬件升级、操作系统升级（如从 Windows 2010 升级到 Windows 2014），以及对数据库、操作系统或应用的服务包应用。然而，采用最小化（通常是完全消除）上述因素的硬件和软件平台是一种稳定的发展趋势。例如，许多供应商提供的系统的硬件组件都是"热插拔"的,如处理器、磁盘驱动器甚至内存。但这些系统的价格往往很高。对此,我们将在第3章"高可用性选择"中讨论高可用性系统的成本和ROI。

正常运行时间变量通常需要测量的值,往往希望其越来越接近应用所需的"连续可用"水平。任何停机,无论是计划中的还是计划外的,都会影响一个所需的高可用性系统的总体要求。可以通过使用基本的分布式数据技术、基本的备份和恢复操作、基本的应用集群技术以及利用可以几乎完全克服故障的硬件解决方案,将正常运行时间"设计"到整个系统栈和应用架构中。

计划外停机的表现形式通常包括内存故障、磁盘驱动器故障、数据库损坏(包括逻辑和物理)、数据完整性故障、病毒入侵、应用出错、操作系统崩溃、网络故障、自然灾害和简单的人为失误等。综上,基本上有两种类型的计划外停机:

- ▶ 由正常恢复机制"可恢复"的停机。包括诸如插入一个新的硬盘驱动器以替换一个故障硬盘,然后进行系统备份的类似停机。
- ▶ "不可恢复"并会导致系统完全不可用且无法本地恢复的停机。包括自然灾害或任何其他影响硬件的计划外停机(对于生活在加利福尼亚的人们,经常会被提醒可能会导致许多系统停机且发生不可恢复故障的地震和森林火灾等)。

此外,一个良好的灾难恢复计划对于任何公司的关键应用实现都是至关重要的,且应该是高可用性计划的一部分。

如果只对所有应用采用一种标准的高可用性技术,那么可能会牺牲一些同样重要的东西(如性能或恢复时间)。所以,应谨慎选择高可用性通用实现方法。一个很好的示例是某主要汽车制造商所采用的一种模板较差的高可用性方法(在此最好匿名)。图1.3给出了该公司所有B2C应用的公共SQL集群环境。

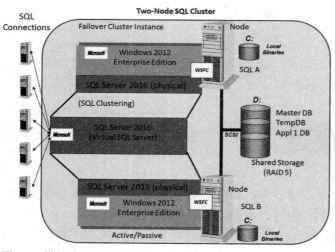

图1.3 模板较差的高可用性方法

该公司使用 SQL 集群的思路是正确的。困惑的是为什么有些应用运行非常慢，以及为什么所有这些应用在发生故障时的恢复时间都相当长。公司所犯的第一个错误是对所有应用采用 RAID 5 的共享存储。RAID 5 最适合于只读应用，但对于典型的 OLTP 应用会执行两次磁盘 I/O，这将直接导致整体性能下降。此外，只在夜间进行完整数据库备份（日间没有进行任何备份），也就是在白天这些面向 OLTP 的应用都是以一定"风险"在运行（无快速恢复）。因此，公司需要对这些数据随时变化的应用执行快速的增量事务日志备份。以上提到的问题仅仅是冰山一角。

1.2 可用性计算

计算一个系统具有的（或需要的）可用性实际上非常简单。只需从"平均不可用间隔时间"中减去"不可用的时间"，然后再除以相同的"平均不可用间隔时间"。具体公式如下：

$$可用性百分比 = [(MBU - TU) / MBU] \times 100$$

式中：MBU 为平均不可用间隔时间；TU 为不可用时间（计划/计划外停机时间）。

在此，选择一个统一的时间单位（如分钟）作为上式计算的基准非常重要。若是计算已经发生的停机时间，那么"不可用时间"是实际时间；而若是计算预计停机时间，则该值是估计时间。此外，此处要考虑所有计划外停机时间和计划停机时间。"平均不可用间隔时间"是指自上次停机发生时至今的时间。

> **提示**
> 对于一个需要每天 24h、每周 7d、每年 365d 不间断运行的系统，需要计算一年中的所有时间（以分钟计）；而对于一个需要每天 18 小时、每周 7 天运行的系统，只需计算一年中 75% 的时间（以分钟计）。也就是说，只需计算计划运行时间，而不是一年的全部时间（除非计划运行时间是 24×7×365）。

1.2.1 可用性计算示例：一个 24×7×365 的应用

假设某个应用在 3 月 1 日发生意外故障，且花费了 38min 进行恢复（在本例中，由于是应用软件出错，因此必须从完整数据库备份中恢复数据库）。而计划停机是在 4 月 15 日且持续了 68min（运行软件升级以修复一些微软安全漏洞和其他服务器问题）。另一次计划停机是在 4 月 20 日并持续了 442min（内存和磁盘的硬件升级）。为此，计算该系统的可用性如下：

可用性（从 2 月 14 日至 2 月 28 日）：

平均不可用间隔时间为 20160min

MBU = 15d×24h×60min

不可用时间为 38min (TU = 38min)

计算公式如下：

$[(MBU - TU) / MBU] \times 100 = $ 可用性 %

或

$[(20160 \text{ min} - 38 \text{ min})/20160 \text{ min}] \times 100 = 99.81\%$

可用性（从 3 月 1 日到 4 月 15 日）：

平均不可用间隔时间为 66240min

MBU = 46d×24h×60 min

不可用时间为 68min (TU = 68min)

计算公式如下：

$[(MBU - TU) / MBU] \times 100 = $ 可用性 %

或

$[(66{,}240 \text{ min} - 68 \text{ min})/ 66240 \text{ min}] \times 100 = 99.90\%$

可用性（从 4 月 16 日至 4 月 20 日）：

平均不可用间隔时间为 7200min

MBU = 5d×24h×60min

不可用时间为 442min (TU = 442min)

计算公式如下：

$[(MBU - TU) / MBU] \times 100 = $ 可用性 %

或

$[(7200\text{min} - 442\text{min})/7200 \text{ min}] \times 100 = 93.86\%$

图 1.4 显示了计划运行时间按月对应的可用性百分比。该应用的目标是达到 95% 的可用性。

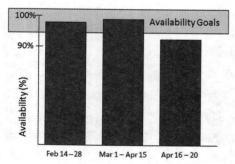

Key Words:
availability goals 可用性目标
availability 可用性
Feb　2 月
Mar　3 月
Apr　4 月

图 1.4　计划运行的可用性百分比图

由图 1.4 可知，2 月和 3 月的可用性目标很容易实现，但 4 月的可用性低于目标。

综上所述，2 与 14 日到 4 月 20 日之间的平均可用性为 99.42%（计划运行时间为 95640 分钟，而总停机时间为 548 分钟，由此可得 99.42% 的平均可用性）。是否能够接受该平均持续时间，取决于在单个停机间隔内公司的停机成本。

1.2.2 连续可用性

图 1.5 中的连续区域显示了根据不会影响业务而能够容忍的应用停机时间进行的一种可用性通用分类。为此可以签订服务水平协议（SLA）来力争实现其中的某个连续区域。

	Characteristic	Availability Range
Extreme Availability	Zero, or near zero downtime!	(99.5% – 100%)
High Availability	Minimal downtime	(95% – 99.4%)
Standard Availability	With some downtime tolerance	(83% – 94%)
Acceptable Availability	Non-critical Applications	(70% – 82%)
Marginal Availability	Non-production Applications	(up to 69%)

Availability Range describes the percentage of time relative to the "planned" hours of operations

8,760 hours/year | 168 hours/week | 24 hours/day
525,600 minutes/year | 7,200 minutes/week | 1,440 minutes/day

---

Key Words:
characteristic 特点　　availability range 可用性范围　　extrem availiability 极高可用性　　high availability 高可用性
standard availiability 标准可用性　　　　　　　　　　　acceptable availiablity 可接受的可用性
marginal availability 边际可用性　　　　　　　　　　　zero,or near zero downtime 零或接近零的停机之间
minimal downtime 极少的停机时间　　　　　　　　　　with some downtime tolerance 具有一定的停机时间容忍度
non-critical application 非关键性应用　　　　　　　　　non-production application 非生产性应用
availability range describes the percentage of time relative to the "planned" hours of operations
可用性范围描述了相对于"计划"运行时间的停机时间百分比

图 1.5　可用性连续区域

位于该图最顶部的是极高可用性级别，这种命名表明该级别是最不能容忍的级别，基本上接受零容忍（或接近于零）的停机时间（连续可用性可达 99.5%～100%）。接下来是高可用性级别，表明对停机时间容忍度极小（连续可用性达到 95%～99.4%）。大多数"关键"应用都适合于这种级别的可用性要求。然后是标准可用性级别，这是一种最常用的运行级别（连续可用性为 83%～94%）。可接受的可用性级别主要是针对公司"非关键性"的应用，如在岗员工福利自助服务应用，该级别可以容忍较低的可用性范围（连续可用性从 70%～82%）。最后是针对"非生产性"定制应用的边际可用性级别，如可以容忍长时间停机（连续可用性可以是 0%～69%）的市场营销邮件标记应用。再次提醒，可用性是根据应用的计划运行时间来衡量的。

99.999% 的可用性（连续可用性为 99.999%）直接处于极高可用性范畴。一般来说，在计算机行业称之为"高可用性"，但在此将这种接近零停机时间的类型归于"极高"可用性级别。由于成本、所需的高水平业务支持、合适的专用硬件以及许多其他极端因素，对于大多数应用而言，这种级别的可用性只能是一种不切实际的幻想。

正如所知，停机包括计划外停机和计划停机。图 1.6 表明了可用性连续级别在这方面的表现。

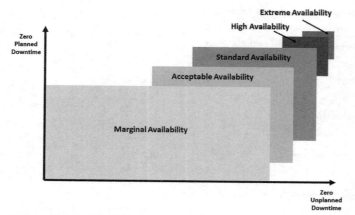

图 1.6　计划和计划外的可用性

由图 1.6 可知，极高可用性位于接近零计划停机时间和接近零计划外停机时间的右上象限。

图 1.7 显示了同样的计划外/计划可用性轴和可用性级别，只是包含了几种行业中常见的应用类型，并将其置于可用性需求的大致区域中。

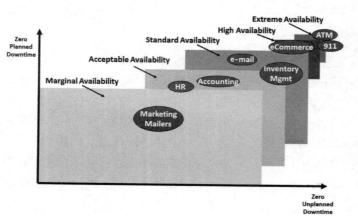

图 1.7　应用类型和可用性

可用性级别较高的可能是金融机构的自动柜员机（ATM）。在这种竞争激烈的行业中，100% 的系统可用性对于公司的客户服务体验至关重要。911 应急跟踪系统是另一个同样需要极高可用性需求的不同应用。下一个平台是电子商务应用（在线订购系统）。这些类型的系统可以容忍一些有限的停机时间，但需要非常高的可用性（最小停机时间），这是因为如果订购系统不可用而无法接收订单，则可能会造成很高的经济损失。其他类型的应用，如电子邮件系统和库存管理往往只需要标准程度的可用性，而许多人力资源和会计系统可以在较低可用性（可接受的可用性）模式下运行良好。边际可用性应用诸如市场营销邮件标签系统或其他一次性非生产性应用等，是可以在方便时或在一些预定义可用性范围内运行的典型应用。

1.3 可用性变量

以下是确定高可用性类型的主要变量：

- 正常运行时间要求。这是应用所要求的计划运行时间目标（从 0 ～ 100%）。对于一个典型的高可用性应用，需要占到 95% 以上。
- 恢复时间。通常用于指示恢复应用并将其重新联机所需的时间（从长到短）。可以用分钟、小时，或恢复时间的长、中、短来表示，当然越精确越好。例如，一个 OLTP（联机事务处理）应用的典型恢复时间可能是 5min，这个恢复时间相当短，但可以通过各种技术来实现。
- 恢复时间容忍度。需要描述重新同步数据、恢复事务等所需的恢复时间延长所产生的影响（从高容忍度到低容忍度）。这与恢复时间变量紧密相关，但根据系统的最终用户不同，容忍度可能会有很大的不同。例如，一个自助服务人力资源应用的公司内部用户可能会有较高的容忍度（因为该应用不会影响其主要工作），但同样的最终用户可能会对会议室调度 / 会议系统具有很低的容忍度。
- 数据恢复能力。需要描述可允许丢失多少数据以及是否需要保持完整性（即使在故障时也具有完全的数据完整性）。这通常用数据恢复能力的高低来表征。对于该变量，硬件和软件解决方案都有效，如镜像磁盘、RAID 级、数据库备份 / 恢复选项等。
- 应用恢复能力。对于所期望的行为，需要一个面向应用的描述（从低到高的应用恢复能力）。也就是说，应用（程序）应能够在不需要最终用户重新连接的情况下重新启动并切换到另一台机器等。通常用应用集群术语来描述应用已重新写入并在最终用户没有意识到切换的情况下将故障转移到另一台机器。采用与 SQL 集群"最优并发"结合的默认 .NET 技术，通常可以很容易地产生这种最终用户体验。
- 分布式访问 / 同步程度。对于地理上分布或分区的系统（如许多全球性应用），关键是要了解这些系统必须如何分布和紧密耦合（从低程度到高程度所需分布式访问和同步程度）。该变量较低表示应用和数据都是松耦合的，且可以独立运行一段时间，经过一段时间后可以重新同步。
- 定期维护频率。这是对产品、操作系统、网络、应用软件以及系统栈中其他组件所需定期维护的预期（或当前）频率的一种指示。该变量可能变化很大，可从经常到从不。有些应用可能需要频繁的升级、发布或补丁（如 SAP 和 Oracle 应用）。
- 性能/可扩展性。这是对应用所需的整体系统性能和可扩展性的严格要求（从低到高的性能要求）。由于高性能系统往往会牺牲上述许多其他变量(如数据恢复能力)，因此该变量会驱使最终采用许多高可用性解决方案。
- 停机成本（美元损失/小时）。需要估计或计算每分钟停机的成本（以美元、欧元、日元等单位计）（从低成本到高成本）。通常会发现成本并不是单一数字，比如每分钟的平均成本。实际中，停机时间越短成本越低；停机时间越长，成本（损失）会以指数增长。此外，对于 B2C 类型的应用，还通常计算"商誉"成本(或损失)。因此，该变量可能具有一个需要指定的子变量。
- 构建和维护高可用性解决方案的成本（美元）。最后这个变量可能起初并不了解。但随着一个高可用性系统逐步设计和实现，此成本急剧增加，往往会超出预算（如由于镜像磁盘数量多导致成本过高，而产生采用 RAID 10 的想法）。该变量也可用于高可用性解决方案的成本验证，因此必须尽早确定或估算。

如图 1.8 所示，可以将这些变量看作是油位计或温度计。在早期描述高可用性需求时，只需对每个变量放置一个箭头指示来估计某个特定变量的近似"温度"或水平。正如所见，已指定了一个系统的所有变量，将直接处于高可用范围。随着高可用性系统的运行，这种方式是相当温和的，因为对恢复时间的容忍度较高，而应用恢复能力相对中等偏低。在本章的后面将描述四种业务场景，每种场景都包括这些主要变量的完整规范。此外，从第 3 章开始，还包括 ROI 计算，以提供特定高可用性解决方案的全部成本合理性。

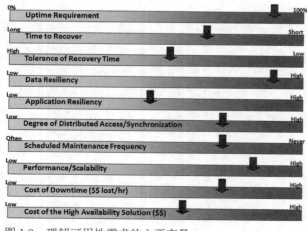

图 1.8　理解可用性需求的主要变量

1.4　实现高可用性的一般设计方法

通常以下操作可以为任何应用提供实现高可用性的整体方法：

- 从数据中心支撑"软件"系统栈（操作系统、数据库、中间件、防病毒等，依此顺序），包括升级到最新的操作系统和其他软件组件版本，并为其设置所有支持服务协议。这对于能够快速修复导致系统崩溃的 Bug 非常重要。
- 支持硬件设备（冗余网卡、ECC 内存、RAID 磁盘阵列、磁盘镜像、集群服务器等），特别注意 RAID 级别，因为会根据应用特性而变化。
- 减少人为失误，包括实现严格的系统控制、标准、流程、广泛的 QA 测试和其他应用隔离技术。人为失误会导致许多系统不可用。
- 定义一个高可用系统的主要变量，还应包括定义应用的服务水平要求，以及定义一个可靠的灾难恢复计划。

图 1.9 显示了一种 one-two Punch 方法，可将所有这些内容混合成两个基本步骤，以实现应用的高可用性。

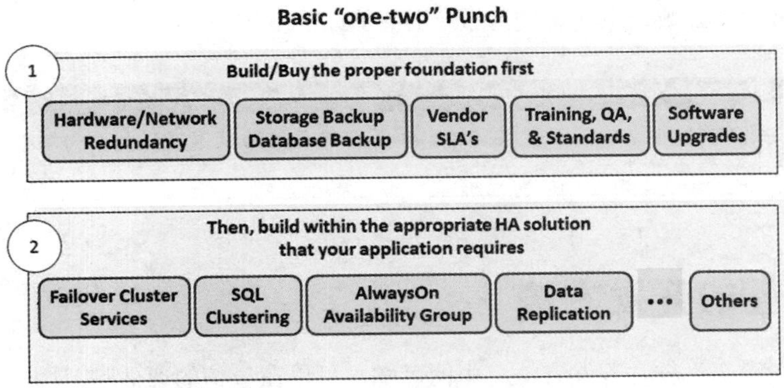

Basic "one-two" Punch

1. Build/Buy the proper foundation first
   - Hardware/Network Redundancy
   - Storage Backup Database Backup
   - Vendor SLA's
   - Training, QA, & Standards
   - Software Upgrades

2. Then, build within the appropriate HA solution that your application requires
   - Failover Cluster Services
   - SQL Clustering
   - AlwaysOn Availability Group
   - Data Replication
   - ... Others

Key Words:
basic 基本的
hardware/network redundancy 硬件 / 网络冗余
database backup 数据库备份
training,QA&standards 培训、QA 和标准
then,build within the appropriate HA solution that your
failover cluster services 故障转移集群服务
AlwaysOn Availability group AlwaysOn 可用性组

build/buy the proper foundation first 首先构建 / 购买合适的基础设施
storage backup 存储备份
vendor SLA 供应商服务水平协议
software upgrades 软件升级
application requires 然后，构建应用需要的适当高可用性解决方案
SQL Clustering SQL 集群
data replication 数据复制

图 1.9　实现高可用性的 one-two Punch 方法

基本前提是要先建立合适的基础设施（或使用已内置的 PaaS/IaaS 基础设施），然后是应用满足应用需求的适当高可用性微软解决方案。

正确的基础包括以下内容：

- 构建适当的硬件/网络冗余。
- 保证所有软件和升级都处于可能的最高发布版本，包括防病毒软件等。
- 设计/部署为应用平台提供最佳服务的磁盘备份和数据库备份。
- 签订必要的供应商服务水平协议/合同。
- 确保全面的最终用户、管理员和开发人员的培训，包括对应用的全面 QA 测试及严格执行程序、系统和数据库标准。

然后，必须收集应用高可用性需求的详细信息。首先从高可用性的主要变量开始，然后逐步到其他方面。接下来，根据可用软件、可用硬件和高可用性需求，可以在此基础上匹配和构建适当的高可用性解决方案。

本书重点介绍了以下几种高可用性解决方案：
- 故障转移集群服务。
- SQL 集群。
- AlwaysOn 可用性组。
- 数据复制。
- 扩展部署到云平台（微软 Azure 上的 IaaS）。
- 在云平台上利用 Azure SQL 数据库（微软 Azure 上的 PaaS）。

> **提示**
>
> 本书主要讨论的是"应用集群"概念，而不是具体技术细节，这是因为技术实现是面向编程的，需要一本完整的编程书籍来正确处理。

1.5　内置高可用性的开发方法

图 1.10 给出了传统的"瀑布"软件开发方法。由图可知，可以在最初的评估和范围阶段（第 0 阶段）尽早了解和收集信息，从而为应用生成正确的高可用性设计。

一般的软件开发阶段及每个阶段相应的高可用性任务如下：
- 第 0 阶段：评估（范围）项目规划。

    项目规模；

    确定可交付成果（工作说明）；

    进度/重要节点；

    高层次需求（范围）；

    估计高可用性主要变量（测量计）。

- 第 1 阶段：需求。

    详细需求（过程/数据/技术）；

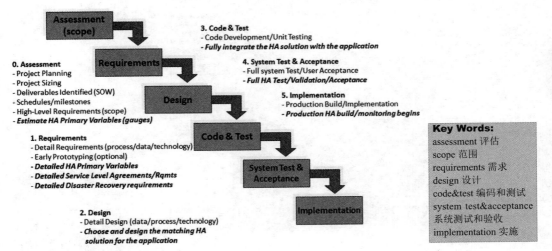

图 1.10 内置高可用性的开发方法

早期原型（可选）；
详细的高可用性主要变量；
详细的服务水平协议/要求；
详细的灾难恢复要求。

- 第 2 阶段：设计。
  详细设计（数据/过程/技术）；
  为应用选择和设计匹配的高可用性解决方案。

- 第 3 阶段：编码和测试。
  代码开发/单元测试；
  充分整合高可用性解决方案与应用。

- 第 4 阶段：系统测试和验收。
  全面系统测试/用户验收；
  全面高可用性测试/验证/验收。

- 第 5 阶段：实施。
  生产建设/实施；
  生产高可用性建设/开始监控。

对于按照"迭代"生命周期（通常称为快速/螺旋式或敏捷方法）的快速开发，图 1.11 列出了该迭代开发方法中相同类型的高可用性元素。

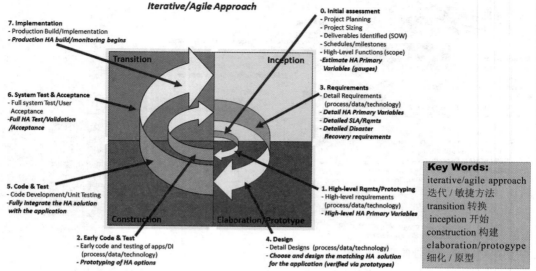

图 1.11　螺旋式 / 快速开发方法

1.5.1　评估现有应用

如果还没有将高可用性整合到开发方法中，或要将现有应用改造成高可用性，可以推出一种更集中的迷你评估项目，得到所有正确答案和最适合现有应用需求的高可用性解决方案。这称为第 0 阶段高可用性评估（也称为"最薄弱环节评估"）。

从本质上讲，必须迅速回答以下问题：
- 应用当前和将来的特点是什么？
- 服务水平要求有哪些？
- 停机影响（成本）有哪些？
- 系统漏洞（硬件、软件、人为失误等）有哪些？
- 实现高可用性解决方案的时间表是什么？
- 高可用性解决方案的预算是多少？

这些类型的评估可以在 5 ～ 7 天内得到分析结果，这是一个相当短的时间，其中还考虑到对公司底线的可能影响以及公众对公司的感受。完成第 0 阶段的高可用性评估还可以为接下来的几个步骤提供正确的工作平台，包括定义正式的服务水平要求，选择合适的高可用性解决方案，构建、测试并实现。当然，还可以享受拥有一个稳固可靠的高可用性解决方案所带来的舒适性（即工作正常）。

如果时间充分，应确保尽可能详细地包含以下方面：
- 分析应用的当前状态 / 未来状态。
- 可用的硬件配置 / 选项。

- 可用的软件配置 / 选项。
- 所用的备份 / 恢复过程。
- 所用的标准 / 指南。
- 采用的测试 /QA 流程。
- 评估人事管理系统。
- 评估人员开发系统。

该评估可交付的一项内容应是高可用性主要变量的完整列表，这个列表是选择与应用匹配的高可用性解决方案的主要决策工具之一。

1.5.2 什么是服务水平协议？

在本章中一再提到服务水平协议（或要求），可见，确定服务水平以及是否需要对于理解高可用性需求是至关重要的。

服务水平协议（Service Level Agreement，SLA）本质上是应用所有者（托管者）和应用用户之间的一种契约。例如，公司的员工是自助福利应用的用户，而人力资源部门则是应用拥有者。人力资源部门（通过内部 SLA）在正常运营时间向员工提供该应用。这就是人力资源部门都拥有的（需考量的）。反过来，人力资源部门可能与管理和维护该应用的 IT 部门签署了自身的 SLA。一个 SLA 应具有以下基本要素：

（1）应用拥有者。
（2）应用用户。
（3）应用描述。
（4）应用的运行时间 / 可用性。
（5）协议条款，包括以下内容：
- 协议期限（通常是年度）；
- 响应时间等级（对故障、应用增强等）；
- 遵循的流程 / 步骤；
- 如果未达到相应水平，应受到的惩罚（通常是货币形式）。

如果希望这种协议有效力，那么惩罚条款尤其重要。应用服务提供商（ASP）等可能具有世界上最全面和最严格的 SLA。当然，其生存之道也取决于是否满足 SLA，或许在超出 SLA 时还会得到巨额奖金。

1.6 高可用性业务场景

下面将介绍四种高可用性业务场景，这些业务场景都是根据对某些类型高可用性解决方案的明确需求而特意选择的。每小节都提供了一个业务场景的简要概述，然后是更深入的描述，因为要确定每个业务场景并与特定的高可用性解决方案相匹配。对于每种业务场景，都介绍了完整的软件和系统栈描述，以及高可用性主要变量（测量计）的规范。公司可能有类似于这样的业务场景，并至少能够将这些高可用性解决方案与适用于应用高可用性需求的解决方案相关联。所有这些业务场景都是基于微软的应用，且具有各种合适的高可用性/容错硬件配置。

第 3 章将详细介绍每个场景的停机成本和其他变量，这些都将场景与合适的高可用性解决方案相匹配。这四种业务场景展示了如何利用业务场景的需求来确定合适的高可用性解决方案。

1.6.1 应用服务供应商

第一种业务场景 / 应用集中在一个非常真实的 ASP 及其操作模型上。该 ASP 为全世界几家主要的美容和保健产品公司提供（和开发）众多基于 Web 的全球在线订单输入系统，其客户是真正全球性的，随着地球转动，访问该系统的用户基数也随之变化。公司总部设在加利福尼亚（硅谷，除此之外还会是其他地方吗），且该 ASP 保证了 99% 的正常运行时间。在这种情况下，客户主要是销售人员及其销售经理。如果 ASP 得到保证，就会获得可观的奖金；若低于某一阈值，则要承担相应的惩罚。活动的处理组合是约 65% 的在线订单输入和约 35% 的报表。

可用性：

- 每天 24h
- 每周 7d
- 每年 365d

计划停机时间：0.25%（小于 1%）

计划外停机时间：可容忍 0.25%（小于 1%）

可用性分类级别：极高可用性

1.6.2 全球销售和市场品牌推广

某主要的芯片制造商创建了一个非常成功的品牌推广计划，可对其全球销售渠道合作伙伴返还数十亿美元的广告收入。这些销售渠道合作伙伴必须投放完整的广告（无论是在报纸、广播、电视或其他媒体上），并检查广告合格性和标识的使用及位置。如果某个销售渠道合作伙伴遵守规则，则将从该芯片制造商处收到返还的高达 50% 的广告成本。按每分钟计的美元交换是巨大的。主要有三个广告区域：远东地区、欧洲和北美洲。除此之外的其他广告都归于"其他区域"一栏。每个区域每天都会产生大量的新广告信息，并需即时进行合规性处理。每个主要地区只处理该地区的广告，但必须接受芯片制造商总部的合规性检查。应用组合是约 75% 的广告事件在线输入和 25% 的管理及合规报表。

可用性：
- 每天 24h
- 每周 7d
- 每年 365d

计划停机时间：3%

计划外停机时间：可容忍 2%

可用性分类级别：高可用性

1.6.3 投资组合管理

投资组合管理应用是位于世界金融中心（纽约）的一个主要服务器场。该应用主要服务于北美客户，但具备在所有金融市场（美国和全球）进行股票和期权交易的能力，同时还拥有全面的投资组合评估、历史业绩和持有价值评估。主要用户是大客户的投资经理。股票购买/售出占日间活动的 90%，并在闭市后进行大规模评估、历史业绩和估值报告。由于世界上三大交易市场（美国、欧洲和远东地区）的驱动，每个工作日会出现三个交易高峰。在周末，该应用主要用于未来一周的长期规划报表和前装股票交易。

可用性：
- 每天 20h
- 每周 7d
- 每年 365d

计划停机时间：4%

计划外停机时间：可容忍 1%

可用性分类级别：高可用性

1.6.4 挖掘前确认的呼叫中心

三州地下施工呼叫中心具有一个确定是否可能触及地下 6 英尺内任何煤气管道、水管、电线、电话线或拟挖掘施工现场电缆的应用。法律规定，在开始挖掘之前必须电话咨询该中心以确定挖掘是否安全以及地下可能存在危险的确切位置。这是一种具有"生命危险"的应用，必须在正常施工工作日（周一到周六）具有接近 100% 的可用性。每年全国范围内有 25 人以上因在地下未知危险处挖掘而死于非命。该应用的组合是 95% 的查询，而只有 5% 是用于更新图像、地理空间值以及区域公共事业公司提供的各种管道和电缆位置信息。

可用性：
- 每天 15h（早 5:00—晚 8:00）
- 每周 6d（周日关闭）

▶ 每年 312d

计划停机时间：0%

计划外停机时间：可容忍 0.5%（小于 1%）

可用性分类级别：极高可用性

1.7 提供高可用性的微软技术

在后面的章节中将会看到微软提供的几种可以设计最符合公司可用性需求的定制高可用性解决方案的主流技术。如前所述，本书重点介绍最可行且最有价值的选项，主要包括以下技术：

- ▶ Windows Server 故障转移集群（WSFC）。WSFC 提供了在服务实例级上的本地高可用性功能，基本上允许多个节点（服务实例）以主动/主动模式和主动/被动模式连接在一起，从而实现在某个节点不可用时可以相互故障转移。故障转移集群实例（FCI）是一个安装在跨 WSFC 节点和跨多个子网上的单个 SQL Server 实例。WSFC 允许多达 64 个节点在一些限制条件下集群（在 Hyper-V）。通常情况下，是在 2～4 个节点之间集群，以提供应用所需的能力和可用性。集群中的每个节点都以如果某个节点发生故障则另一个节点接管其所有资源（如共享磁盘）的方式来感知其他节点。应用需要"集群感知"是为了充分利用这种能力。一个集群感知应用的示例是 SQL Server。这也是很多高可用性解决方案的基本要求，如 SQL 集群和 AlwaysOn 可用性组配置（见第 4 章）。

- ▶ SQL 集群。可以定义 2～8 个运行于不同机器上的 SQL Server，在"活动"SQL Server 发生故障时用来故障转移。通常是在主动/被动模式下运行（但并不局限于此），创建一个虚拟 SQL Server，这种集群感知能力可以保证随时连接到客户端应用并在该虚拟 SQL Server 上工作（见第 5 章）。

- ▶ AlwaysOn 可用性组。现在考虑一种 SQL Server 高可用性和灾难恢复的旗舰产品配置，AlwaysOn 功能是建立在跨节点 FCS 上的，并可以对数据库和实例提供一种功能强大的同步或异步选项以实现几乎无停机的高可用性。故障转移时间通常以秒计算，而不是分钟或小时。这个选项可为高可用性和分布式处理创建多种选项。在 SQL Server 2016 中，可将多达 8 个次要副本创建为单个可用性组的一部分（第 6 章详细介绍了这种来自微软重大发明的选项和配置）。

- ▶ 数据库快照。在进行批量更新、插入或删除时，可使用时间点的数据库快照功能来创建每个阶段。这种方法提供了一个在发生故障的情况下恢复数据的时间点，且无须还原数据库或脱机，从而保证了应用的可用性（见第 7 章）。

- ▶ 数据复制。SQL Server 提供了一种高效机制，将数据分发到其他区域，以实现最大化可用性并减少失败风险的目的。数据复制确定了分布服务器、分发服务器和订阅服务器模型，以便在保证数据完整性的前提下将数据分发（复制）到另一个位置。由此，一个具有主数据库精确镜像的独立位置可作为故障转移点或最大化区域可用性的位置（见第 8 章）。

- 日志传送。SQL Server 提供了一种允许主数据的事务日志应用于同一数据库次要副本的机制，其最终结果是生成一个热备用或至少是一个合理的"温"备用（仅与所应用的最后一次事务日志一样）。如需要，可以将其作为故障转移点，或出于性能和可用性因素从主服务器中隔离只读处理的地方（见第 9 章）。
- 其他混合或完全选项。其他可用的选项包括利用拉伸数据库和可用性组将温数据和冷数据动态扩展到 Azure（云平台）、部署大数据选项（在 Azure 上）、完全的 Azure SQL 数据库部署以及云平台中的其他一些高可用性选项。（见第 10 章和第 11 章）。

1.8 小结

本章讨论了几种有助于准确获取高可用性需求的可用性主要变量。这些变量包括基本的正常运行时间、恢复时间、恢复时间容忍度、数据恢复能力、应用恢复能力、性能和可扩展性以及停机成本（损失）。可以将这些信息与硬件 / 软件配置、几种基于微软技术的产品以及允许的升级预算相结合，从而非常容易地准确确定哪种高可用性解决方案可以最佳满足可用性需求。应在实际环境中尽快实现一种建立适当高可用性基础的通用 one-two Punch 方法，以至少使得应用脱离"危险"状态。一旦完成，即可为所有关键应用提供一种完全匹配的高可用性解决方案，并在第一时间完成。

接下来的章节将深入研究灾难恢复和业务连续性相关的关键需求。本书涵盖的许多 SQL Server 选项也可以实现时间和数据丢失最少的灾难恢复配置（见第 13 章）。但首先进入第 2 章，进一步讨论微软的高可用性功能。

第 2 章
微软高可用性选项

充分理解高可用性需求是成功实现高可用性解决方案的关键一步。了解现有的技术选项也同样重要。然后，通过遵循一些基本的设计原则，从而可以将实际需求与合适的高可用性解决方案相匹配。本章将介绍基本的高可用性选项，如 RAID 磁盘阵列、冗余网络连接（网卡）、Windows 服务器故障转移集群及其他更高级的选项，如 AlwaysOn 可用性组、SQL 集群、SQL Server 数据复制，另外还包括有助于建立高可用性坚实基础的微软 Azure 和 SQL Azure 选项。

本章内容提要
- 高可用性入门
- 构建高可用性解决方案的微软选项
- 小结

2.1 高可用性入门

在第 1 章所介绍的硬件 / 软件堆栈中概述了主要组件，并表明如果某个组件发生故障，则其他组件也可能会受到影响。为此，实现高可用性的最佳方法是优先支持基础组件（如第 1 章中提出的最佳组合 one-two Punch 方法）。图 2.1 给出目标的初始基础组件。

首先通过处理这些组件，可在硬件 / 系统堆栈中增加显著的稳定性和高可用性。也就是说，对这些组件进行寻址可允许在完全跳转到特定高可用性解决方案之前实现相应的级别。即使不再进行任何操作，也已实现了部分高可用性功能。图 2.1 给出了可正确实现高可用性的初始基础组件。

- 硬件：要达到基本的高可用性，首先要解决可获得高可用性和容错性的基本硬件问题，这些硬件包括冗余电源、UPS 冗余网络连接，和 ECC（错误检查和纠正）内存。另外，还包括热插拔组件，如磁盘、CPU 和内存。此外，服务器可采用多 CPU，容错磁盘系统（如 RAID 磁盘阵列）、镜像磁盘、存储区域网络（SAN）、网络存储（NAS）、冗余风扇等。硬件成本或许会决定系统构建的整体程度，但应着重考虑以下组件。

- 冗余电源（和 UPS）。
- 冗余风扇系统。
- 容错磁盘：RAID 磁盘阵列（RAID0～RAID10），最好是热插拔。
- ECC 内存。
- 冗余以太网连接。

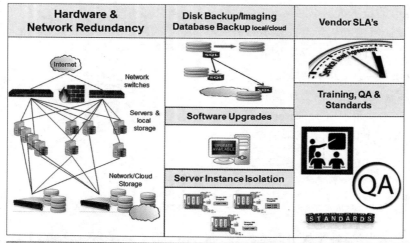

图 2.1 高可用性的初始基础组件

- 备份：接下来是磁盘备份和数据库备份的常用基本技术。通常情况下，这是远落后于所需的可复性，甚至是高可用性的基本水平。笔者已忘记有过多少次对客户站点进行维护时，发现没有运行数据库备份或是备份损坏，甚至是认为完全没有必要。并且震惊于世界财富 1000 强的大公司居然也会存在这种问题。
- 软件升级：需要确保对所采用的操作系统进行全面升级，以及所有选项均正确配置。这包括确保安装了杀毒软件（如果适用）和适用于外部系统的防火墙。另外，还应进一步扩展到其他应用程序和数据库层，确保已及时应用了其他主要组件的服务包。

- 供应商协议：包括软件授权、软件支持协议、硬件服务协议以及硬件和软件服务水平协议。本质上，应需要确保操作系统和应用程序的所有软件升级和补丁，并得到软件支持和硬件支持协议，以及软件和硬件的 SLA 到位以保证在规定时间内的服务水平。

> **提示**
> 在过去的 10~15 年内，笔者已处理过无数的 SLA，且从未因此而失业。然而，大多数人都不耐烦详细签署这些协议，而因此丢掉工作。实施 SLA 提供了良好的保证措施。

- 培训：可以对软件开发人员进行培训以确保代码最优，对于负责应用的系统管理员，甚至是最终用户，要确保能够正确使用系统。所有这些类型的培训都达到了实现高可用性的最终目标。
- 质量保证：尽可能以规范方式进行测试是保证系统可用性的一种良好习惯。几十年的研究分析表明，测试越全面（质保程序越规范）软件问题就越少。直到如今，仍不明白为什么人们会忽视测试。测试对系统的可靠性和可用性有着巨大影响。
- 标准/流程：除了训练和测试，编码规范、代码演练、命名标准化、规范的系统开发周期、确保表格不丢失的保护措施、管理员使用规范，以及其他标准/流程都有助于系统更稳定和可用性更高。
- 服务器实例分离：在设计过程中，可能希望将应用程序（如 SQL Server 应用及其数据库）相互分离，以减少某个应用程序导致另一个应用程序出现问题的风险。如果没有必要，切勿将其他应用程序置于相互影响的位置。唯一可能需要将所有应用程序加载在单个服务器上的可能性是由于服务器软件的授权非常昂贵，或者硬件短缺（这是对于所有应用程序可用服务器个数的严格限制）。将在后面的章节中详细探讨该问题。

2.1.1 创建容错磁盘：RAID 和镜像

在创建容错磁盘子系统时，可以对磁盘或各种 RAID 磁盘阵列配置进行基本的 Vanilla 镜像。这些都是经过实践检验的实用方法，但确定用何种方法可能会非常麻烦。问题在于需要全面理解关键的实现因素，如性能影响、管理复杂性和成本。下面首先了解磁盘镜像。

基本上，磁盘镜像是一种同时将数据写入两个（或三个——三镜像）磁盘并作为单个逻辑磁盘部分写操作的技术。也就是说，在将一段数据写入已镜像的磁盘时，将自动写入主磁盘和镜像（复制）磁盘。镜像的两个磁盘通常大小相同、技术规格相同。如果主磁盘由于某些原因出现问题，则镜像（复制）磁盘将自动作为主磁盘。使用磁盘的应用程序并不知道发生了故障，从而大大提高了应用程序的可用性。在某个时候，可以在新的磁盘中进行交换并重新镜像，然后再次关闭，这样不会错失节拍。图 2.2 阐述了同时写入数据的基本磁盘镜像概念。

磁盘镜像的缺点是镜像磁盘驱动器不能直接使用，而实际上，磁盘驱动器的个数增加了一半。这样可能造成成本较高，因为许多服务器在物理机架内没有足够的空间来容纳太多的镜像磁盘。通常，可通过外部独立的磁盘驱动器机架系统（配有独立的电源）来解决该问题。

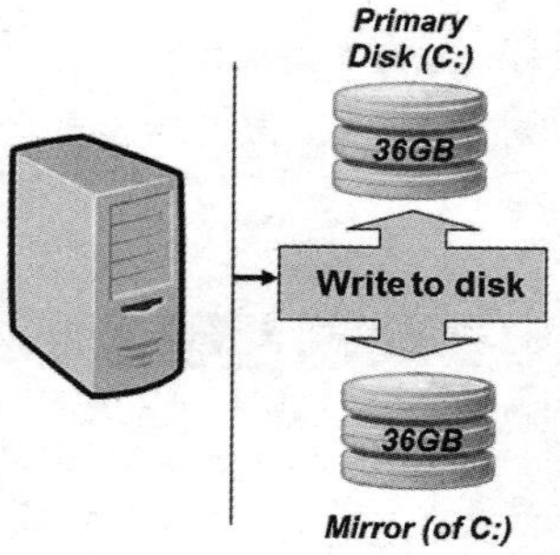

究竟需要镜像哪些内容呢？在许多高可用性系统中，第一个镜像磁盘驱动器是包含操作系统的。这种镜像选择可通过某种因素立刻增加系统的可用性，且认为是高可用性的重要基础。对于非 RAID 系统，可有目的性地选择应用程序的关键部分及其底层数据库作为镜像磁盘的候选内容。图 2.3 给出了一个基于镜像磁盘配置的微软 SQL Server 2016 ERP 系统。

图 2.2 镜像磁盘——同步写入

Key Words:
primary disk 主磁盘
write to disk 写入磁盘
mirror 镜像磁盘

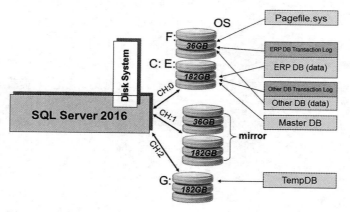

图 2.3 EPR 系统（基于 Microsoft SQL Server 2016）镜像磁盘

Key Words:
disk system 磁盘系统
OS 操作系统
transaction log 事务日志
master DB 主数据库
mirror 镜像磁盘

正如下节所述，在各种 RAID 级的配置中也集成了磁盘镜像。

2.1.2 利用 RAID 提高系统可用性

提高系统可用性的常用方法是配置各种冗余磁盘阵列（RAID）。根据定义，RAID 可使得底层磁盘子系统更加稳定和可用，且降低磁盘故障率。使用特定的 RAID 配置是实现高可用性的重要组成部分。接下来，讨论一下什么是 RAID。

RAID 具有可产生不同性能的几种配置级别。RAID 的主要目标是减少磁盘子系统的故障。有些配置是高度冗余的，并包含磁盘镜像。通过采用复杂算法在多个磁盘上传播数据，以使得当任一磁盘发生故障时，其他磁盘仍可继续工作。此外，发生故障的磁盘上的数据可以从存储在其他磁盘上的数据中恢复。这简直不可思议，但既然有奇迹，就会有相应的成本（无论是性能还是硬件）。表 2.1 总结了常见的 RAID 配置级别。

表2.1　RAID级别

级别	特征 / 特性
RAID 0	条带化（无奇偶校验）
RAID 1	镜像（如果需要，可双工）
RAID 2	具有海明码 ECC 的位级条带化
RAID 3	具有专用奇偶校验的字节级条带化
RAID 4	具有专用奇偶校验的块级条带化
RAID 5	具有分布式奇偶校验的块级条带化
RAID 6	具有双分布式奇偶校验的块级条带化
RAID 7	具有专用奇偶校验的异步高速缓存条带化
RAID 0+1, 01, 0/1	镜像后的条
RAID 1+0, 10, 1/0	条带化的镜像
RAID 50, 0/5	RAID5 阵列的条带集
RAID 53, 3/5	RAID3 阵列的条带集

磁盘控制器制造商和磁盘驱动器制造商针对可能内置有不同数量的高速缓存（内存）的 RAID 阵列出售各种类型的磁盘控制器。这些产品在确定最适合用户需求的 RAID 配置级别上提供了极大的灵活性。鉴于许多上述定义的 RAID 级别无法商业化（或不可用），本章只介绍最适用于企业高可用性解决方案的 RAID 级别（从成本、管理和容错方面上看），包括 RAID 0,1,5 和 RAID 1+0(10)。

1. RAID 0：条带化（无奇偶校验）

RAID 0 是由一个或多个没有奇偶校验（磁盘写入 / 读取的错误检查）的物理磁盘组成的磁盘阵列。实际上是操作系统上没有任何冗余或完全无容错错误检查的一系列磁盘驱动器。磁盘条带化来自于能够在多个物理磁盘上传播数据段（数据块）的性能所需的能力。图 2.4 显示了这种基本 RAID 0 的配置形式，以及如何在多个磁盘上对数据块进行条带化。数据段（A）分解为数据块 A1（在磁盘 W 上）和数据块 A2（在磁盘 X 上）。在需要检索数据时，就会体现出优势。一般而言，由于实现条带化，导致数据存储较浅，且易于检索(与常规的非条带化数据存储检索相比)。也就是说，不必深入单个磁盘来检索一段数据。通常，数据段在多个磁盘堆栈中所处位置越高，则会越快地拼接完成，意味着检索过程越快。为了获得最佳性能，每个控制器可以有一个磁盘驱动器，或者每个通道至少有一个磁盘驱动器（如图 2.4 所示）。

RAID 0 通常配置为支持无须失败保护的文件访问但需要快速访问（即无需额外开销）的应用场合，或许你会对符合此类需求的情况数量感到吃惊。RAID 0 还可以与 RAID

1+0(10) 和 RAID 0+1(01) 相结合，以产生更为鲁棒的可用性。这些级别将在本章的后续章节中详细阐述。

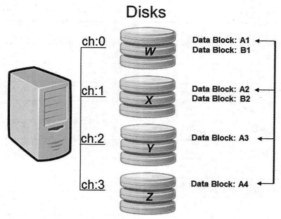

图 2.4　RAID 0 的配置形式

2. RAID 1: 镜像（双工方式）

RAID 1 是第一种处理磁盘故障的 RAID 级别，因此可真正地容错。RAID 1 可一次镜像一个或多个磁盘。换句话说，如果以 RAID 1 的形式配置 5 个磁盘，则需要为其镜像增加 5 个冗余磁盘，可将其看作是"镜像对"。如上所述，当在该 RAID 1 配置下执行写入操作时，同时也会写入到冗余镜像磁盘中。如果任一主磁盘发生故障，则立刻激活镜像磁盘。大多数镜像配置都可从镜像磁盘或主磁盘中读取数据；不用担心，由于这些磁盘都是完全相同的，且读取数据量由磁盘控制器统一管理。然而，对于每个逻辑磁盘的写操作，将会在主磁盘和镜像磁盘中分别执行两个独立的物理磁盘写操作。双工方式是通过增加一个冗余磁盘控制器板卡来完成额外的容错功能。图 2.5 给出了 RAID 1 的配置形式。

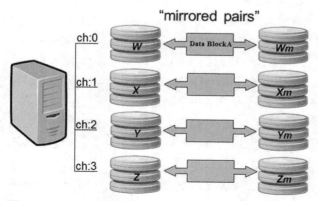

图 2.5　RAID 1 的配置形式

这种 RAID 配置可为那些需要一定程度写操作容错能力的用户提供良好的结果，但必须能够承受额外物理写入时对性能的少许影响。在磁盘发生故障后重建镜像对时，只需更换一个磁盘，并将未发生故障的磁盘上的数据复制到新的磁盘内即可。

3. RAID 5: 具有分布式奇偶校验的块级条带化

奇偶性的概念首先是在 RAID 3 中引入。奇偶性意味着在写入数据时，将对数据段（或数据块）产生一个数据奇偶校验值（并保存），并在读取该数据时进行奇偶校验（如果必要的话，需要进行校正）。RAID 5 将奇偶校验分布式存储在阵列的所有磁盘中，从而使得可以根据所有其他磁盘上的奇偶信息来恢复任何一段数据。图 2.6 给出了这种具有分布式奇偶校验的条带化技术。

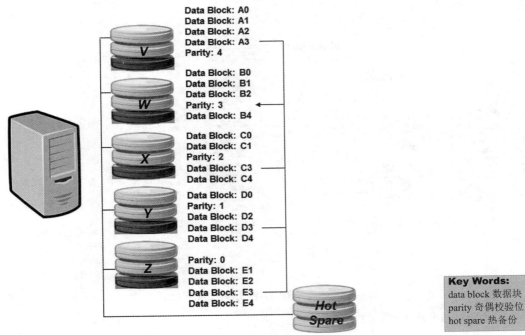

图 2.6　RAID 5 条带化技术

Key Words:
data block 数据块
parity 奇偶校验位
hot spare 热备份

换一种说法，如果包含数据块 A 的磁盘丢失，则可根据保存在所有其他磁盘上的奇偶校验值来恢复数据。值得注意的是，数据块内从不保存自身的奇偶校验值，这就使得 RAID 5 对于需要这种可用性的应用而言是一种很好的容错选择。

在大多数 RAID 5 实现中，热备份是在线实现的，当发生故障时可自动运行。这种热备份将从所有未发生故障的磁盘中动态重建数据块（和奇偶校验位），通常会通过 RAID 故障报警来提示，同时在重建过程中会有一个巨大的磁盘子系统减速。完成上述过程后，将返回容错状态。然而，RAID 5 配置不能支持两个磁盘同时发生故障，这是因为无法重建单个磁盘数据块所需的完整奇偶校验值。在对于每个逻辑写操作的实现（一次写入每个奇偶校验值），RAID 5 至少需要四个（或更多）物理磁盘来完成写操作。这就意味着对于频繁写入和更新的应用而言，性能较差；但对于频繁读取的应用，则性能较好。

4. RAID 0+1,01,0/1：镜像后的条带

RAID 0+1 可实现为一个各段为 RAID 0 阵列的镜像阵列（RAID 1）。这与下节中将要介绍的 RAID 1+0(10) 不同。RAID 0+1 具有与 RAID 5 相同的容错能力，同时在镜像时也具有同样的容错开销。由于 RAID 0 部分存在多个条带段，可以保持相当高的读/写速率。

RAID 0+1 的缺点是当单个磁盘驱动器发生故障时，整个磁盘阵列都会退化到 RAID 0 阵列，因为这种方法采用镜像的条带。图 2.7 表明如何实现这种镜像后的条带配置。

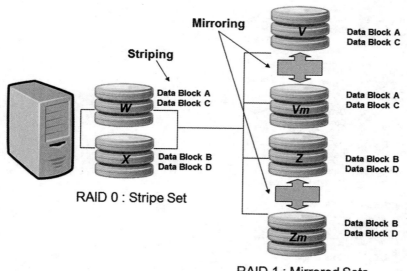

图 2.7　RAID 0+1(0/1) 条带配置

5. RAID 1+0,10,1/0：条带的镜像

RAID 1+0 可实现为数据段为镜像阵列（RAID 1）的条带化阵列（RAID 0），在发生故障时会比非镜像方法更加有效。实际上，RAID 1+0 具有与 RAID 1（镜像）相同的容错能力。单个磁盘的故障不会导致其他镜像数据段出现问题。从这个方面上讲，可认为 RAID 1+0 比 RAID 0+1 的性能好。而且，对于系统设计人员来说，由于条带的存在（来自于 RAID 0），RAID 1+0 可保持非常高的读/写速率。图 2.8 展示了 RAID 1+0 配置的巧妙之处。

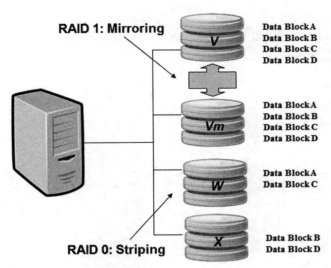

图 2.8　RAId 1+0(10) 配置

Key Words:
mirroring 镜像
striping 条带化
data block 数据块

> **提示**
> 至少使用 RAID 1、RAID 5 和 RAID 1+0 来构建系统/服务器，对于实现高可用性系统和高性能系统至关重要。RAID 5 更适合于要求容错和高可用性的只读应用场合，而RAID 1和RAID 1+0更适合于OLTP或适度高波动性的应用场合。RAID 0本身可有助于提高无需其他RAID配置的任何容错功能，但需要高性能的数据分配性能。

2.1.3　通过分散服务器来降低风险的实例

在本章的前面小节中已简要提到隔离服务器实例，但由于该操作非常关键且应用隔离是基本设计原则的一部分，因此需要深入讨论。如上所述，通过设计，应尝试将应用（如 SQL Server 应用及其相关数据库）彼此隔离，以降低一个应用导致另一个应用发生故障的风险。例如当公司在 2～8 个应用及其数据库之间加载一个 SQL Server 实例时，问题在于应用共享内存、CPU 和内部工作区域（如 TempDB）。图 2.9 显示了一个对四个主要应用服务（应用 1 数据库到应用 4 数据库）的 SQL Server 加载实例。

这个单 SQL Server 实例是四个主要应用共享内存（缓存）和关键内部工作区域（如 TempDB）。每个应用都正常运行，直到其中一个应用提交失控查询，而由 SQL Server 实例提供服务的所有其他应用都停止运行。通过将每个应用（或可能是两个应用）置于各自 SQL Server 实例上，可避免大多数这种内置风险，如图 2.10 所示。这种基本设计方法大大降低了一个应用影响另一个应用的风险。

产生这种根本性共享错误的公司不计其数，问题源于不断地在现有服务器实例中添加新的应用，而对于支撑环境的共享资源缺乏完全理解。当最终意识到正在"通过设计"作茧自缚时，往往为时已晚。现在已明确提出风险警告。如果诸如成本或硬件可用性等其他因素另有要求，那么至少可以有意识地规划风险（并正确记录）。

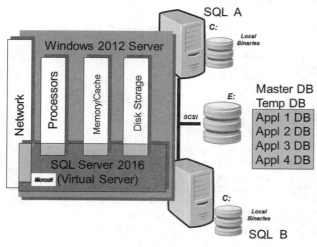

图 2.9　一个 SQL Server 2000 的应用实例

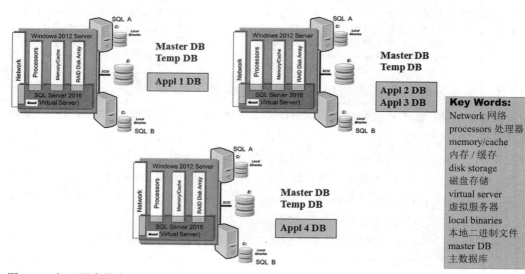

图 2.10　相互隔离的应用——SQL Server

2.2　构建高可用性解决方案的微软选项

一旦读者具有一定基础，就可以很容易地构建一个定制的软件驱动高可用性解决方案，并为具体需求"匹配"一个或多个高可用性选项。切记不同的高可用性解决方案会产生不同的结果。本书重点介绍微软提供的产品，因为这些可能已在公司的软件堆栈中提供。图 2.11 给出了可组合或单独描述的当前微软选项。

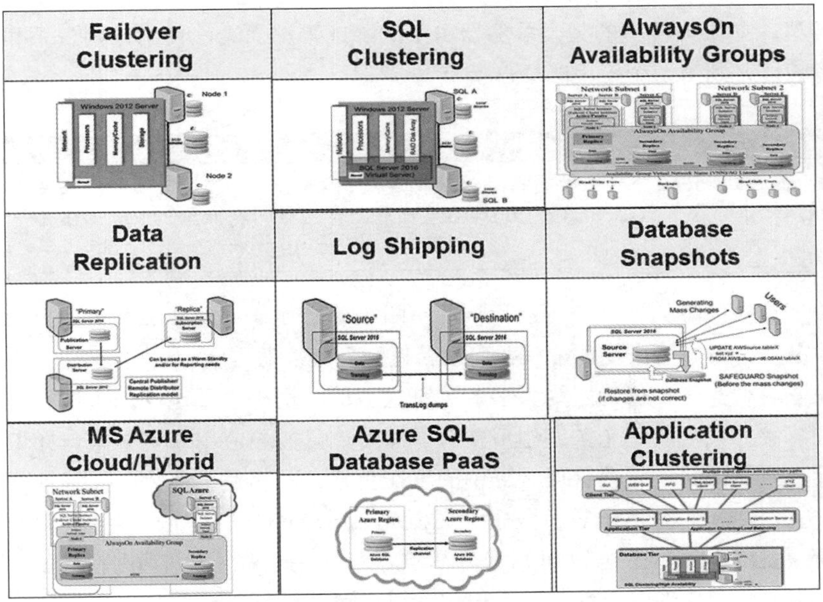

Key Words:
failover clustering
故障转移集群
SQL clustering
SQL 集群
AlwaysOn availiability groups
总是可用性组
data replication
数据复制
log shipping
日志传送
database snapshots
数据库快照
ms Azure cloud/hybrid
微软 Azure 云 / 混合
Azure SQL database PaaS Azure SQL 数据库
application clustering
应用集群

图 2.11　基于各种微软高可用性的构建

由于应用集群（作为一个特定应用及一些应用服务器技术的部分功能）产生异常，所有这些选项都是 Windows Server 系列产品和微软 SQL Server 2016 中现成的"即开即用"产品，并且在微软的 Azure 云空间中会发现高可用性和 DR 的规模在不断增加。

正确理解这些选项中的一个或多个同时使用非常重要，并非所有选项都要一起使用。例如，可以使用 Windows 服务器故障转移集群和微软 SQL Server 2016 的 SQL 集群实现 SQL 集群数据库配置或构建 AlwaysOn 可用性组配置。在接下来的章节中，将对上述问题进行更加详细的阐述。

首先是一个称为 Windows 服务器故障转移集群的关键基础功能。WSFC 实际上可以看作是之前介绍的基础部件的一部分，只是在缺少 WSFC 的情况下也可以构建高可用性系统（如在磁盘子系统中使用大量冗余硬件组件和磁盘镜像或 RAID）。微软已实现了作为集群功能基础的 WFSC，目前 WSFC 主要用于"集群使能"的一些应用。集群使能技术的一些实例是微软 SQL Server 实例和报告服务。

2.2.1　Windows 服务器故障转移集群

服务器故障转移集群是两个或多个运行 WSFC 的物理独立服务器构成一组且作为单个

系统协同工作，还可为资源和应用提供高可用性、可扩展性和易管理性。也就是说，一组服务器通过通信硬件（网络）实现物理连接，共享存储空间（通过 SCSI 或光纤通道连接器），并使用 WSFC 软件将其绑定在一起，构成管理资源。

服务器故障转移集群可在故障和计划停机期间保持客户对应用和资源的访问，这是服务器实例级的故障转移。如果集群中的某个服务器由于故障或维护而无法使用，则资源和应用将会转移（故障转移）到另一个可用的集群节点。

> **提示**
>
> 在 Windows Server 2008 R2 之前，主要是通过微软集群服务（MSCS）实现集群的。如果是运行旧的操作系统版本，请参阅 SQL Server 2008 R2 发布版来学习如何在旧操作系统上设置 SQL 集群。

集群是通过算法来检测故障的，并使用故障转移策略来确定如何处理故障服务器上的工作。这些策略还指定了当服务器恢复正常后如何重新返回到集群的方式。

虽然集群不能保证连续操作，但确实为大多数关键任务的应用提供了足够的可用性，并且是众多高可用性解决方案中的一个关键组成部分。WSFC 可监控应用和资源来自动识别和从多种故障情况下恢复。此功能在管理集群中的工作负载方面提供了极大的灵活性，并提高了系统的总体可用性。SQL Server、微软消息队列（MSMQ）、分布式事务协调器（DTC）和文件共享等集群感知技术已实现可编程与 WSFC（即在此控制下）共同使用。

WSFC 仍存在一些硬件和软件兼容性问题，但现在已有可帮助检查配置是否正确的集群验证向导，也可参阅关于服务器集群的微软技术支持站点（http://support.microsoft.com/kb/309395）。另外，SQL Server 故障转移集群实例（FCI）不支持集群节点也是域控制器的情况。

接下来重点分析一下双节点主动/被动集群配置。在固定时间间隔内，称为时间片，每个故障转移集群节点都要检查其是否正常运行。如果活动节点被确定为故障节点（失效），则启动故障转移，且集群中的另一个节点接管该故障节点。每个物理服务器（节点）都为各自的网络连接使用独立的网络适配器（因此，总是至少有一个网络通信能力服务于集群，如图 2.12 所示）。

2.2.2　SQL 集群

如果希望得到一个具有高可用性的 SQL Server 集群实例，本质上是要求该 SQL Server 实例（和数据库）能够完全恢复服务器故障，并且即使最终用户没有发现故障也能完全适用于应用。微软通过 SQL Server 2016 中的 SQL 集群选项提供了该功能。SQL 集群建立在 MSCS 之上，用于检测故障服务器以及共享磁盘上数据库的可用性（由 MSCS 控制）。SQL Server 是一种集群感知/集群使能的技术。可以创建一个应用已知的"虚拟"SQL Server（等式中的常数）和共享一组数据库的两个物理 SQL Server。一次只有一个 SQL Server 是活动的，并只完成自己的工作。如果该服务器（及其物理 SQL Server 实例）发生故障，则被动服务器（以及该服务器上的物理 SQL Server 实例）将立刻接管。由于集群服务还控制着数据库所在的共享磁盘，因此这完全是有可能的。终端用户（和应用程序）完全不知道正在使用哪个物理 SQL Server 实例或哪个发生故障。图 2.13 给出了一个建立在 MSCS 上的典型 SQL 集群配置。

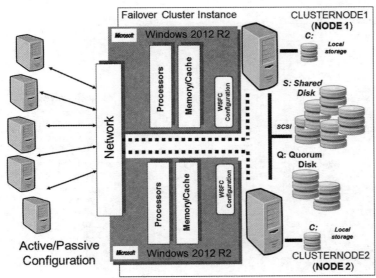

图 2.12 双节点主动 / 被动 WSFC 集群配置

在第 4 章将会详细分析（提示：这并不神奇）。

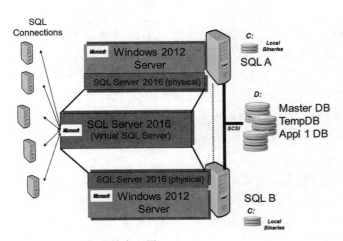

图 2.13 SQL 集群基本配置

这种配置类型的设置和管理非常容易。SQL 集群是越来越多的大多数高可用性解决方案的首选方法。后面将会介绍实现高可用性的其他方法，使用哪种方法取决于应用的高可用性需求。第 5 章将详细介绍 SQL 集群，将集群模型扩展到包括网络负载均衡（NLB）会使这一特定的解决方案具有更高的可用性。图 2.14 给出了一个四主机 NLB 集群架构作为一个虚拟服务器来处理网络流量。

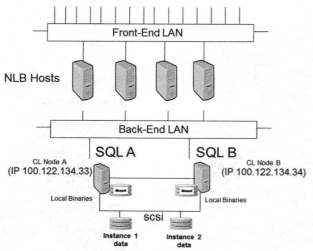

图 2.14　一个具有双节点服务器集群的网络负载均衡主机集群

Key Words:
Front-End LAN
前端局域网
NLB hosts
网络负载均衡主机
Back-End Lan
后端局域网
node 节点
local binaries
本地二进制文件
instance 1 data
实例 1 数据

四主机之间的 NLB 主机协同工作以有效地分配工作。NLB 自动检测服务器的故障，并重新分配剩余服务器之间的客户端流量。

2.2.3　AlwaysOn 可用性组

基于 WSFC，SQL Server AlwaysOn 配置会充分利用久经考验的经验和技术以构成 SQL 集群和数据库镜像的组件（并重新封装）。AlwaysOn 故障转移集群实例（FCI）是 AlwaysOn 高可用性性能的服务器级实例的一部分。图 2.15 显示了该可用性组的性能。

可用性组主要是利用数据冗余方法来实现数据库级的故障转移和可用性。同样利用数据库镜像的经验（和相关技术），构建一个事务一致性次要副本，在主数据库（主副本）发生故障时用于只读访问（任何时候都可以主动使用）和故障转移。在图 2.15 中，给出了一个用于高可用性的 SQL Server AlwaysOn 可用性组，甚至是将只读工作负载从 SQL Server 主实例分配到次要副本。在可用性组中最多可有四个次要副本，其中第一个次要副本用于自动故障转移（采用同步提交模式），而其余次要副本用于工作负载分配和手动故障转移。切记这只是冗余数据存储，会消耗大量的磁盘存储速度。在同步提交模式下，次要副本也可用于数据库备份，因为其与主副本完全一致。

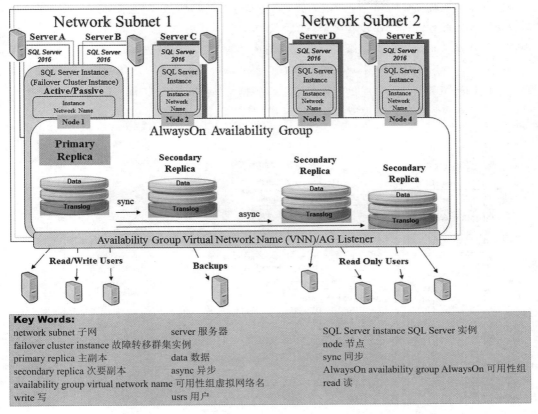

图 2.15　高可用性的 AlwaysOn 可用性组配置

2.2.4　数据复制

数据复制是一种用于实现高可用性的技术。创建数据复制最初是为了从非常繁忙的服务器中卸载处理（如必须支持大量报表工作的 OLTP 应用）或为不同的显著用户基础分发数据（如全球地理特定应用）。随着数据复制（事务复制）越来越稳定和可靠，逐步开始用于创建"温备份"，甚至接近"热备份"的可用于满足基本报表需求的备用 SQL Servers。如果主服务器发生故障，则报表用户仍能够继续工作（因此需要更高的可用性），并且如果需要的话，复制的报表数据库可替代主服务器（因此是一个随时备用的 SQL Server）。在"即时复制"模式下进行事务性复制时，所有数据的更改都能够非常迅速地复制到复制服务器。这样可能符合一些公司的可用性要求，同时也能满足分布式报表需求。图 2.16 给出了一种典型的 SQL 数据复制配置，作为高可用性的基础，同时也满足报表服务器的需求。

如果需要复制成主服务器（即接管原始服务器的工作），则会产生不利影响，需要一些对终端用户而言的非透明性管理。必须改变连接字符串，还需要更新 ODBC 数据源等。

这个过程可能只需要几分钟，而并非几个小时的数据库恢复时间，这对于终端用户来说是可以容忍的。此外，还存在没有完全获取主服务器所有事务的风险。然而，通常一个公司更希望存在这些小风险以有利于可用性。值得注意的是，该复制数据库是主数据库的镜像（直到上一次更新），作为一个热备份非常有吸引力。对于主要的只读数据库，这是分发负载并降低任何服务器故障风险的一种好方法。根据个体高可用性需求，可创建相应的配置选项，如点对点和中央发布模型（参见第 8 章）。

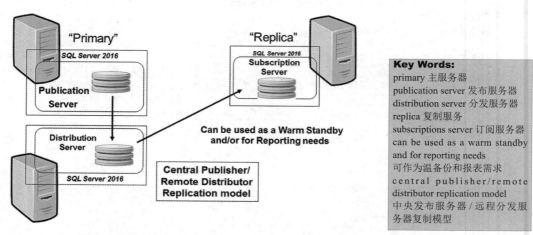

图 2.16　高可用性的数据复制基本配置

与数据复制相同的操作系列之一是变更数据捕获（CDC）。CDC 性能现已更加稳定，并更加紧密地集成到 SQL Server 中。一个变更进程的运行基本上是从事务日志中读取任何变更的事务，并将其推送到一系列变更表中。CDC 需要添加到 SQL Server 实例中的表对象和一些 CDC 存储过程中，该实例是要复制的数据源。CDC 进程和变更表活动也会相应增加源 SQL Server 的开销。另一个 CDC 进程（通过 SQL 代理调用）读取、转换和写入表的更改到另一个 SQL Server 数据库（目标）。该目标数据库可作为报表或高可用性的一个温备份。目标数据库中的数据(副本)与从变更表中写入的最后一个事务集(通常是当前的)完全相同。可能会存在一些数据丢失的问题，但 CDC 仍是另一种用于分布式工作负载和实现高可用性的数据复制工具。

2.2.5　日志传送

另一种更直接的创建完备冗余数据库镜像的方法是日志传送。微软将日志传送认证为一种创建"几乎热"备份的方法。有些人甚至将日志传送用作数据复制的替代（称为"廉价数据复制"）。切记日志传送主要有三个任务：

▶ 通过数据库转储在一台服务器上精准复制数据库。
▶ 通过数据库转储在一台或多台其他服务器上创建该数据库的副本。

- 在原始数据库到副本的过程中连续应用事务日志转储。

也就是说，日志传送通过事务日志转储有效地将一个服务器的数据复制到一个或多个其他服务器。图 2.17 给出了配置为日志传送的一对源 / 目标 SQL Server。

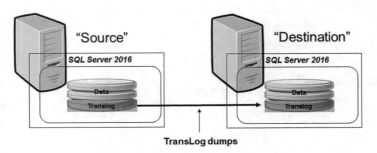

Key Words:
source 源
destination 目的
data 数据
translog 事务日志
translog dumps 事务日志转储

图 2.17　支持高可用性的日志传送

当需要创建一个或多个故障转移服务器时，日志传送是一种很好的解决方案。事实证明，在某种程度上，日志传送也满足创建只读订阅服务器的要求。以下是将日志传送作为创建和维护冗余数据库镜像方法的关键因素：

- 源数据库上事务日志转储和这些转储应用到目标数据库之间的时间，称为数据延迟。
- 源数据库和目标数据库必须是相同的 SQL Server 版本。
- 在日志传送配对结束之前，目标 SQL Server 上的数据是只读的（因为需保证事务日志可应用于目标 SQL Server）。

数据延迟的限制可能会导致日志传送不能作为一种万全的高可用性解决方案。然而，日志传送在某些情况下完全足够。如果主 SQL Server 发生故障，则通过日志传送创建和维护的目标 SQL Server 可随时交换使用。该 SQL Server 完全包含源 SQL Server 上的所有内容（每个用户 ID、表、索引和文件分配映射，除了最后一次日志转储后源数据库所发生的变化），这样就直接达到了高可用性。但这仍不是完全透明的，因为 SQL Server 实例名称不同，终端用户可能需要再次登录新的服务器实例。

2.2.6　数据库快照

SQL Server 2016 仍然支持数据库快照功能，并可与数据库镜像（在下一版本的 SQL Server 中将不推荐使用）相结合，以卸载报表或将其他只读访问置于次要位置，从而提高主数据库的性能和可用性。除此之外，如图 2.18 所示，数据库快照还可以在主数据库上进行大量更新，在后续结果不可接受的情况下，通过快速恢复数据库到一个时间点的特性来实现高可用性。这将对恢复时间目标产生巨大影响，并直接影响高可用性。

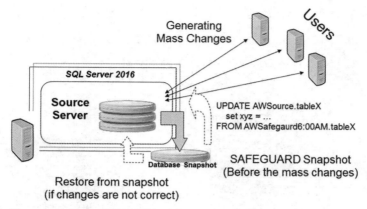

图 2.18　支持高可用性的数据库快照

2.2.7　微软 Azure 选项和 Azure SQL 数据库

AlwaysOn 可用性组可通过增加次要副本为一组数据库提供高可用性。这些副本可能是高可用性和故障转移策略中的一个复杂部分。此外，这些次要副本通常用于卸载只读工作负载或备份任务。在此，可以非常容易地将本地可用性组扩展到微软 Azure。为此，必须提供具有 SQL Server 的一个或多个 Azure 虚拟机，然后将其作为副本添加到本地可用性组配置中。图 2.19 阐述了在将一个微软 Azure 基础设施扩展为服务（IaaS）虚拟机时，本地 SQL Server AlwaysOn 可用性组的配置情况。

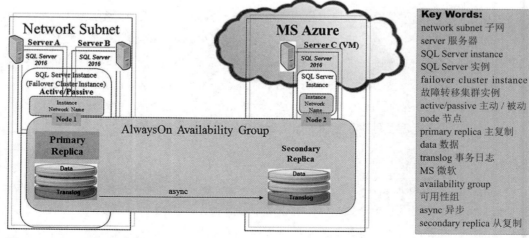

图 2.19　AlwaysOn 可用性组扩展为 Azure

如果考虑使用 Azure 虚拟机，务必考虑修补、更新和管理虚拟机环境所需的持续维护工作。

另一种利用微软 Azure 并能够提供高可用性和性能需求的选项是扩展数据库。简单来说，在 SQL Server 2016 中引入扩展数据库功能可将数据库和表单级别上不常用的数据无缝移动到微软 Azure 中。可通过在 SQL Server 2016 数据库中启用扩展数据库功能并连接（通过链接服务器功能）到微软 Azure 来实现上述功能。将历史数据或不常访问的数据移动到 Azure 中的远程存储（链接）位置，不仅有助于保持数据库中活跃数据的高性能，而且可以安全卸载数据以便恢复和实现可用性目的。图 2.20 显示了本地数据库中的数据如何标记为 Azure 中（云平台）远程存储的"合格数据"，并建立了一个链接服务器安全连接以将这些合格数据转移到 Azure 中的远程数据点。

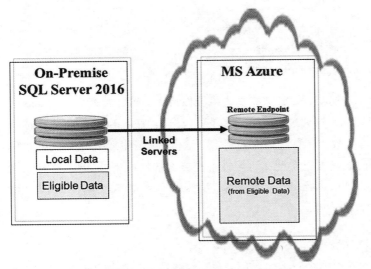

图 2.20 利用扩展数据库将本地数据库扩展到微软 Azure

通过扩展数据库对表进行查询，可使得本地数据库和远程点的自动运行。扩展数据库利用 Azure 的处理能力，通过重写查询表来执行对远程数据的查询。

最后，如图 2.21 所示，如果选择将微软 Azure 平台上的应用完全配置为一个所提供的服务（PaaS），可以采用各种 Azure SQL 数据库选项来实现高可用性和灾难恢复。SQL Azure 数据库是一个基于微软 SQL Server 引擎但具有关键任务能力的云服务中的关系型数据库。Azure SQL 数据库提供了可预测性能和可扩展性，且几乎没有停机时间，同时可以为业务连续性和数据保护提供服务。Azure SQL 数据库支持现有的 SQL Server 工具、库和 API，能够更容易地将应用转移和扩展到云平台。仅关注通过 Azure SQL 数据库的数据库层，而忽略了一个标准的 SQL 数据库可用同样的方式集成到具体应用中，正如在 SQL Server 2016 本地数据库所支持的那样。这种标准配置自动提供不同级别的数据库备份（地理区域为微软数据中心区域的其他位置），并允许通过 geo 恢复命令从这些备份中恢复数据。

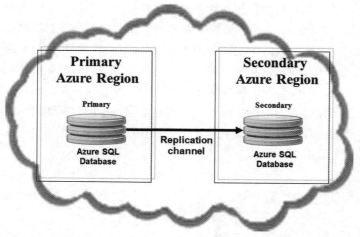

图 2.21 实现高可用性的 Azure SQL 数据库的主从配置

Key Words:
primary Azure region
Azure 主区域
replication channel
复制通道
secondary Azaure region
次级区域
database 数据库

图 2.21 给出了一种更加先进的配置，其数据丢失可能性更小。该配置在另一个 geo 区域直接创建 SQL 数据库的次要副本（通过复制通道和 geo 复制）。在主 SQL 数据库（在一个区域内）丢失的情况下，可以故障转移到该次要副本，这样就不必担心可用性组的管理和其他高可用性细微差别的问题（在已实现高可用性解决方案的情况下）。但是这种方法还是有一些缺点，如手动更改客户端字符串、一些数据丢失和其他关键高可用性限制等（将在第 10 章中具体讨论这种配置的利弊）。

2.2.8 应用集群

综上所述，应用程序的高可用性贯穿于所有技术层（网络层、应用层、数据层、基础设备层），每个层都存在一些技术和选项。一种主要方法是在应用服务层创建可扩展性和可用性。大型应用，如 SAP 的 ERP 服务，已实现应用集群以保证最终用户总是可以通过应用得到服务，而不管数据是否是数据层需要的。如果一个应用服务发生故障或因流量过大而过饱和，另一个应用服务可以进行弥补，并为终端用户提供无缝服务，称为应用集群。往往甚至可以将逻辑工作事务的状态恢复并传递给接收集群应用服务器。图 2.22 给出了一个典型的多层应用，具有应用集群和应用负载均衡，确保终端用户随时都能得到服务（无论何种用户访问应用的客户层设备或端点）。

切记，只有在所有层（网络层、应用层和数据层）上运行时，应用才可用。

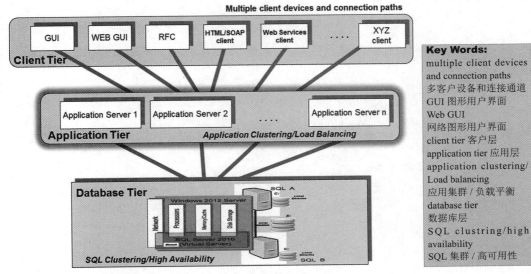

图 2.22　一个在应用层应用集群的多层高可用性解决方案

2.3　小结

本章介绍了微软软件库及硬件组件中许多可用的主要高可用性选项。首先需要建立一个构建高可用性系统的坚实基础。在完全定义应用的高可用性需求时,找到一个合适的高可用性解决方案可以服务多年。如你所知,微软可在本地、云以及包含两者的各种组合中提供支持。

第 3 章将概述将高可用性需求与适当的高可用性解决方案相匹配的复杂过程。可能需要选择两个或多个选项共同满足需求。为此,第 3 章中将提出一种循序渐进的方法(可重复使用)。

第 3 章
高可用性选择

第 1 章和第 2 章介绍了为正确评估建立某种高可用性配置应用可能性所需定义的大多数基本要素。本章主要介绍一种用于确定最适合的高可用性解决方案的严格过程。首先是第 0 阶段的高可用性评估。规范执行第 0 阶段的高可用性评估，能够确保在应用程序中尝试执行某种高可用性解决方案之前所需考虑的主要问题。本章所介绍的四步过程有助于确定适合于具体情况的最佳解决方案。

本章内容提要
- 实现高可用性的四步过程
- 步骤1：启动第0阶段高可用性评估
- 步骤2：量测高可用性的主要变量
- 步骤3：确定高可用性最优解决方案
- 步骤4：检验所选择高可用性解决方案的成本
- 小结

3.1 实现高可用性的四步过程

为了最好地确定哪种高可用性解决方案与业务需求相匹配，可以使用下面简单的四步过程。

（1）步骤 1 是一个典型的第 0 阶段高可用性简单评估，以尽可能快速准确地收集所有所需信息。然而，如果要在每个需求领域中进一步深入研究，则并不简单。

（2）步骤 2 需要确定尽可能完备且准确地量测高可用性的主要变量。这种量测标准实际上是第 0 阶段高可用性评估的一种具体体现，只是由于可作为应用程序高可用性需求的高层次描述且易于组织层管理人员理解，而单独作为一个步骤来调用（参见第 1 章中的图 1.8）。

（3）步骤 3 主要是利用评估和量测信息来确定从技术和资金上均符合业务需求的高可用性最佳解决方案。在该步骤中，常用混合决策树方法。

（4）另一个好处是本章执行基本投资回报率（ROI）计算来作为这一高可用性决策过程的可选步骤 4。投资回报率计算可选，这是因为大多数人都不在乎；在停机期间已损失了大量金钱和声誉，因此投资回报率可能是非常低的。通常情况下，投资回报率无法明确衡量，也无法计算对财务的影响程度。

实际上，上述四步过程是一种旨在产生满足需求的最佳高可用性解决方案的简便方法。

> **提示**
>
> 本章介绍了在部署特定高可用性解决方案时，一种计算ROI的相当简单和直接的方法。由于每个公司的ROI是完全不同的，因此计算过程会有所不同。然而，一般来说，ROI可通过增加新的高可用性解决方案所产生的额外成本与一段时间内（建议采用1年的时间）的停机成本进行比较来计算。ROI的计算主要包括以下内容：
>
> 　维护费用（1年期）：
> + 系统管理人员费用（人员培训的额外时间）
> + 软件授权成本（额外的高可用性组件）
> 　硬件成本（加）：
> + 硬件成本（新的高可用性解决方案中的额外硬件）
> 　部署/评估成本：
> + 部署成本（解决方案的开发、测试、质检和生产实施）
> + 高可用性的评估成本（投入评估成本产生完备的ROI计算）
> 　停机成本（1年期）：
> 　如果已记录了去年的停机记录，则采用该数值；否则，计算规划和未规划停机时间的估计值。
> + 规划停机时间×公司每小时停机成本（收入损失/产量损失/声誉损失[可选]）
> + 未计划停机时间×公司每小时停机成本（收入损失/产量损失/声誉损失[可选]）
> 　如果高可用性成本（上述）超过1年的停机成本，则再延长1年，直到能够确定多久才能得到ROI。
> 　事实上，大多数公司都会在第1年的6到9个月内达到ROI。

3.2　步骤1：启动第0阶段高可用性评估

启动第0阶段高可用性评估的最关键部分是整合合适的资源以便顺利实施，这对公司的影响至关重要，需要指派最优秀的员工来完成。另外，时间也非常关键。最好是在刚开始开发一个新系统之前就启动第0阶段高可用性评估。或者，如果是在系统开发完之后才进行评估的话，那么要尽可能全面并准确地完成评估工作。

3.2.1　第0阶段高可用性评估所需资源

对于第0阶段高可用性评估，需要整合两到三种资源（专业人士），应具有正确理解和捕捉应用环境的相关技术组件以及待评估应用的相关业务驱动的能力。再次强调，这些人员应是能力最强的员工。如果没有能够胜任该工作的员工，那么就需要引进外援，不要用技术能力不足的员工来凑合。与评估结果所产生的深远影响相比，评估所花费的时间和预算微乎其微。以下是在第 0 阶段评估中所应包含的人员类型和能力：
- 系统架构师/数据架构师（SA/DA）。需要对系统设计和数据设计具有丰富经验的人员，能够理解高可用性方面的硬件、软件和数据库。
- 资深的商业分析师（SBA）。必须完全精通应用（和评估）所针对的开发方法和业务需求。
- 兼职的高级技术指导（STL）。需要一名具有总体系统开发能力的软件工程师，能够在评估过程中对所遵循的编码标准、系统测试任务的完备性以及已经（或将要）实现的通用软件配置有所帮助。

3.2.2　第 0 阶段高可用性评估的任务

在组建完评估团队之后，可首先将评估工作分为正确高可用性解决方案所需不同关键信息的几个任务。在评估现有系统时会需要其中的某些任务，这些任务可能不适用于全新的系统。

第 0 阶段高可用性评估绝大多数是针对现有系统进行的。这似乎表明在完成评估后，大多数应用的可用性将变得更高。当然，最好是在开发过程中首先确定并分析应用的高可用性需求。

在确定正确的高可用性解决方案时，可能不需要任务描述。但为了完整起见，在此对它们进行介绍，以便大家更加全面地了解所实施的环境并进行处理。值得注意的是，对于基于需求而确定的目标而言，这种评估是一种很有用的描述。在此应对每个任务的要点进行概述。接下来对这些任务进行深入分析。

- 任务 1：描述应用的当前状态。

> **提示**
>
> 如果是一个新的应用，则跳过任务1。

主要包括以下几点：
- 数据（数据使用和物理实现）
- 流程（支持的业务流程）
- 技术（硬件/软件平台/配置）
- 备份/恢复程序
- 使用的标准/指南
- 采用的测试/QA 过程
- 目前定义的服务水平协议（SLA）
- 人员管理系统的专业水平
- 人员开发/测试系统的专业水平

▶ 任务 2：描述应用的未来状态。

主要包括以下几点：

- 数据（数据使用和物理实现、数据量增长、数据恢复能力）
- 流程（支持的业务流程、预期的扩展功能和应用快速恢复能力）
- 技术（硬件/软件平台/配置，获得的新技术）
- 计划的备份/恢复程序
- 正在使用或改善的标准/指南
- 正在改变或完善的测试/QA 过程
- 期望实施的 SLA
- 人员管理系统的专业水平（培训和聘用计划）
- 人员开发/测试系统的专业水平（培训和聘用计划）

▶ 任务 3：描述不同时段（7 天后、一个月后、一个季度后、半年后和一年后）的计划外停机原因。

提示

如果是一个新的应用，任务3将创建未来月、季、半年和一年时段的估计值。

▶ 任务 4：描述不同时段（7 天后、一个月后、一个季度后、半年后和一年后）的计划停机原因。

提示

如果是一个新的应用，任务4将创建未来月、季、半年和一年时段的估计值。

▶ 任务 5：计算不同时段（7 天后、一个月后、一个季度后、半年后和一年后）的可用性百分比（参见第 1 章中的完整计算过程）。

提示

如果是一个新的引用，任务5将创建未来月、季、半年和一年时段的估计值。

▶ 任务 6：计算停机损失。

主要包括以下几点：

- 收入损失（每小时不可用）。例如，在一个在线订单输入系统中，查看任何高峰订单输入时间并计算高峰期间的总订单量。这里是指每小时的收入损失。
- 生产力损失（每小时不可用）。例如，在一个用于执行决策支持的内部财务数据仓库中，计算过去一两个月中该数据集市/仓库不可用的时间长度，并乘以上述期间需要对此查询的主管/经理人数，这称为"生产力效应"。该值乘以主管/经理的平均工资即可得到生产力损失的粗略估计。其中并未考虑在没有可用数据集市/仓库的情况下所作出的错误商业决策，以及该错误商业决策所带来的经济损失。计算生产力损失可能会对评估有一定的积极作用，但需要有一些相应措施来衡量，并帮助证明投资回报的合理性。对于非生产性的应用，无须计算该值。

- ◆ 声誉损失（每小时不可用所失去的客户）。该部分内容非常重要。声誉损失可以通过一段时间内的平均客户数（如上月在线订单客户平均数）来衡量，并将其与系统发生故障后的处理时间（在此期间有大量的停机时间）进行比较。也可将声誉损失解释为同样数量的下降（即在线客户没有继续等待，而是转去寻求公司的竞争对手）。这时，必须考虑下降的百分比（如2%），并将其乘以规定期间内的平均订单量，期间的损失值可看作包含在每月 ROI 计算中的重复损失开销。

> **提示**
>
> 如果是一个新的应用，任务6将创建损失的估计值。

停机时间造成的损失可能难以计算，但有助于购买高可用性产品时的论证过程和投资回报率的计算。

一旦完成上述任务，就已准备好进入步骤2：量测高可用性的主要变量。

3.3 步骤2：量测高可用性的主要变量

现在是时候在主变量表中正确标记箭头（作为相对值）了（参见图1.8）。应尽可能准确并严格地将评估箭头置于10个变量中的每个变量上。每个连续变量应均匀划分为一定尺度，并确定或计算一个确切值来放置箭头。例如，对于X公司，停机成本（每小时）变量的范围可能是从最低0美元/小时（左端）到最高500000美元/小时（右端）。最高值500000美元/小时表示X公司在线订单输入系统中可能出现的最高订单量，并由此表示这一期间已知的经济损失。切记公司中的所有事物都与其他系统相关联，并且与这些变量的感知量有关。也就是说，如果是针对内部员工的应用，那么一些公司就不会重视终端用户对停机时间变量的容忍度。因此，应进行相应的调整。

对个每个量测主变量，需要执行以下步骤：

（1）为每个主变量分配相对值（根据公司特点）。
（2）在每个最能反映待评估系统的量测感知（或估计）点放置一个箭头。

另外一个示例，首先观察第一个高可用性主变量的总的正常运行时间百分比要求。如果正在评估一个 ATM 系统，评估箭头的位置应是98%或更高。记住5个9就意味着正常运行时间的百分比为99.999%。还要注意该值是针对"计划"操作时间的，并不是一天（或一年）的所有时间；当然，24×7×365 的系统除外。通常，为应用定义的服务水平协议，将会阐明正常运行时间百分比要求。图 3.1 给出了在 ATM 应用示例中评估箭头在 99.999% 位置即可用性最大处（至少从正常运行时间百分比的角度来看）的情况。

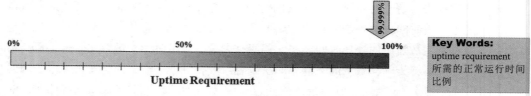

图 3.1　高可用性量测主变量——ATM 正常运行时间百分比示例

3.4　步骤 3：确定高可用性最优解决方案

一旦完成步骤 1 和步骤 2，也就完成了相对比较困难的部分，此时可能会得到足够的信息来作出一个非常好的高可用性解决方案选择。如果从上述两个步骤中得到的信息不完整，那么所作出的决策就可能不可靠。但总地来说，足以得到所要达到的目标。

步骤 3 借鉴了一种结合评估结果和量测信息的形式化确定性方法，从而为需求生成正确的高可用性解决方案。

目前已有许多选择方案可用于选择最优的高可用性解决方案，包括评分法、决策树法和简单估计法。作者倾向于利用主变量来指导获得高可用性解决方案的混合决策树方法。

对于确定高可用性解决方案的任何一种选择方法，都会获得多种高可用性解，其中一种可能无需高可用性解决方案。另外，还描述了每个解决方案的一般成本和管理复杂性。由于新的高可用性解决方案是在行业中确定的（或由某一特定供应商确定，如微软），所以该列表可以扩展。但目前本书关注以下内容（见图 3.2）。

- 磁盘方法：磁盘方法包括磁盘镜像、RAID 等。特点是中等成本、管理复杂性低。
- 其他硬件：其他硬件包括冗余电源、风扇、CPU 等（其中许多是热插拔的）。特点是中等成本、管理复杂性低。
- 故障转移集群：Windows 服务器故障转移集群允许两个（或多个）系统在被动/主动或主动/主动模式下进行故障转移。特点是中等成本、管理复杂性适中。
- SQL 集群：SQL 集群完全允许通过 WSFC 使得一个微软 SQL Server 实例故障转移到另一个系统（因为 SQL Server 2016 是感知集群）。特点是中等成本、管理复杂性适中。
- AlwaysOn 可用性组：AlwaysOn 通过有效利用数据冗余方法提供了数据库级的故障转移和可用性。可创建主副本和最多 8 个次要副本，并同步形成一个鲁棒的高可用

第 3 章 高可用性选择

配置和工作卸载选项。特点是成本高（由于需要企业版的微软许可证）、管理复杂性适中。

- **数据复制**：可以利用事务性复制将冗余分配事务从一个 SQL Server 数据库立刻转移到另一个 SQL Server 数据库。两个 SQL Server 数据库（在不同服务器上）也可用于实现工作负载均衡。虽然存在一些限制，但非常容易管理。特点是成本低、管理复杂性适中。
- **日志传送**：可以直接将 SQL Server 数据库的事务日志应用到同一 SQL Server 数据库的温备份副本中。该方法在技术实现上有一定限制。特点是成本低、管理复杂性低。
- **数据库快照**：可允许为报表用户、大批量更新保护和测试优势创建数据库级的时间点数据访问。通常与数据库镜像同时使用，以使镜像为其他终端用户池提供只读访问。特点是成本低、管理复杂性适中。
- **微软 Azure 可用性组**：这是可用性组对故障转移和次要副本从本地功能到云平台（微软 Azure）的扩展。特点是中等成本、管理复杂性适中。
- **微软 Azure 扩展数据库**：可以在数据库和数据表级将较少访问（合格）的数据移动到微软 Azure 远程存储（远程点/远程数据）。特点是中等成本、管理复杂性适中。
- **微软 Azure SQL 数据库**：可以创建标准的和先进的基于云的 SQL 数据库，允许数据库备份地理分布，且 SQL 从数据库创建为次级故障转移和可用副本。特点是成本适中、管理复杂性适中。
- 无需高可用性解决方案。

图 3.2 展示了有效的典型选项或组合。在交叉处与其他选项具有 × 的选项意味着其经常一起使用，要么需要建立在一个选项之上，要么添加在某个选项之中，由此得到更有效的高可用解决方案。如可以同时使用磁盘方法、其他硬件法、故障转移集群和 SQL 集群。

	Disk Methods	Other Hardware	Failover Clustering	SQL Clustering	AlwaysOn AVG	Data Replication	Log Shipping	DB Snapshots	MS Azure AVG	MS Azure Stretch DB	Azure SQL Database
Disk Methods		X	X	X	X	X	X	X		X	
Other Hardware	X		X	X	X	X	X	X		X	
Failover Clustering	X	X		X	X	X	X	X		X	
SQL Clustering	X	X	X		X					X	
AlwaysOn AVG	X	X	X	X		X			X	X	
Data Replication	X	X	X	X	X						
Log Shipping	X	X						X		X	
DB Snapshots	X	X	X	X	X				X	X	
MS Azure AVG			X	X	X			X			
MS Azure Stretch DB			X	X	X		X	X			X
Azure SQL Database									X	X	

Key Words:
disk methods 磁盘方法
other hardware 其他硬件法
failover clustering 故障转移集群
SQL clustering SQL 集群
AlwaysOn AVG
AlwaysOn 可用性组
data replication 数据复制
log shipping 日志传送
DB snapshots 数据库快照
MS Azure AVG
微软 Azure 可用性组
MS Azure stretch DB
微软 Azure 扩展数据库
Azure SQL database
Azure SQL 数据库

图 3.2 有效的高可用性选项和组合

如上所述，其中一些可能的解决方案实际上包括其他方案（例如，SQL 集群是建立在故障转移集群的基础之上），期间需要考虑选择的结果。

选择高可用性解决方案的决策树方法

决策树法主要是利用第 0 阶段评估中获得的高可用性信息，沿特定路径（决策树）遍历，直到找到一个合适的高可用性解。在这种情况下，作者选择采用 Nassi-Shneiderman 图的混合决策树技术，该方法非常适合于描述复杂问题并产生非常具体的结果（在此不介绍所有 Nassi-Shneiderman 图的相关技术，只是讨论条件/问题部分）。如图 3.3 所示，Nassi-Shneiderman 图包括以下内容：

- 条件/问题。为此需要确定一个答案。
- 案例。该问题的已知案例（答案）个数可能有（案例 A，案例 B，……，案例 n）。
- 行为/结果。根据所选择的案例，执行具体的结果或行为（结果 A，结果 B，……，结果 n）。

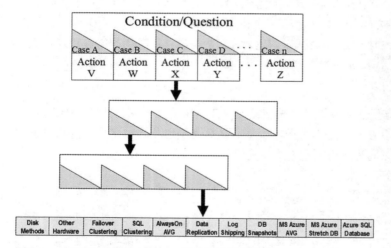

图 3.3　采用 Nassi-Shneiderman 图的混合决策树法

每个问题都需要在回答所有问题之前综合考虑。实际上是沿着一个复杂的树结构导航，从而产生一个确定的高可用性解。

这些问题都是有序的，以便能够清楚地满足特定需求，并朝向一个特殊的高可用方向。图 3.4 给出了一个 Nassi-Shneiderman 结构的问题示例。问题是"应用必须具有多大比例的可用性（对于预定的操作时间）"，如果已完成第 0 阶段的评估，则很容易回答该问题。同时，回答该问题也是对第 0 阶段评估的一次良好的审核和确认。

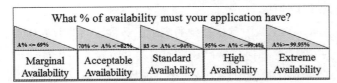

> **Key Words:**
> what % of availability must your application have? 应用必须具有多大比例的可用性？
> marginal availability 最低可用性　　acceptable availability 可接受的可用性　　standard availability 标准可用性
> high availability 高可用性　　extreme availability 极高可用性　　availability percentage 可用性比例
> for planned hours of operation 计划运行时间

图 3.4　Nassi_Shneiderman 结构的问题示例

在正常的事件过程中，首先从高可用性的最关键方面入手。然后根据每个问题的答案，利用新问题沿一条特定路径前进。由于考虑到每个高可用性的特点，该路径（所遵循的操作行为）会产生特定的高可用性解。需要回答的一系列问题都来自于高可用性量测主变量，稍微进行展开即可使其具有条件性质。具体如下：

- 在规定运行时间内应用必须保持多长时间的正常运行？（目标）
- 在系统不可用（计划内或计划外的不可用）时，终端用户的容忍度如何？
- 应用的每小时停机费用是多少？
- 发生故障（任何类型）后，应用在线恢复需要多长时间？（最坏的情况下）
- 在认为所有节点都 100% 可用之前，有多少应用被分配以及需要与其他节点进行某种类型的同步？
- 在支持应用可用情况下，可以容忍数据不一致的程度如何？
- 需要间隔多久对应用（和环境）进行定期维护？
- 高性能和可扩展性的重要性有多高？
- 保持应用与终端用户的当前联系有多重要？
- 一个可能的高可用性解决方案的成本估计有多少？预算是多少？

> **提示**
> 可能发挥作用的一个重要因素是让应用变得具有高可用性的时间表。如果时间表很短，则解决方案可能不会将成本作为主要因素，甚至可能不考虑需要几个月来订购和安装的硬件因素。在这种情况下，可以适当地扩展主变量来涵盖该问题（以及其他任何问题）。这个特别问题可能是"使得应用具有高可用性的时间表是多久？"

然而，本书假设具有合理的时间来正确评估应用，还假设所编程实现（或计划编写）的应用是集群感知的，由此可以利用 WSFC。这可看作是应用集群的一种实现（即集群感知的应用）。如上所述，SQL Server 就是一个集群感知的程序。但是，作者并不认为 SQL Server 是严格意义上的应用集群，而是数据库集群。

1. **场景 1：应用服务供应商（ASP）评估**

为了有效理解决策树方法，本节将对第 1 章中首次提到的应用服务供应商的业务场景提供一个完整路径（决策树）。本节主要阐述如何根据已经完成的第 0 阶段高可用性评估来回答有关 ASP 的问题。正如所理解的那样，该场景涉及一个非常实际的 ASP 及其操作模型。该 ASP 为全球几家主要的美容保健产品公司建立并开发了许多基于全球网络的在线订单输入系统，其客户是真正全球性的。公司总部设在加利福尼亚，且该 ASP 为客户保证了 99.95% 的正常运行时间。在此，客户都是销售人员和销售经理。如果 ASP 实现了上述保证条件，就会得到可观的奖金；如果没有达到最低要求，就要承担一定的惩罚。具体的作业处理量大约有 65% 的在线订单输入和 35% 左右的报表。

可用性：

- 每天 24h
- 每周 7d
- 每年 365d

计划停机时间：0.25%（小于 1%）

计划外停机时间：可容忍 0.25%（小于 1%）

图 3.5 显示了决策树中的前三个问题及其相应的响应措施（行为）。注意这些问题都是累积的，每个新问题都与前面问题的回答有关。所有这些响应共同决定了最适合的高可用性解决方案。接下来继续描述 ASP 的业务场景，详细了解具体是如何工作的。

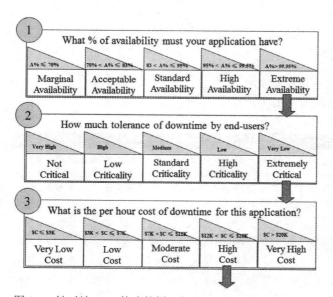

图 3.5　针对该 ASP 的决策树，问题 1～3

高可用性评估（决策树）：

（1）应用必须在规定运行时间内保持多长时间？（目标）

响应：E：99.95%——极端可用性目标。

（2）系统不可用（计划内或计划外的不可用）时，终端用户的最大容忍度如何？

响应：E：停机容忍度非常低——非常关键。

（3）该应用的每小时停机费用是多少？

响应：D：停机费用 15000 美元 / 小时——成本高。

切记所有问题都是累加的。在只进行了三个问题之后，可发现该 ASP 在业务场景不可用时，每小时的成本相当高 [每小时 0.5% 的费用（总收入 30 亿美元）]。再加上正常运行时间要求高以及终端用户对停机的容忍度非常低（由于 ASP 的业务性质），将导致应用需要快速实现一种特定的高可用性解决方案。可以很容易地暂停工作，而跳转到具有最大硬件冗余、RAID、WSFC 和 SQL 集群的高可用性解决方案以满足高可用性需求；然而，仍有一些具体需求可以轻易地改变这一解决方案，如分布式数据处理要求和高可用性解决方案的预算等。为了满足清晰性、一致性、完整性和成本合理性的目的，在此需要完成整个问题集。

图 3.6 展示了下一组问题和回答。

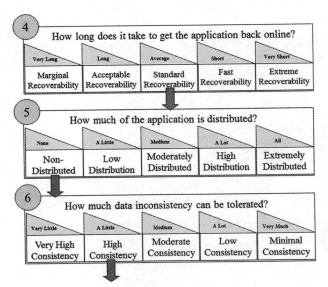

图 3.6　针对该 ASP 的决策树，问题 4 ～ 6

（4）发生故障（任何类型）后，应用恢复在线需要多少时间？（最坏的情况）

响应：C：平均——恢复的标准时间（即恢复在线）。通过标准的数据库恢复机制来完成（每 15 分钟增加一次事务日志转储）。虽然恢复时间越快越好，但数据完整性更加重要。

（5）在认为所有节点 100% 可用的情况下，应用的分布情况以及需要与其他节点进行某种类型同步的程度如何？

响应：A：无——该应用没有任何组件分布（非分布式）。这样简化了数据同步，但并不一定意味着分布式高可用性解决方案不能更好地服务整个应用。如果应用具有大量报表组件，则采用某种类型的数据复制架构可提供很好的服务。在后面的性能/可扩展性中进行详细讨论。

（6）在支持应用可用条件下，数据不一致的容忍度如何？

响应：B：稍许——必须始终保持高度的数据一致性。保证任何高可用性选项都不会在支持可用性条件下牺牲数据一致性。

对于主要是静态数据的系统，应用数据库的完整镜像可在多个位置保存，以便在需要时立即访问，而不存在数据不一致的任何危险（管理得当的话）。对于数据存在大量波动性的系统，对一个问题的回答很可能决定采用何种高可用性选项。通常，最适合数据高度一致性需求的高可用性选项是 SQL 集群和日志传送，再加上磁盘子系统级的 RAID。

在高可用性解决方案路径中的另一个短暂停顿可发现不需要支持复杂的分布式环境，但必须确保尽可能地保持数据一致。另外，还可以利用典型的恢复时间，使得在发生故障时应用能够在线恢复（ASP 的服务水平协议就是指定这个的）。然而，如果存在一种更快的恢复机制则优先考虑，因为直接影响到计划外停机的总时长，并可能会使得 ASP 获得正常运行的奖金（也可能是 SLA 中的）。

接下来进入下一组问题，如图 3.7 所示。这些问题着重于计划停机时间、性能和应用连通性感知。

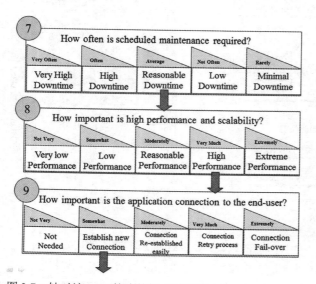

Key Words:
How often is scheduled maintenance required? 需要间隔多久进行定期维护？
How important is high performance and scalability? 高性能和可扩展性有多重要？
How important is the application connection to the end-user? 应用与终端用户保持连接有多重要？
not needed 不需要
establish new connection 建立新连接
connection re-established easily 很容易地重新建立连接
connection retry process 重试连接过程
connectin fail-over 连接故障转移

图 3.7　针对该 ASP 的决策树，问题 7～9

（7）该应用（和环境）需要间隔多久进行定期维护？

响应：C：平均——需要合理的停机时间来进行操作系统补丁/升级、硬件更换/替换和应用补丁/升级。对于 24×7 的系统，这将直接减少可用时间；对于有停机时间窗口的系统，在该区域的压力要小得多。

（8）高性能和可扩展性有多重要？

响应：D：非常重要——ASP 认为所有应用都是高性能的系统，必须满足严格的性能要求，并能够扩展以支持大量客户。这些性能阈值将在服务水平协议中清楚地阐明。因此，任何一个高可用性解决方案都必须是可扩展的解决方案。

（9）对于应用而言，与终端用户保持当前连接有多重要？

响应：B：有些重要——至少需要具有在短时间内建立与应用的新连接的能力。不需要客户端连接故障转移。通过应用所采用的"最优并发"整体事务处理方法是部分可能的，该方法可使得长时间保持连接（行保持/锁定）的压力小得多。

由图 3.8 可知，一种可能的高可用性解决方案的成本估计在 10 万到 20 万美元之间。高可用性解决方案的预算应估计为几天的停机成本。对于 ASP 示例，大约是 72 万美元。ROI 计算可表明恢复速度有多快。

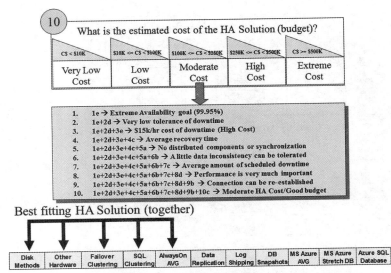

图 3.8 针对该 ASP 的决策树，问题 10 和高可用性解决方案

> **提示**
> 在本章后面部分将进行完整的 ROI 计算，以便充分理解这些值来自何处。

（10）一个可能的高可用性解决方案的成本估计是多少？预算是多少？

响应：C：10万到25万美元之间——这是具有潜在巨大利益的中等程度的成本。主要包括：

- 5台具有64GB RAM 的新的多核服务器，每台服务器3万美元
- 5个微软 Windows 2012 授权
- 5个 RAID 10 的共享 SCSI 磁盘系统（50个驱动器）
- 5天的额外人员培训费用
- 5个 SQL Server 企业版授权

2. 场景1的高可用性解决方案

图3.8 显示了最终选择的硬件冗余、共享磁盘 RAID 阵列、故障转移集群、主服务器实例的 SQL 集群、用于瞬时故障转移的同步模式次级复制，以及两个用于在线只读访问和报表需求之间重负载均衡的异步次要副本。显然，该特定的高可用性解决方案很好地满足了需求，同时完全满足了正常运行时间、容忍度、性能和成本的所有关键要求。ASP 的 SLA 运行短暂的停机时间来进行所有操作系统、硬件和应用的升级，但是由于可用性组配置，所有这些都只能通过滚动更新和零停机时间来处理。图3.9 给出了实时高可用性解决方案的技术架构，以及允许使用大量硬件冗余的预算。

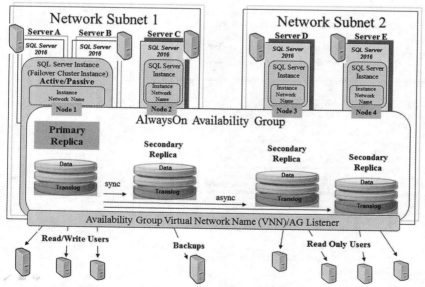

图3.9 ASP 的高可用性解决方案技术架构

ASP 真正合理使用了该高可用性解决方案，然后实现了将近 99.999% 的延长时间（超过初始目标 99.95% 的正常运行时间）。另外需要说明的是，该 ASP 还采用了分布式风险策略，以进一步减少应用和共享硬件发生故障所造成的停机时间。在特定集群解决方案上最多可处理两到三个应用（参见第 2 章中全面描述这种风险降低方法的图 2.10）。

决策树方法也可以用稍微不同的方式进行阐述。图 3.10 给出了一种决策树路径遍历的简单气泡图技术。

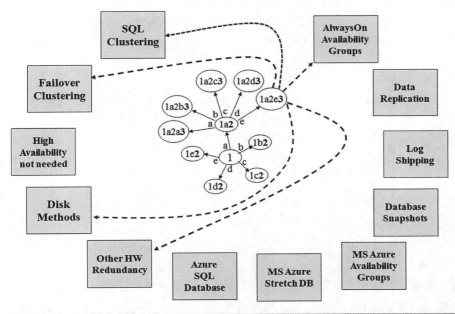

Key Words:
disk methods 磁盘方法
Azure SQL database Azure SQL 数据库
MS Azure Availability Groups 微软 Azure 可用性组
log shipping 日志传送
AlwaysOn availability groups AlwaysOn 可用性组
failover clustering 故障转移集群
other HW redundancy 其他硬件冗余
MS Azure stretch DB 微软 Azure 扩展数据库
Database snapshots 数据库快照
data replication 数据复制
SQL clustering SQL 集群
high availability not needed 无需高可用性

图 3.10 决策树路径遍历的气泡图方法

切记在回答每个问题之前都要考虑所有问题。所得结果是一个满足业务需求的最佳特定高可用性解决方案。

> **提示**
>
> 可在本书配套网址www.informit.com/title/9780672337765上的Excel表中得到一个定义了所有问题和路径的完整决策树搜索（完整的高可用性决策树）。另外，在该网址的一个PPT文档中还提供了一个Nassi-Shneiderman空白图和高可用性的主变量。

3. 场景 2：全球市场和销售（品牌推广）评估

场景 2 的特点是一个创造了非常成功的促销和品牌计划的主要芯片制造商，使得数十亿美元的广告收入回馈给公司的全球销售渠道合作伙伴。这些销售渠道的合作伙伴必须出现在完整的广告宣传（新闻、广播、电视等）中，并根据广告规则使用和放置标识。如果销售渠道的合作伙伴遵守规则，则将从芯片制造商处收到高达 50% 的广告成本。全球主要有三个广告投放区：远东、欧洲和北美。除此之外的所有其他广告都归纳到"其他区域"中。每个区域每天都会产生按合约规则需立即处理的大量新广告信息。每个主要区域都只处理本地区的广告宣传，但接受芯片制造商总部的合约规则和合规性判断。应用所需处理的大约是 75% 的在线广告事件及 25% 的管理和合约报表。

可用性：
- 每天 24h
- 每周 7d
- 每年 365d

计划停机时间：3%
计划外停机时间：2% 可容忍

高可用性评估（决策树）：

（1）应用必须在规定运行时间内保持多长时间？（目标）

响应：D：95.0%——高可用性目标。然而，这并不是保证公司正常运行的一个非常关键的应用（如订单输入系统）。

（2）系统不可用（计划内或计划外的不可用）时，终端用户的容忍度如何？

响应：C：中等程度的停机容忍度——标准临界点

（3）应用每小时的停机费用是多少？

响应：B：停机费用为 5000 美元 / 小时——成本低。

正如目前所知，这个关于销售和市场营销的应用的可用性良好，并可容忍一些停机，不会对公司造成影响。销售不会因此丢失，只是会导致工作有些繁忙。此外，停机时间的成本相当低，只有 5000 美元 / 小时。这大概是广告工作人员不能完成市场材料的比例。

（4）发生故障（任何类型）后，应用恢复在线需要多长时间？（最坏的情况）

响应：C：平均——标准恢复时间（即恢复在线）。通过标准的数据库恢复机制完成（每 15 分钟执行一次事务日志转储）。

（5）在认为所有节点 100% 可用的情况下，应用的分布情况以及需要与其他节点进行某种类型同步的程度如何？

响应：D：高分布性——这是一个全球性应用，取决于总部从世界各地进行数据创建和维护（OLTP 联机事务处理活动），另外还必须能够支持不影响 OLTP 活动性能的大型区域报表（报表活动）。

（6）在支持应用可用性情况下，数据不一致的容忍度如何？

响应：B：非常低——必须始终保持高度的数据一致性。保证任何高可用性选项都不会在支持可用性条件下牺牲数据一致性。这是一个区域敏感性问题，因为在欧洲更新数据时，远东并不需要立刻得到更新后的数据。

（7）应用（和环境）需要间隔多久定期维护？

响应：C：平均——处理操作系统补丁/升级、硬件更换/替换以及应用补丁/升级的合理停机时间。

（8）高性能和可扩展性有多重要？

响应：D：非常重要——对于应用而言，性能（和可扩展性）非常重要。理想情况是，从报表活动中分离出 OLTP 活动的总体方法将为此付出很大的代价。

（9）对于应用来说，与终端用户保持当前连接有多重要？

响应：B：有些重要——至少需要具有在短时间内与应用重新建立连接的能力。无需客户端连接故障转移。实际上，在总部数据库不可用的最坏情况下，OLTP 活动很容易转移到用于报表并保持当前状态的其他数据库副本（将会出现在本场景下的高可用性解决方案中）。

（10）一个可能的高可用性解决方案的成本估计是多少？预算是多少？

响应：B：1 万到 10 万美元之间——这对于潜在的巨大利益是相当低的成本。主要包括：

- 5 台具有 32GB RAM 的新的多核服务器，每台服务器 1 万美元
- 5 个微软 Windows 2012 授权
- 5 个 RAID 10 的 SCSI 磁盘系统（25 个驱动器）
- 2 天的额外人员培训费用
- 5 个 SQL Server 授权（远程分发服务器，三台订阅服务器）

4. 场景 2 的高可用性解决方案

图 3.11 给出了一个在每台服务器上所用的基本硬件/磁盘冗余方法，以及 SQL Server 的强大"事务性"数据复制实现，以创建三个区域的主营销数据库的报表镜像（MktgDB）。这些分布式的副本将尽量减轻 OLTP（主）数据库的关键报表负担，还可以作为总部数据库发生重大问题时的温备份数据库。总地来说，这种分布式体系结构易于维护和保持同步，并具有高度可扩展性，如图 3.12 所示。

在构建完高可用性解决方案之后，大部分时间都达到了正常运行时间的目标。在每个区域网站（订阅服务器）偶尔会有一些数据同步延迟。但总体而言，用户对性能、可用性和最低成本都非常满意。

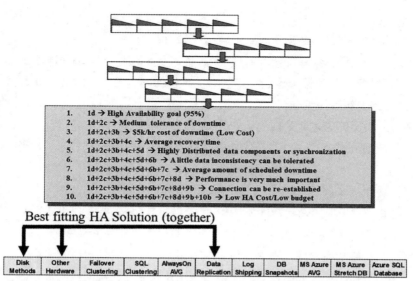

图 3.11 销售/市场营销决策树概述及高可用性解决方案

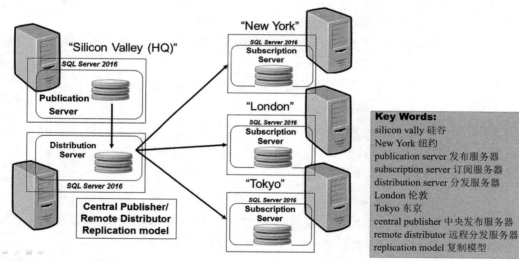

图 3.12 销售/市场营销高可用性解决方案的技术架构

5. **场景 3：投资组合管理评估**

在世界金融中心——纽约的一个主服务器群上，将安装一个投资组合管理应用。仅服务于北美客户，该应用具有在所有金融市场（美国和国际市场）进行股票和期权交易的功能，同时拥有完整的投资组合评估、历史业绩和控股估值。主要用户是大客户的投资经理。股票买卖占到日间活动的 90%，而大规模评估、历史业绩和估值报告都是在闭市后进行的。每个工作日都会在世界三大贸易市场（美国、欧洲和远东）的推动下产生三个主要的应用高峰。在周末，该应用主要用于长期规划报告和未来一周的前期吃重股票交易。

可用性：
- 每天 20h
- 每周 7d
- 每年 365d

计划停机时间：4%

计划外停机时间：1% 可容忍

高可用性评估（决策树）：

（1）应用必须在规定的运行时间内保持多长时间？（目标）

响应：D：95.0%——高可用性目标。该金融机构（地表最大的）允许一小部分的"内置"停机时间（计划内或计划外）。规模较小且更灵活的金融机构可能会要求正常运行时间的目标稍长（如 5 个 9 秒）。时间就是金钱，你懂的。

（2）系统不可用（计划或计划外的不可用）时，终端用户的容忍度如何？

响应：D：停机容忍度低——由于市场时机（在市场窗口内买卖股票）的高临界性。

（3）应用每小时停机的费用是多少？

响应：E：停机成本为 15 万美元/小时——成本非常高。然而，这是指最坏的情况。闭市后，停机成本很低。

（4）发生故障（任何类型）后，应用需要多长时间恢复在线？（最坏的情况）

响应：E：非常短的时间内恢复——该应用的恢复时间应非常短（即恢复在线）。

（5）在认为所有节点 100% 可用的情况下，应用的分布情况以及需要与其他节点进行某种类型同步的程度？

响应：C：中等程度的分布——适度分布的应用具有较大的 OLTP 需求和大量的报表处理需求。

（6）在支持应用可用性情况下，数据不一致的容忍度如何？

响应：A：非常低——必须始终保持高度的数据一致性，因为这是财务数据。

（7）应用（和环境）需要多久定期维护？

响应：C：平均—处理操作系统补丁/升级、硬件更换/替换以及应用补丁/升级的合理停机时间。

（8）高性能和可扩展性有多重要？

响应：D：非常重要——对于该应用，性能（和可扩展性）非常重要。

（9）对于该应用而言，与终端用户保持当前连接有多重要？

响应：B：有些重要——至少需要具有在短时间内与应用重新建立连接的能力。无需客户端连接故障转移。

（10）一个可能的高可用性解决方案的成本估计是多少？预算是多少？

响应：C：10万到25万美元之间——这对于潜在的巨大利益是中等程度的成本。主要包括：

- ▶ 两台具有64GB RAM的新的多核服务器，每台服务器5万美元
- ▶ 3个微软Winows 2012授权
- ▶ 3个SQL Server企业版授权
- ▶ 1000美元/月的微软Azure IaaS服务费用
- ▶ 两个RAID 10的共享SCSI磁盘系统（30个驱动器）
- ▶ 12天的额外人员培训费用

公司预算所有高可用性成本为125万美元。一个可靠的高可用性解决方案要低于该预算金额。

图3.13给出了投资组合管理场景下决策树结果的整体概况及高可用性解决方案。

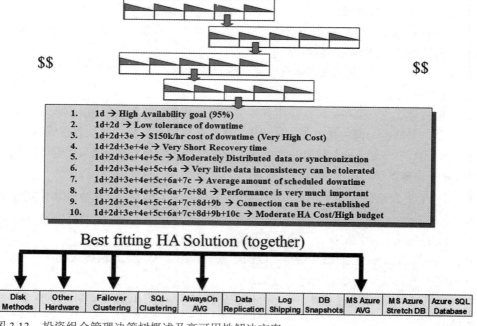

图3.13　投资组合管理决策树概述及高可用性解决方案

6. 场景3的高可用性解决方案

由图3.13可知，公司对每个服务器选择了基本的硬件/磁盘冗余方法，以及用于故障转移的AlwaysOn可用性组异步次要副本、数据库备份卸载，并在本地次要副本和微软Azure云次要副本上进行报表工作。实际上，大多数报表都最终需要微软Azure云的次要

副本，数据到主副本的平均时间为 10 秒左右。在此所采用的技术架构可减少很多风险，且易于维护（图 3.14）。

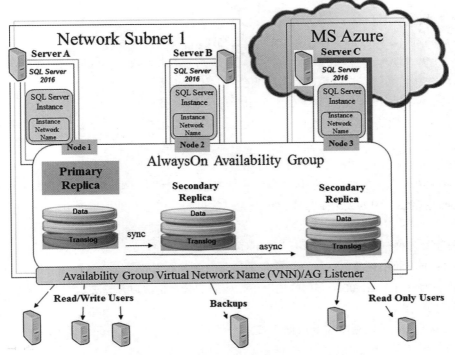

图 3.14 投资组合管理高可用性解决方案的技术架构

一旦完成该高可用性解决方案的配置，就会超出常规的高可用性目标。由于 OLTP 从报表工作中分离出来，所以会产生出色的性能，这通常是一种实用的设计方法。

7. 场景 4：挖掘工作之前的呼叫服务评估

回顾第 1 章中在三个州地下工程的呼叫中心，需要一个应用来确定损坏地面 15cm 下任何煤气管道、水管、电力线、电话线或挖掘施工工地可能存在的电缆的可能性。要求在准备挖掘之前，应呼叫该中心以确认挖掘工作是否安全，并确定地下任何危险区域的确切位置。该应用可归为"有生命风险"应用，且要求在施工工作日（周一到周六）期间必须提供接近 100% 的可用性。全国每年有超过 25 人死于地下未知危险区域的挖掘工作。该应用的任务包括 95% 的查询，只有 5% 是用于更新图像、地理信息以及区域性公共事业公司提供的各种管道和电缆位置信息。

可用性：

- 每天 15h（早上 5:00—晚上 8:00）
- 每周 6d（周日休息）

- 每年 312d

计划停机时间：0%

计划外停机时间：0.5%（小于 1%）可容忍

高可用性评估（决策树）：

（1）应用必须在规定的运行时间内保持多长时间？（目标）

响应：E：99.95%——极端的可用性目标。这是一个"生死攸关"的应用。如果在计划运行期间无法从该系统获得信息，则有可能会有人死于非命。

（2）系统不可用（计划或计划外的不可用）时，终端用户的容忍度如何？

响应：E：非常低的停机容忍度——也就是说，从终端用户的角度来看，这是非常关键的。

（3）应用每小时停机的费用是多少？

响应：A：2000 美元/小时的停机费用——非常低的成本，但生命代价非常高。该问题具有一定的迷惑性，因为失去生命的代价是无可估量的，但也必须采用原有的经济成本计算方法。

（4）发生故障（任何类型）后，应用需要多长时间恢复在线？（最坏的情况）

响应：E：非常短的恢复时间——该应用的恢复时间应非常短（即恢复在线）。

（5）在认为所有节点 100% 可用的情况下，应用的分布情况以及需要与其他节点进行某种类型同步的程度？

响应：A：无——该应用不需要数据分布。

（6）在支持应用可用性情况下，数据不一致的容忍度如何？

响应：A：非常低——必须始终保持高度的数据一致性。这些数据必须非常准确且是最新的，因为信息不准确可能会危及生命。

（7）应用（和环境）间隔多久定期维护？

响应：C：平均——处理操作系统补丁/升级、硬件更换/替换以及应用补丁/升级的合理停机时间。该系统的计划运行时间为 15×6×312，所以维护时间很充裕。因此，该系统没有计划停机时间，而只有平均定期维护次数。

（8）高性能和可扩展性有多重要？

响应：C：性能适中——对于该应用，性能和可扩展性并不是最重要的，信息的准确性和可用性才是最关键的。

（9）对于该应用而言，与终端用户保持当前连接有多重要？

响应：B：有些重要——至少需要具有在短时间内与应用重新建立连接的能力。无需客户端连接故障转移。

（10）一个可能的高可用性解决方案的成本估计是多少？预算是多少？

响应：B：1 万到 10 万美元之间——这是相当低的成本。主要包括：

- 4台具有64GB RAM 的新的多核服务器，每台服务器3万美元
- 4份微软Windows 2012授权
- 1个RAID 5的共享SCSI磁盘系统（10个驱动器），主要是一个只读系统（95%的读取量）
- 1个RAID 5的SCSI磁盘系统（5个驱动器）
- 750美元/月的微软Azure IaaS服务费用
- 5天的额外人员培训费用
- 5份SQL Server企业版授权

整个高可用性解决方案的预算稍低于10万美元。

8. 场景4的高可用性解决方案

图3.15总结了挖掘前呼叫服务应用的决策树答案。由图可知，在计划的工作时间内，这是一个非常关键的系统，但性能目标较低，同时停机成本也很低（在停止运行期间）。无论如何，还是非常希望尽可能多地启动和运行该系统。最适合这一特定应用需求的高可用性解决方案是将最大冗余（硬件、磁盘和数据库）和维持SQL主集群作为高可用性组一部分的附加保险策略相结合。其中，在整个SQL集群配置失败的情况下，具有故障转移次要副本和微软Azure云次要副本。这是一种非常极端的尝试，保证总是有一个有效的应用在运行，以支持该应用在保护生命方面的作用。

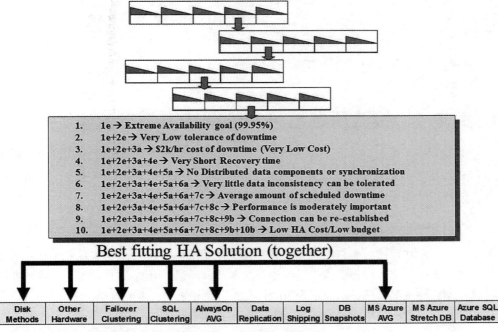

图3.15 挖掘前呼叫服务的决策树概况及高可用性解决方案

在构建完该高可用性解决方案之后,即可很容易地实现正常运行时间目标。除了性能之外,该应用能够不断实现可用性目标。图 3.16 给出了该高可用性解决方案所采用的技术。

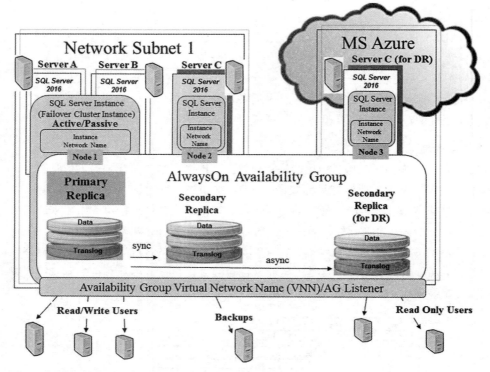

图 3.16 挖掘前呼叫服务高可用性解决方案的技术架构

3.5 步骤 4:检验所选高可用性解决方案的成本

如果公司利润不高或每小时的停机成本不高,则可能需要对即将构建的高可用性解决方案进行成本核算。如果与大多数公司一样,则需要对系统或应用的任何更改,根据其价值进行评估并计算实现代价。ROI 计算提供了所提解决方案的成本合理性。

3.5.1 ROI 计算

如前所述,ROI 可通过新高可用性解决方案的增量成本(或估计成本)来计算,并与一段时间内(如 1 年)的停机总成本进行比较。本节以场景 1 中的 ASP 业务为基础来进行 ROI 计算。回顾该场景,估计的成本为 10 万到 25 万美元之间,主要包括:

- 5 台具有 64GB RAM 的新的多核服务器,每台服务器 3 万美元
- 5 份微软 Windows 2012 授权

- 5 个 RAID 10 的共享 SCSI 磁盘系统（50 个驱动器）
- 5 天的额外人员培训费用
- 5 份 SQL Server 企业版授权

下面是增量成本：

1. **维护费用（1 年期）**
   - 2 万美元（估计）。系统管理员人员费用（人员培训额外时间）。
   - 3.5 万美元（估计）。软件授权费用（附加的高可用性组件）。

2. **硬件成本**
   10 万美元的硬件成本，新高可用性解决方案中附加的硬件成本。

3. **部署 / 评估成本**
   - 2 万美元的部署成本。解决方案的开发、测试、QA 和生产实施的成本。
   - 1 万美元的评估成本。在估计预算中加入评估成本，以得到完整的 ROI 计算。

4. **停机成本（1 年期）**
   - 如果保存了去年的停机记录，则使用该值；否则，计算计划内和计划外的停机时间估计值。对于该场景，停机时间 / 小时的预计成本为 15000 美元 / 小时。
   - 计划停机成本（收入损失成本）= 计划停机时间 × 公司的每小时停机成本。
     - 0.25% × 8760（一年内的小时数）= 计划停机时间 21.9 小时。
     - 21.9 小时 × 15000 美元 / 小时 = 计划停机成本 328500 美元 / 小时。
   - 计划外停机成本（收入损失成本）= 计划外停机时间 × 公司的每小时停机成本。
     - 0.25% × 8760（一年内的小时数）= 计划外停机时间 21.9 小时。
     - 21.9 小时 × 15000 美元 / 小时 = 计划外停机成本 328500 美元 / 小时。

ROI 总计：
- 增量成本合计 = 185000 美元（1 年）
- 停机成本合计 = 657000 美元（1 年）

增量成本是 1 年停机成本的 0.28。也就是说，高可用性解决方案的投资将在 0.28 年或 3.4 个月内回本。

实际中，大多数公司将在 6～9 个月内实现 ROI。

3.5.2　在开发方法中添加高可用性元素

在第 0 阶段高可用性评估过程和主量测变量中确认的大多数高可用性元素可明确地添加（扩展）到公司当前系统的开发周期中。通过在标准开发方法中加入面向 HA 的元素，可确保捕捉到这些信息，并很容易地针对新应用采用正确的技术解决方案。图 3.17 着重显示了可添加到典型瀑布开发方法中的高可用性任务。由图可知，高可用性从评估阶段早期开始，并贯穿于整个实现阶段，将其看作是开发能力的扩展。如果需要，这确实可以保证所有应用都能根据其高可用性需求进行正确的评估和设计。

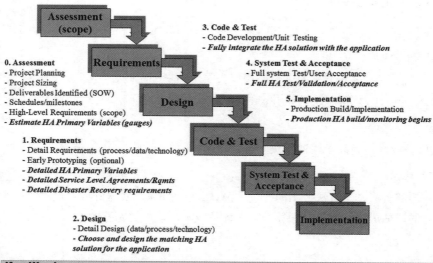

图3.17 内置高可用性的开发方法

3.6 小结

本章介绍了一种比较正式的方法来评估和选择应用的高可用性解决方案。事实上，大多数尝试进行第0阶段HA评估的人都是在对现有的应用进行高可用性改造。没关系，第0阶段的评估确实可以直接支持改造过程。成功的关键是在评估过程中尽可能完成一项工作，并用最优秀的员工来完成。他们将以最精确的方式来解释技术和业务需求。对公司现状进行正确评估非常有兴趣。如果不能让最好的员工来完成第0阶段评估，那么就需要雇佣一些专门从事该业务的人员来完成，这样就会以相对较小的代价来很快弥补短暂的努力。

　　了解一个应用的高可用性需求、恢复时间、恢复容忍度、数据恢复能力、应用可恢复性、性能/可扩展性以及停机成本（损失）并不是一件容易的事。然后，必须将这些信息与硬件/软件配置、基于微软的技术产品以及允许的升级预算相结合。没有实现升级的代价会产生很大的影响，如果想要得到高可用性解决方案，首先需要找到合适的解决方案，这样就可以节省大量的时间和金钱，当然也可以节省许多工作。

　　第 4 章到第 10 章分别介绍了用于创建高可用性解决方案（或组件）的微软解决方案，并详细阐述了如何实现。这些章节提供了一种菜谱式方法，可帮助完成诸如 WSFC、SQL 集群、日志传送、数据复制、可用性组或甚至基于微软 Azure 的扩展性数据库配置的完整设置。接下来就开始具体讨论。

第 4 章
故障转移集群

在当今快节奏的业务环境中，企业计算要求用于开发、部署和管理关键业务的应用的整套技术是高度可靠的、可扩展的和可恢复的。这些技术包括网络、所有硬件或云技术堆栈、服务器上的操作系统、部署的应用、数据库管理系统以及上述之间的一切相关技术。

目前，要求企业能够提供包含以下方面的一个完整解决方案：

- ▶ 可扩展性。随着组织的不断发展，对计算能力的需求也随之增长。现有的系统必须使得组织能够充分利用既有的硬件，并快速方便地根据需要增加计算能力。
- ▶ 可用性。由于组织主要依赖于信息，因此在任何时候、任何情况下都能够获得信息是至关重要的，且不接受停机。必须实现 99.999%（5 个 9）的可靠性，而不仅仅是一个想法。
- ▶ 互操作性。随着组织的发展和演变，其相关信息也在不断变化。认为一个组织不具有大量异构信息源是不切实际的。对于应用而言，无论这些信息处于什么位置都能全部获取变得越来越重要。
- ▶ 可靠性。组织的好坏与其相关的数据和信息息息相关。系统提供的信息具有良好的可靠性至关重要。

假设已在网络、硬件和操作系统的恢复能力方面具有或获得了一定程度的基本能力，但仍有一些能够提高高可用性的操作系统基本组件。在 Windows Server 上，许多高可用性特性的核心是 Windows Server 故障转移集

本章内容提要

- ▶ 不同形式的故障转移集群
- ▶ 集群如何工作
- ▶ SQL集群配置
- ▶ AlwaysOn可用性组配置
- ▶ 小结

群。正如在接下来几章所述，WSFC 已存在相当长的一段时间，但只是应用在基础层次以构建 SQL Server 的其他更高级、更具有集成性的特性和高可用性。利用 WSFC 的可靠的高可用性解决方案是 SQL 集群，其创建了 SQL Server 冗余实例（用于服务器恢复能力）并共享服务器之间的内存。这种共享存储通常是一种或另一种镜像存储（用于存储恢复能力）。可以利用 SQL 集群实现本地服务器实例的恢复，然后在多个节点上利用 AlwaysOn 可用性组将其包含在一个较大的高可用性拓扑中。

对于 SQL 集群，需创建一个故障转移集群实例（FCI），实际上是一个安装在 WSFC 节点上或可能是多个子网上的 SQL Server 实例。在网络上，一个 FCI 可看作是在一台计算机上运行的 SQL Server 实例；然而，如果当前（活动）节点不可用，则 FCI 可提供从一个 WSFC 节点到另一个节点的故障转移。利用 WSFC、网络负载均衡（NLB）、SQL Server 故障转移集群和 AlwaysOn 可用性组（或上述组合），可以很轻松且很便宜地实现许多企业的高可用性需求。

4.1 不同形式的故障转移集群

WSFC 为 SQL Server 集群（第 5 章将介绍）提供了核心的集群功能。WSFC 不仅简化了提供 SQL 实例级恢复能力的过程，同时也是 AlwaysOn FCI 和 AlwaysOn 可用性组（在也包括数据库级的故障转移时）中高可用性选项的一个主要组成部分。第 6 章将主要介绍 SQL AlwaysOn 可用性组的核心特性。其他值得注意的内容包括以下几点：

- 多站点故障转移集群。利用 Windows Server 2008 及更高版本，可创建一个多站点的故障转移集群配置，其中包括分散在多个物理站点或数据中心的节点。多站点故障转移集群是指地理上分散的故障转移集群、可扩展集群或多子网集群。多站点故障转移集群允许创建一个 SQL Server 多站点故障转移集群。
- SQL 集群和 AlwaysOn 的 WSFC 需求。在配置 SQL Server 故障转移集群（无 AlwaysOn）、AlwaysOn FCI 和 AlwaysOn 可用性组时，必须首先创建一个包含这些服务器的 WSFC 集群。这样做的好处是故障转移集群管理器中的集群将创建向导，使得比以往任何时候都简单。
- 减少硬件限制和约束。在此之前，在建立 SQL 集群配置时必须已知所需处理的硬件和软件限制。而在 WSFC 和 SQL Server 2016 条件下，可以无须考虑许多限制条件，如不再需要完全相同的节点。但仍必须检查兼容性列表，不过该列表很短。
- 节点之间无需专用的网络接口卡（NIC）。随着 WSFC 的不断改进，集群中不再需要节点之间专用的网络连接。只需对用于监视集群中节点的每个节点都保证具有一条有效的网络路径即可，该网络不必是专用的，因此简化了所需的硬件和配置过程。当然，对某些所谓的关键节点，仍可以使用专用的网络连接。

▶ SQL 集群更易安装。在 SQL 安装程序中对 SQL 的安装和选项进行了一些细微修改，以便更清楚地解决 SQL 集群设置和实现步骤。例如，首先可对每个节点配置 SQL 集群，然后通过高级向导来完成 SQL Server 集群的配置。

这些功能和改进可将 SQL Server 故障转移集群和 AlwaysOn 可用性组设置为一个简单的高可用性情况。这样可减少许多实施风险，并为这种形式的安装提供了更广泛的应用基础。

4.2　集群如何工作

简单来说，集群就是允许将两个或多个服务器看作是具有多节点高可用性恢复能力的一个计算单元。集群是一个功能非常强大的工具，可对集群中的任何组件几乎透明地实现更高的可用性。

实现故障转移集群主要有两种方法：主动/被动模式和主动/主动模式。

在主动/被动配置模式中，故障转移集群中的一个节点是活动节点；而另一个节点是空闲节点，不管任何原因，都会发生故障转移（转移到被动节点）。在故障转移的情况下，辅助节点（被动节点）控制所有托管资源，而终端用户并不知道已发生故障转移。唯一的一种例外情况是，终端用户（如 SQL 客户端）可能会由于故障转移集群不能接管未提交的事务而发生短暂的事务中断。然而，终端用户（客户端）不必担心节点不同。图 4.1 显示了主动/被动模式下典型的双节点故障转移集群配置，其中节点 2 是空闲节点（即被动节点）。这种配置形式非常适合于创建基于 SQL Server 的集群和其他集群配置。注意，SQL Server 只是一个以这种集群配置形式运行的应用，且是集群感知的。也就是说，SQL Server 成为利用故障转移集群恢复能力的故障转移集群"资源"。

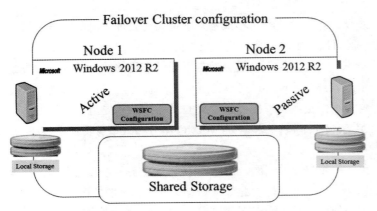

图 4.1　一种典型的双节点主动/被动故障转移集群配置

在主动/主动配置模式中，可以同时激活这两个节点，并将执行不同作业的独立 SQL Server 实例置于各个节点。这并不是一个真正的类似于 Oracle RAC 的功能，而是简单地利用这两个节点处理不同工作负载的能力。将为硬件可用性具有较多限制的组织提供一个机会来充分利用从任何节点进行故障转入或转出的集群配置，而无须预留空闲硬件，但同时也带来了故障转移发生时每个独立节点的工作负载问题。因此，要慎重考虑该配置方法。

如上所述，SQL Server 故障转移集群实际上是在 WSFC 框架内（基础上）创建的。WSFC，而非 SQL Server，能够检测硬件或软件故障并自动切换到正常运行节点的托管资源控制。SQL Server 2016 是利用了基于 WSFC 的集群特性的故障转移集群功能。如前所述，SQL Server 是一个完全集群感知的应用，并由 WSFC 实现的一组资源管理。故障转移集群共享了一组公共集群资源，如集群存储（即共享存储）。

> **提示**
>
> 可以在尽可能多的服务器上安装 SQL Server，具体数量仅受限于所购买的操作系统授权和 SQL Server 版本。然而，不能超过10个以上的 WSFC 或 SQL Server，以免过载管理。

4.2.1 理解 WSFC

服务器故障转移集群是一组运行 WSFC 并共同工作作为一个单一系统的两个或多个物理独立的服务器。反过来，服务器故障转移集群可为资源和应用提供高可用性、可扩展性和可管理性。也就是说，一组服务器通过通信硬件（网络）实现物理连接和共享存储（通过 SCSI 或光纤通道连接器），并利用 WSFC 软件将其整合在一起，构成管理资源。

服务器故障转移集群可在故障和计划停机期间保持客户对应用和资源的访问，实际上是提供了服务器实例级的故障转移。如果集群中某个服务器由于发生故障或维护而不可用，则资源和应用就转移到另一个可用的集群节点。

集群是使用算法来检测故障，并利用故障转移策略来确定如何处理来自故障服务器的工作。这些策略还指定了服务器再次可用时如何恢复到集群的方式。

虽然集群不能保证连续操作，但确实为大多数关键应用提供了足够的可用性，并且是众多高可用性解决方案的一个组成部分。WFSC 可以监视应用和资源，并自动识别和恢复多种故障。该功能针对集群内的工作负载管理提供了极大的灵活性，并提高了系统的总体可用性。集群感知技术，如 SQL Server、微软消息队列（MSMQ）、分布式事务协调器（DTC）和文件共享，已在 WSFC 下具体应用。

WSFC 仍存在一些硬件和软件兼容性的问题，但内置的集群验证向导可允许查看配置是否正常工作。此外，SQL Server FCIs 不支持集群节点同时是域控制器的情况。

现在着重分析双节点主动/被动集群配置情况。每隔一定时间（称为时间片），查看故障转移集群节点是否仍有效。如果确定活动节点发生故障（失效），则启动故障转移，并由集群中的另一个节点接管发生故障的节点。每个物理服务器（节点）都使用独立的网络适配器来实现网络连接，因此，集群中总是至少有一个网络通信功能工作，如图 4.2 所示。

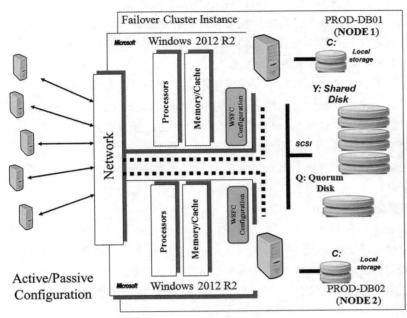

图 4.2 双节点主动 / 被动 WSFC 集群配置

共享磁盘阵列是一个作为资源的集群访问和集群控制的物理磁盘（SCSI RAID 或光纤通道连接磁盘）集合。WSFC 支持非共享磁盘阵列，即其中在任意给定时刻只有一个节点可拥有给定资源。在拥有资源之前，所有其他节点都拒绝访问，这就确保了当两台计算机同时访问同一驱动器时数据不会被重写。

仲裁驱动器是为 WSFC 指定的共享磁盘阵列上的一个逻辑驱动器。在这个不断更新的驱动器中包含了集群状态信息。如果该驱动器损坏或被破坏，则集群安装也会随之损坏或破坏。

> **提示**
>
> 一般来说（作为高可用性磁盘配置中的一部分），仲裁驱动器应与驱动器完全隔离，并镜像以保证在集群中始终可用。如果没有仲裁驱动器则根本不会实现集群，也就无法访问SQL数据库。

WSFC 架构需要在集群中具有一个用作决胜器的机器，以避免出现无法决断情况的单一仲裁资源。当两个或多个集群节点之间的所有网络通信链路发生故障时，就会出现无法决断的情况。在这种情况下，集群可能被分割成两个或多个不能相互通信的分区。WSFC 可保证即使在这些情况下，资源也仅由一个节点联机提供。如果集群的每个不同分区提供给定的联机资源，则将会违背集群所确保的一致性，并可能导致数据损坏。在集群被划分时，仲裁资源作为仲裁器。拥有仲裁资源的分区允许继续工作，而其他分区称为"无仲裁资格"，在不属于仲裁分区的节点上的 WSFC 和任何托管资源都将终止工作。

仲裁资源是存储类资源，除了在无法决断情况下可作为仲裁器之外，还用于存储最终的集群配置。为确保集群始终具有最新配置信息的最新副本，应将仲裁资源部署到高可用性的磁盘配置中（至少需使用镜像、三重镜像或 RAID 10）。

作为单个共享磁盘资源的仲裁概念意味着存储子系统必须与集群基础设施交互，以产生这是一个具有严格语义的单个存储设备的错觉。虽然仲裁磁盘本身可以通过 RAID 或镜像实现高可用性，但控制器端口也可能是一个独立故障点。此外，如果应用无意中破坏了仲裁磁盘或操作人员取下了仲裁磁盘，则集群将不可用。

这种情况可通过从 WSFC 视角将多数节点集选项作为单一仲裁资源来解决。在该集合中，集群日志和配置信息存储在集群中的多个磁盘上。一个新的多数节点集资源可确保存储在多数节点集上的集群配置数据在不同磁盘上保持一致。

构成多数节点集的磁盘在原则上可以是与节点本身物理连接的本地磁盘或共享存储结构上的磁盘（即与交换机或光纤通道——仲裁环 SAN 相连的集中式共享存储区域网络 SAN 设备集合）。在 Windows Server 2008 及更高版本的 WSFC 中的多数节点集实现中，集群中的每个节点都使用其本地系统磁盘上的一个目录来存储仲裁数据，如图 4.3 所示。

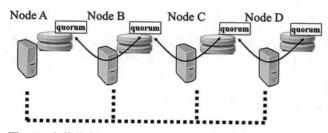

图 4.3　多数节点

Key Words:
node majority 多数节点
quorum option 仲裁选项
node 节点
quorum 仲裁磁盘

如果集群配置发生变化，则变化将反映在不同磁盘上。只有多数节点发生变化（即集群中配置的节点个数 /2+1）时，才认为该变化已提交（即具有持久性）。这样，多数节点即拥有仲裁数据的最新副本。仅当当前配置为集群中一部分的多数节点都已启动并运行时，WSFC 本身才启动。

如果只有少数节点，认为集群没有仲裁权，因此 WSFC 一直等待（试图重启），直到更多的节点加入。只有当多数（或仲裁）节点可用时，才会启动 WSFC 并提供在线资源。这样，由于最新配置写入多数节点，不管节点是否发生故障，集群都始终保证以最新配置启动。

在 Windows 2008 及更高版本中，可以实现处理不同投票策略的一些仲裁驱动配置，并支持地理上分离的集群节点，具体如下：
- 多数节点。采用这种配置，集群中超过半数的投票节点肯定会选择正常运行的集群。
- 多数节点和文件共享。该配置类似于多数节点配置，但远程文件共享也配置为投票项，且从任何节点到该共享文件的连接都被视为赞成票。超过半数的可能投票肯定会选择正常运行的集群。
- 多数节点和磁盘。该配置类似于多数节点仲裁模式，除了共享磁盘，集群资源也指定为投票项，且从任何节点到共享磁盘的连接都被视为赞成票。
- 仅有磁盘。通过这种配置，指定一个共享磁盘集群资源作为投票项，且从任何节点到该共享磁盘的连接都被视为赞成票。

4.2.2 利用 NLB 扩展 WSFC

在此可采用一种称为 NLB（网络负载均衡）的关键技术来确保服务器始终可处理请求。NLB 是通过在相互连接的多个服务器之间广播客户端请求来支持特定应用。一个典型示例是使用 NLB 来处理网站的访问。随着网站的访问越来越多，可通过添加服务器来逐步增加容量，这种扩展形式通常称为软件扩展或缩放。图 4.4 阐述了这种采用 NLB 的集群扩展架构。

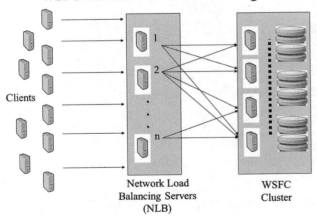

图 4.4　一种 NLB 配置

Key Words:
WSFC with network load balancing 采用网络负载均衡的 WSFC
clients 客户端
network load balancing servers 网络负载均衡服务器
cluster 集群

利用 WSFC 和 NLB 集群技术，可创建一种 n 层架构。例如，可以通过在前端 Web 服务器场中部署 NLB 来创建一个 n 层的电子商务应用，并利用后端的 WSFC 集群来实现在线业务应用，如 SQL Server 数据库集群。这种方法具有近似线性的可扩展性，而不存在基于服务器或应用的单点故障。这种结合了设计高可用性网络基础设施的行业标准最佳实践的方法可确保基于 Windows 的互联网业务永远在线，并能快速扩展以满足需求。其他层可添加到拓扑结构中，如使用组件负载均衡的应用中心层。这样对于那些得益于这种架构的候选应用进一步扩展了集群和缩放范围。

4.2.3 在 WFSC 中如何设置 SQL Server 集群和 AlwaysOn 的实现阶段

一种好的设置习惯是在物理设置集群配置之前记录所有需要的互联网协议（IP）地址、网络名称、域定义和 SQL Server，来设置一个双节点 SQL Server 故障转移集群配置（配置为主动 / 被动模式）或 AlwaysOn 可用性组配置。

首先需确定服务器（节点），如 PROD-DB01（第一个节点）、PROD-DB02（第二个节点）及集群组名称 DXD_Cluster。

集群主要控制以下资源：

- 物理磁盘（集群磁盘 1 用于仲裁磁盘，集群磁盘 2 用于共享磁盘等）
- 集群 IP 地址（如 20.0.0.242）
- 集群名称（网络名称）（如 DXD_Cluster）
- DTC（可选）
- 域名（如 DXD.local）

SQL 集群文档需要下列内容：

- SQL Server 虚拟 IP 地址（如 192.168.1.211）
- SQL Server 虚拟名称（网络名称）（如 VSQL16DXD）
- SQL Server 实例（如 SQL16DXD_DB01）
- SQL Server 代理
- SQL Server 的 SSIS 服务（如果需要）
- SQL Server 的全文搜索服务实例（如果需要）

AlwaysOn 可用性组文档需要下列内容：

- 可用性组监听 IP 地址（如 20.0.0.243）
- 可用性组监听器名称（如 DXD_LISTENER）
- 可用性组名称（如 DXD_AG）
- SQL Server 实例（如 SQL16DXD_DB01,SQL16DXD_DB02,SQL16DXD_DR01）
- SQL Server 代理
- SQL Server 的 SSIS 服务（如果需要）
- SQL Server 的全文搜索服务实例（如果需要）

在成功安装、配置和测试故障转移集群（在 WFSC 下）之后，可添加 SQL Server 组件作为由 WFSC 管理的资源。在第 5 章和第 6 章中将学习 SQL 集群和 AlwaysOn 可用性组的具体安装。

4.2.4 故障转移集群的安装

在 Windows Server 2012 R2 或更高版本的服务器上,需要启动 Windows Server 管理器,并在所用的本地实例上安装故障转移集群功能。具体步骤如下:

1. 在 Windows Server 管理器中,从右下角的"任务"下拉菜单中选择 Add Roles and Features 选项(如图 4.5 所示)。

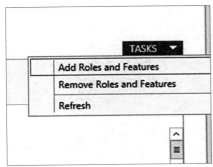

图 4.5　利用 Windows Server 2012 R2 管理器为本地服务器添加故障转移集群功能

2. 在 Add Roles and Features Wizard 窗口中,选择基于角色或基于功能安装,无须远程安装。完成选择(通常是基于功能)之后,单击 Next 按钮。
3. 选择正确目标(目标)服务器,然后单击 Next 按钮。
4. 在弹出的窗口中,在 Features 列表框中选中 Failover Clustering 选项,如图 4.6 所示。

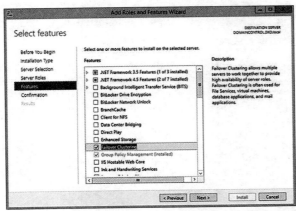

图 4.6　在 Windows Server 2012 R2 管理器中选择 Failover Clustering

图 4.7 显示了在功能启用之前的最终安装确认窗口。一旦安装完成,需要在集群中的其他节点(服务器)上重复上述工作。完成所有操作后,可以启动故障转移集群管理器,并开始利用该双节点集群配置。

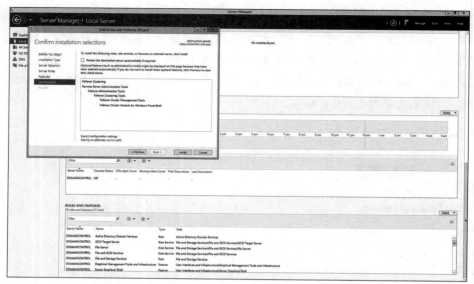

图 4.7　故障转移集群功能安装确认窗口

利用服务器上安装的故障转移集群功能，即可使用验证配置向导（Validate a Configuration Wizard）（如图 4.8 所示）来指定双节点集群中的所有节点，并检查其是否可用。

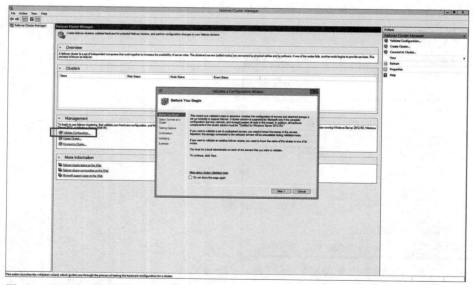

图 4.8　故障转移集群管理器的验证配置向导（Validate a Configuration Wizard）

集群必须通过所有验证。验证结束后，可创建集群并命名，将所有节点和资源都联机到集群中。具体步骤如下：

（1）在向导的第一个对话框中，指定集群中所用的服务器。为此，单击 Enter Name 文本框右侧的 Browse 按钮，并选定两个服务器节点 PROD-DB01 和 PROD-DB02（如图 4.9 所示）。然后单击 OK 按钮。

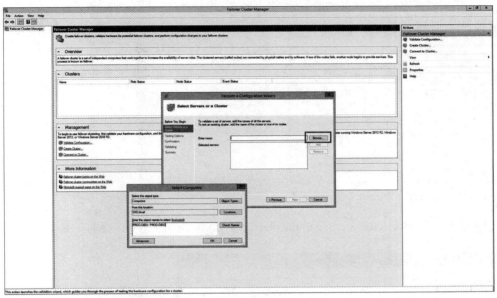

图 4.9　在故障转移集群管理器中选择服务器或集群对话框

（2）在弹出的对话框中，指定运行所有验证测试，以确保不会错过该关键验证过程中的任何问题。图 4.10 显示了双节点配置的故障转移集群验证的成功实现。所有节点都具有"Validated"标记。

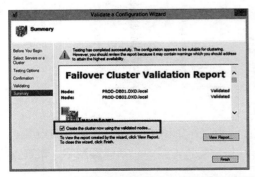

图 4.10　故障转移集群管理器的故障转移集群验证概况

（3）如图 4.10 所示，选中 Create the cluster now using the validated nodes 复选框，并单击 Finish 按钮。这时弹出 Create Cluster Wizard 对话框（这是另一个向导），用于收集管

理集群的访问点、确认集群组件，并使用指定的名称创建集群。

（4）如图 4.11 所示，输入集群名称 DXD_CLUSTER。为该集群分配默认 IP 地址，不过后面可以进行修改。值得注意的是，该向导已知刚刚验证的两个节点的相关信息，会自动将其包含在集群中。如图 4.12 所示，这两个节点都包含在集群中。

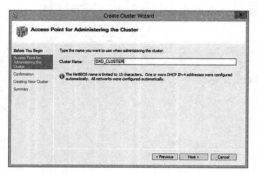

图 4.11　在 Create Cluster Wizard 中为集群命名

（5）选中 Add all eligible storage to the cluster 复选框，添加所有符合条件的磁盘存储。

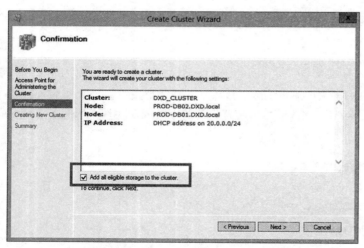

图 4.12　创建包含已验证节点的集群并选中合格磁盘选项

（6）在弹出的概况对话框中，检查将要进行的工作，包括应包含的合格存储内容，单击 Finish 按钮。图 4.13 显示了一个完成的双节点集群配置，其中包括集群网络、集群存储和两个节点（PROD-DB01 和 RPOD-DB02）。

图 4.14 给出了集群的节点视图。由图可知，两个节点都已启动并运行。图 4.14 还显示了该集群中的磁盘，一个磁盘用作仲裁驱动器（用于集群决策），另一个磁盘是可用于数据库等的主存储驱动器。切记要将两个节点指定为磁盘的可能拥有者（通过集群磁盘的

属性），这项操作是必不可少的，因为磁盘是在两个节点之间共享的。

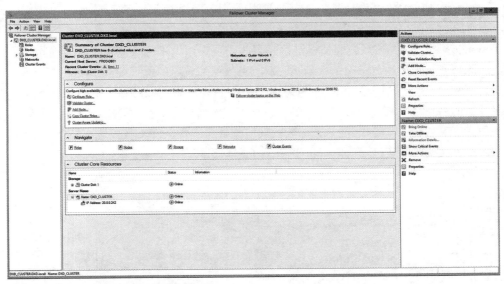

图 4.13　新的 DXD_CLUSTER 集群

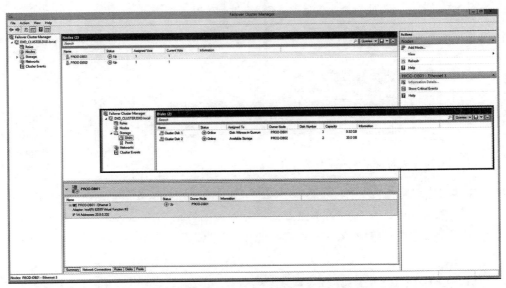

图 4.14　故障转移集群管理器中包含两个节点和所有磁盘的集群视图

至此，已建立一个具有共享磁盘的功能齐全的故障转移集群，可用于 SQL Server 集群等情况。一个良好的设置过程需要记录所有需要的 IP 地址、网络名称、域定义和 SQL Server，以设置双节点的 SQL Server 故障转移集群。

4.3 SQL 集群配置

在 Windows 上安装 SQL 集群变得越来越容易。现在，大部分工作可以在一个节点上完成。图 4.15 给出了类似于图 4.1 所描述的双节点集群配置，但所有 SQL Server 和 WSFC 组件都已确定。这个虚拟 SQL Server 是终端用户所能看到的唯一内容。由图 4.15 可知，虚拟服务器的名称是 VSQL16DXD，SQL Server 的实例名称是 SQL16DXD_DB01。该图还显示了作为 SQL Server 集群配置中一部分的其他集群组资源：DTC（可选）、SQL 代理、SQL Server 全文搜索以及包含数据库和仲裁器的共享磁盘。

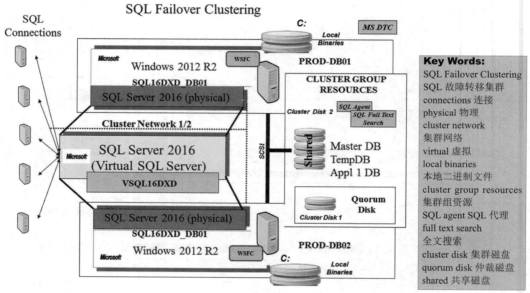

图 4.15　一种基本的双节点 SQL Server 故障转移集群配置

SQL Server 代理是作为 SQL Server 安装过程的一部分，与所安装的 SQL Server 实例相关联。对于 SQL Server 全文搜索也是如此，与安装的特定 SQL Server 实例关联。SQL Server 安装过程会将所有软件都安装在所指定的各个节点上（详见第 5 章）。

4.4 AlwaysOn 可用性组配置

AlwaysOn 可用性组配置的创建过程与 SQL 集群配置过程完全不同，但仍从故障转移集群的基础开始。只是通常没有共享存储，而是在每个节点上都安装了独立的 SQL Server 实例。图 4.16 显示了包括一个主 SQL Server（在第一个节点上）、一个故障转移的 SQL

Server 次要副本（在第二个节点上）和用于灾难恢复节点的另一个 SQL Server 次要副本（在第三个节点上）的配置。由可用性组引用主副本和次要副本，从而将终端用户与物理 SQL Server 实例名称相隔离（详见第 6 章）。

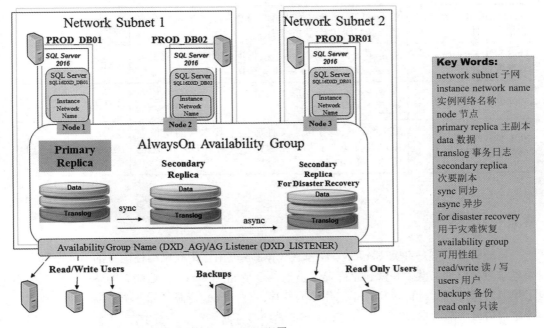

图 4.16　一种 AlwaysOn 可用性组的 SQL Server 配置

4.5　SQL Server 数据库磁盘配置

在进一步讨论之前，需要先讨论如何在由故障转移集群管理的共享磁盘上部署 SQL Server 的实现。特定 SQL Server 实例的整体用途决定了如何选择配置共享磁盘以及如何使其在可扩展性和可用性方面成为最佳配置。

一把来说，RAID 0 对于不需要容错性的存储非常有用；RAID 1 和 RAID 10 适用于需要容错但不能牺牲太多性能的存储 [如大多数在线事务处理（OLTP）系统]；而 RAID 5 则适用于需要容错但数据变化不大的存储 [即数据波动性较低，正如许多决策支持系统（DSSs）、只读系统]。

下面介绍如何使用不同容错性能的磁盘配置。表 4.1 列出了在 RAID 级别磁盘配置上放置 SQL Server 数据库文件类型的推荐建议，这些建议适用于判断 RAID 磁盘阵列是否是 SQL Server 集群中的一部分。如果使用的是 NAS 或 SAN，则将在这些设备中自动建立不同级别的恢复能力。但还是建议分割为独立的 LUNs，以便更好地管理不同层级的事务。

表4.1　SQL Server集群磁盘容错建议

设备	描述	容错
仲裁驱动器	WSFC下的仲裁驱动器应与驱动器本身隔离（通常通过镜像来获得最大可用性）	RAID 1 或 RAID 10
OLTP SQL Server 数据库文件	对于OLTP系统，数据库中的数据/索引文件应存放在RAID 10磁盘系统中	RAID 10
DSS SQL Server 数据库文件	对于主要只读的DSSs，数据库中的数据/索引文件应存放在RAID 5磁盘系统中	RAID 5
tempdb	这是一种高波动性形式的磁盘I/O（当不能在缓存中完成所有工作时）	RAID 10
SQL Server 事务日志文件	SQL Server事务日志文件应位于其本身的镜像卷中，以实现性能和数据库保护（对于DSSs，这也可能是RAID 5）	RAID 10 或 RAID 1

4.6　小结

　　故障转移集群是SQL Server集群和AlwaysOn可用性组高可用性配置的重要基础。正如本章所介绍的，共享资源包括存储、节点甚至是SQL Server。这些集群感知的资源继承了集群管理的整体性能，像一个工作单元一样。任何核心资源（如一个节点）发生故障，则集群可以故障转移到另一个节点，从而可实现服务器（节点）级的高可用性。在第5章，将介绍SQL Server故障转移集群如何利用共享存储实现SQL Server实例级故障转移。在第6章，将介绍AlwaysOn可用性组如何通过SQL Server和数据库的冗余实现SQL Server实例和数据库的高可用性。

第 5 章 SQL Server 集群

正如第 4 章"故障转移集群"中所述，WSFC 能够检测硬件或软件故障，并自动将故障服务器（节点）切换控制到正常运行的节点上。SQL Server 集群在集群特性这一核心基础上实现了 SQL Server 实例级的恢复功能。

如前所述，SQL Server 是一个完全集群感知的应用。故障转移集群共享了一组公共集群资源，如集群（共享）磁盘驱动、网络和 SQL Server 本身。

SQL Server 允许故障转移并从集群中的另一个节点转入或转出。在主动/被动配置中，SQL Server 实例主动处理 SQL 集群中一个节点（主动节点）的数据库请求；另一个节点空闲，直到因某些原因而进行故障转移。在故障转移情况下，第二个节点（被动节点）接管所有 SQL 资源（数据库），而终端用户不知道已发生故障转移。终端用户可能会遇到某种类型的事务短暂中断，因为 SQL 集群不能接管未提交的事务。然而，终端用户仍只是连接到一个（虚拟）SQL Server，并不知道是哪个节点在响应请求。这种应用透明度是一个非常理想的特性，使得 SQL 集群在过去 15 年得到了广泛应用。

在主动/主动配置中，SQL Server 同时运行包含不同数据库的多个服务器，使得硬件需求受限（即没有指定的辅助系统）的组织能够从任何节点转入或转出故障，而无须预留（空闲）硬件。还可以是数据中心（站点）上的多站点 SQL 集群，进一步提高了 SQL Server 集群可实现的高可用性选项。

本章内容提要
- 在WSFC下安装SQL Server集群
- SQL Server故障转移集群中需注意的问题
- 多站点SQL Server故障转移集群
- 场景1：使用SQL Server集群的应用服务提供商
- 小结

5.1 在 WSFC 下安装 SQL Server 集群

对于 SQL Server 集群，必须在最小双节点集群中安装一个新的 SQL Server 实例。不能将一个 SQL Server 实例从一个非集群配置转移到一个集群配置。如果 SQL Server 已安装在非集群环境下，则首先应进行所有必要的备份（或分离数据库），然后卸载非集群 SQL Server 实例。在 SQL Server 和 Windows Server 的早期版本中，可能提供了一些升级路径和迁移路径，但还必须对同一故障转移集群的所有节点指定相同的产品密钥。另外，必须确保在同一故障集群的所有节点上使用相同的 SQL Server 实例 ID。

在所有 WSFC 资源均运行且处于联机状态下，从在线节点（如 PROD-DB01）运行 SQL Server 2014 安装程序。安装 SQL Server 之前需要安装所有软件组件（.NET Framework 3.5 或 4.0，微软 SQL 本地客户端和微软 SQL Server 2016 安装支持文件）。确保有合适的权限来执行 SQL Server 安装。

在每个 SQL Server 版本中安装和配置 SQL Server 集群都越来越容易。SQL Server 故障转移集群安装步骤如下：

（1）安装一个新的 SQL Server 故障转移集群。创建和配置 SQL Server 故障转移集群中所用的 SQL Server 故障转移初始实例。

（2）在 SQL Server 故障转移集群中添加一个节点。将附加节点添加到 SQL Server 故障转移集群，并完成高可用性配置。

如今，几乎所有的多节点 SQL 安装和配置都可以在主（活动）节点上完成。图 5.1 给出了本章将要设置的双节点 SQL Server 集群配置。

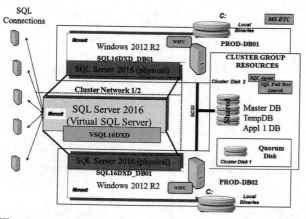

图 5.1 主动/被动模式下一个双节点 SQL Server 故障转移集群配置

首先在 SQL Server 安装中心为 PROD-DB01 节点选择新的 SQL Server 故障转移集群安装（见图 5.2）。

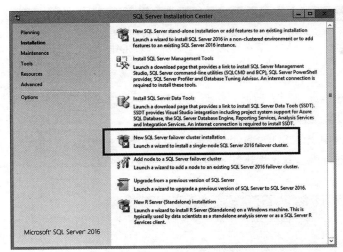

图 5.2　在安装中心启动 SQL Server 故障转移集群安装向导

打开 SQL Server 故障转移集群安装向导，开始集群中节点（PROD-DB01）的规则检查。

图 5.3 给出了故障转移集群安装规则窗口和一个对 PROD-DB01 节点成功进行故障转移集群初始规则检查的结果。由于已设置了 WSFC，该向导还会检查其他可用节点（PROD-DB02）的许多同样的最小安装要求（DTC、DNS 设置、集群远程访问等）。

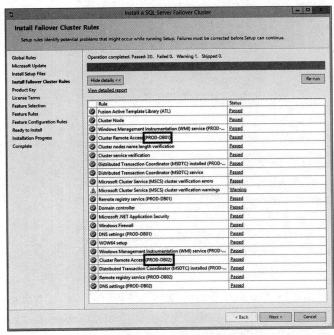

图 5.3　针对节点的 SQL 故障转移集群规则验证

> **提示**
>
> 在SQL Server 2016标准版、企业版和开发版中均提供了SQL Server故障转移集群。然而，标准版只支持双节点集群。如果要配置两个以上节点的集群，则需升级到SQL Server 2016企业版，该版本对集群节点个数没有限制。

如果检查结果存在问题，则在继续执行之前必须处理这些警告。在完成产品密钥和许可条款窗口之后，即可加载安装设置文件。

然后提示继续在功能选择窗口中安装 SQL Server 功能部分，如图 5.4 所示。接下来，必须对该版本的集群支持和产品更新语言兼容性进行一组功能规则验证检查。

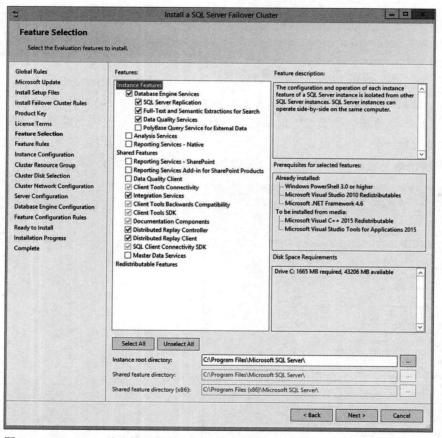

图 5.4　SQL Server 故障转移集群安装中的功能选择窗口

然后，需要指定 SQL Server 的网络名称（新 SQL Server 故障转移集群的名称，本质是上虚拟 SQL Server 名称）。另外，还需要指定 PROD-DB01 节点上物理 SQL Server 本身的一个实例名称，在本例中是 SQL16DXD_DB01（图 5.5）。

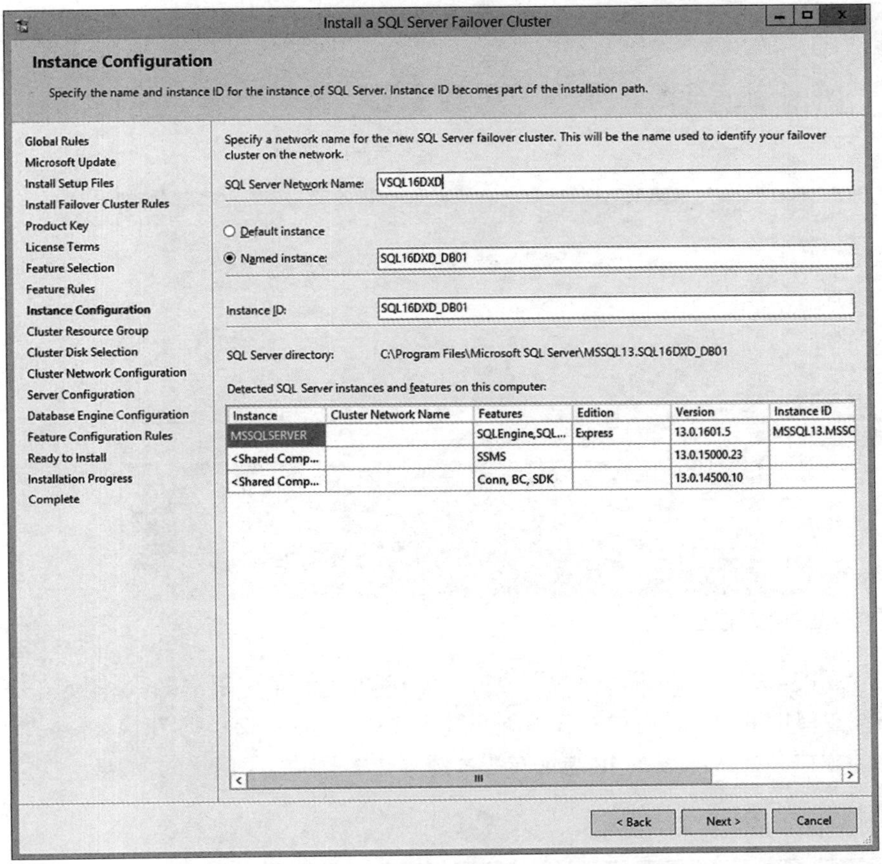

图 5.5　指定 SQL server 网络名称（VSQL16DXD）和实例名称（SQL16DXD_DB01）

在应用试图连接一个在故障转移集群上运行的 SQL Server 2016 实例时，应用必须指定虚拟服务器名称和实例名称（如果使用实例名称的话），如 VSQL16DXD\SQL16DXD_DB01（虚拟服务器名称\SQL Server 实例名称，而不是默认的）或 VSQL16DXD（仅虚拟 SQL Server 名称，而没有默认的 SQL Server 实例名称）。虚拟服务器名称在网络上必须唯一。

接下来是 SQL 集群的集群资源组规范，然后是选择集群磁盘。这是 WSFC 下 SQL Server 资源存放的磁盘。在本例中，可使用 SQL Server 资源组名称（SQL16DXD_DB01）并单击 Next 按钮（如图 5.6 所示）。在分配资源组之后，需要在集群磁盘选择窗口中确定所使用的集群磁盘。该磁盘包含一个集群磁盘 2 磁盘选项（这是共享驱动器卷）和一个集群磁盘 1 磁盘选项（这是仲裁驱动器的位置）。在此只需选择存放 SQL 数据库文件的可用驱动器（本例中为集群磁盘 2 磁盘驱动器选项）。由图可知，唯一的"合格"磁盘是集群磁盘 2 驱动器。如果仲裁资源位于所选择的集群组中，则发出警告消息。通常的经验规则是将仲裁资源隔离到一个独立的集群组中。

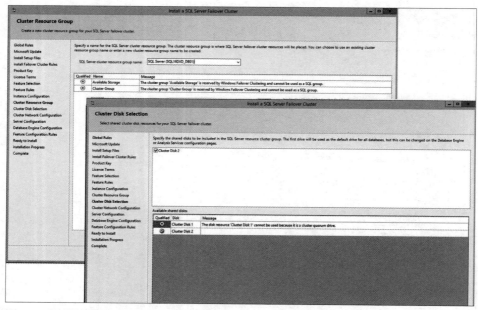

图 5.6　集群资源组规范和集群磁盘选择

接下来在这个新的虚拟服务器规范中需要确定一个 IP 地址和所用的网络。由图 5.7 中所示的集群网络配置窗口可知，只需输入 IP 地址（本例中为 20.0.0.222），即在该集群配置中已知可用网络的虚拟 SQL Server 的 IP 地址（在本例中是集群网络 1 网络）。如果所指定的 IP 已用，则会产生错误。

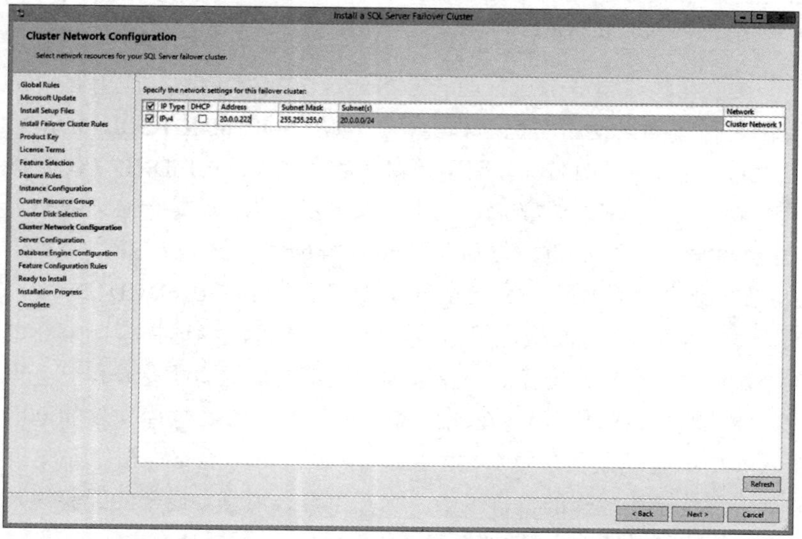

图 5.7　指定虚拟 SQL Server IP 地址和所用的网络

> **提示**
>
> 切记虚拟 SQL Server 故障转移集群所使用的独立IP地址是与集群IP地址完全不同的。在SQL Server非集群安装中，服务器可由机器IP地址引用。而在集群配置中，不用物理服务器的IP地址，而是采用为"虚拟"SQL Server分配的独立IP地址。

然后，需要为 SQL Server 代理、数据库引擎等指定服务器配置服务账户。这应与 SQL Server 集群配置中所有节点的服务账户名称相同（如图 5.8 所示，SQL Server 代理账户名称和 SQL Server 数据库引擎账户名称）。

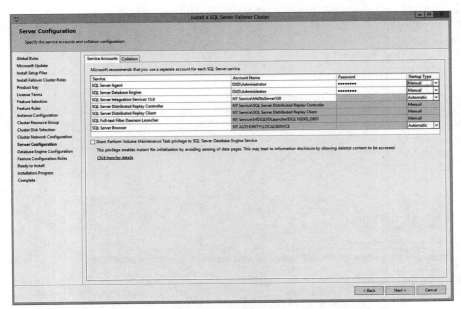

图 5.8　指定 SQL Server 故障转移集群的 SQL Server 服务账户和密码

在数据库引擎配置窗口中，通常必须指定所有标准：认证模式、数据目录、TempDB 和文件流选项。此时，已完成了确定所有指定内容是否都正确的功能配置规则检查工作。下一个窗口显示了在安装过程中所需完成的工作以及配置文件的位置（和路径），如果以命令行形式安装集群中的新节点，则在随后会用到（如图 5.9 所示）。

图 5.10 给出了针对该节点的 SQL Server 完整安装过程。

在 SQL Server 故障转移集群节点安装之前，可通过打开故障转移集群中的角色节点，来快速查看故障转移集群管理器所设置的所有内容。图 5.11 显示了故障转移集群内运行的 SQL Server 实例、服务器名称（VSQL16DXD）和其他集群资源，包括 SQL Server 实例以及该实例的 SQL Server 代理。至此，所有资源均处于联机状态，并由故障转移集群管理。然而，目前还没有第二个节点。如果现在该 SQL Server 实例发生故障，不会进行任何故障转移。

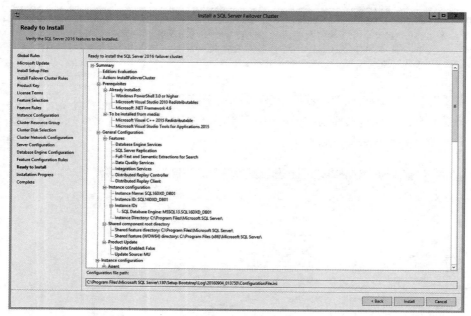

图 5.9　准备安装 SQL Server 故障转移集群

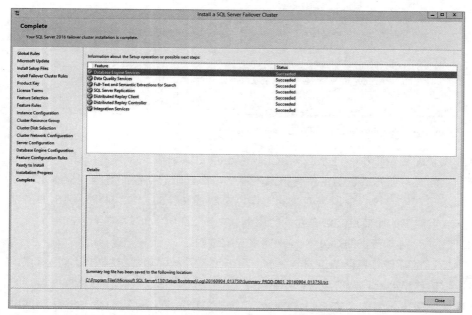

图 5.10　针对该节点的 SQL Server 2016 故障转移集群的准备和安装

现在必须考虑 SQL Server 集群中的第二个节点（本例中为 PROD-DB02）。可根据需要在 SQL Server 集群配置中添加多个节点，但在此只需为主动/被动配置添加两个节点。对于第二个节点，必须选择 Add node to a SQL Server failover cluster，如图 5.12 所示。

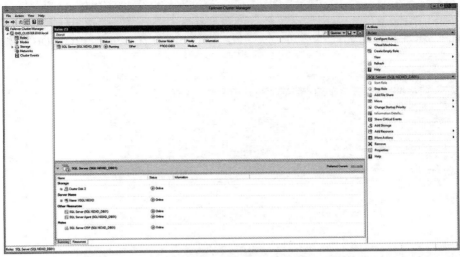

图 5.11　故障转移集群管理器，显示最新创建的 SQL Server 实例和其他集群资源

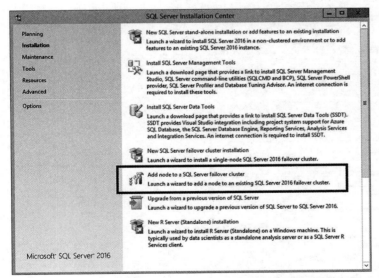

图 5.12　SQL Server 安装中心中为 SQL Server 故障转移集群添加节点的选项

要添加故障转移集群节点向导，首先执行一个简单的全局规则检查，并查找安装可能需要的任何关键的微软 Windows 更新和 SQL Server 产品更新。通常建议尽可能安装最新的版本。在图 5.13 中，可看到已识别到的 SQL Server 关键更新。

所有产品更新和设置文件都已添加到安装过程中。向导的下一步是添加节点规则窗口，在此执行一些初步的规则检查，获取产品密钥和许可条款，处理集群节点配置，进行服务账户的设置，然后将新的节点添加到集群中。这与配置第一个节点的步骤相同，只是从第二个节点的角度来看（图5.14），包括在第二个节点上所有故障转移集群的服务验证、DTC验证、集群远程访问（对于PROD-DB02）和DNS设置（对于PROD-DB01和PROD-DB02）。

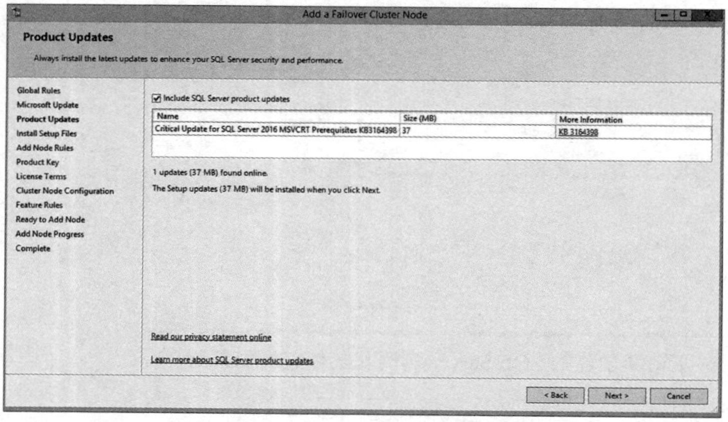

图5.13 微软 Windows 和 SQL Server 产品升级窗口

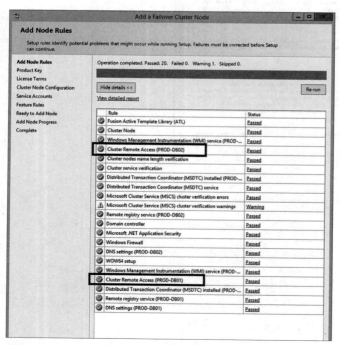

图5.14 第二个节点的添加节点规则窗口

紧接着是集群节点配置，在此需确定 SQL Server 实例名称、验证节点名称（本例中为 PROD-DB02），以及验证该集群节点配置所用的集群网络名称。图 5.15 显示了该节点配置和已在 PROD-DB01 节点中配置过的 SQL Server 实例（SQL16DXD_DB01）。

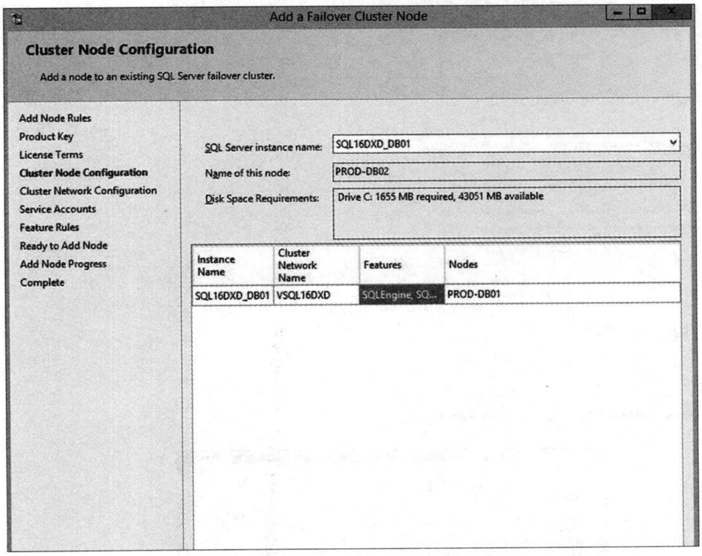

图 5.15　第二个节点（PROD-DB02）的集群节点配置窗口

然后确定（验证）集群网络配置。由于所添加的当前节点已与集群相关联，因此不需要修改或添加 IP 地址（除非执行多站点配置）。规范该节点所需的 SQL Server 服务账户。网络和服务账户规范如图 5.16 所示。

至此，已完成第二个节点的配置，此时可简单回顾安装过程所需完成的内容并完成安装。完成安装后，必须重启服务器。在所有节点都安装完成后，就实现了 SQL Server 集群配置的完整操作。

在此，应进行快速检查，以确保可通过虚拟 SQL Server 网络集群名称和与该 SQL Server 集群配置相关的原有 AdventureWorks 可靠数据库来连接数据库。还可以测试节点是否正确地故障转移，且无论哪个是活动节点，都可以获得数据。可以采用暴力方法来进行测试。首先，连接到虚拟 SQL Server 集群名称（本例中为 VSQL16DXD\SQL16DXD_DB），在 Person 表中快速操作 SELECT，关闭 PROD-DB01 服务器，然后在 Person 表中尝试相同的 SELECT 操作。在此过程中，会得到一个错误提示——SQL Server 集群名称未连接。大约 4～5 秒后，再次执行相同的 SELECT 语句，这时即可从 Person 表中得到成功的结果。上述测试序列如图 5.17 所示，图中左侧显示连接到虚拟 SQL Server 的集群名称，而右侧表明关闭 PROD-DB01 节点后的连接失败，右下角是在 Person 表中执行 SELECT 操作成功的结果。

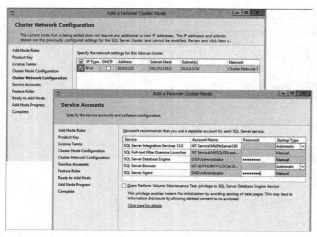

图 5.16　集群网络配置和 SQL Server 服务账户

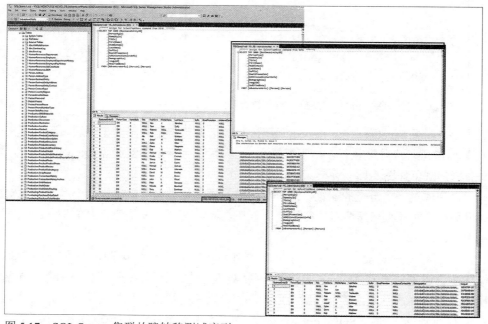

图 5.17　SQL Server 集群故障转移测试序列

> **提示**
>
> 另外，也可以通过 SQL Server 高级选项来执行相同的 SQL Server 集群配置。两种安装过程都是有效的。

恭喜！现在已进入 SQL Server 实例级的高可用性模式！

5.2 SQL Server 故障转移集群中需注意的问题

在 SQL Server 集群的安装和配置过程中，可能会出现许多潜在的问题。具体如下：
- SQL Server 的服务账户和密码应在所有节点上保持一致，否则节点将无法重启 SQL Server 服务。可使用管理员账户或指定账户（如集群或集群管理员），保证在域内和每台服务器上具有管理员权限。
- 集群磁盘的驱动器号必须在所有节点（服务器）上保持一致。否则，可能无法访问集群磁盘。
- 如果网络名称脱机且不能使用 TCP/IP 连接，则可能需要创建另一个连接 SQL Server 的方法。可以使用命名管道，指定为 \\.\pipe\$$\SQLA\sql\query。
- 在安装 SQL 故障转移集群时，可能会遇到需要添加域条目的相关问题。如果没有该域条目的正确权限，则整个过程会失败，可能需要让系统管理员来协助解决该问题。

5.3 多站点 SQL Server 故障转移集群

许多企业在多个地点运行其数据中心，或通过辅助数据中心来提供冗余站点，以作为一种灾难恢复机制。这样做的一个主要原因是在发生网络、电源、基础设施或其他现场灾难时能够保护站点不发生故障。根据具有多站点模型的 Windows Server 和 SQL Server 故障转移集群，已实现多种解决方案。一个多站点故障转移集群包括分布在多个物理站点或数据中心的节点，其目的是在一个站点发生灾难的情况下提供整个数据中心的可用性。有时多站点故障转移集群也称为地理上分布的故障转移集群、扩展集群或多子网集群。由图 5.18 可知，一个多站点 SQL 集群配置也依赖于存储级的复制（通常可通过 SAN 或 NAS 厂商的块级或位级复制能力来实现可用性）。

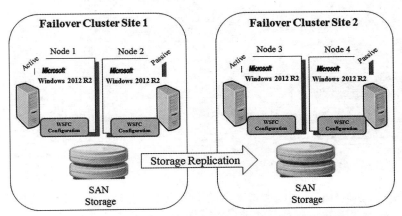

图 5.18 从一个数据中心到另一个数据中心的多站点 SQL 集群配置

Key Words:
failover cluster site
故障转移集群站点
node 节点
active 主动
passive 被动
storage replication
存储复制
SAN storage 存储
configuration 配置

5.4 场景 1：具有 SQL Server 集群的应用服务提供商

回顾第 3 章 "高可用性选择" 中产生一个高可用性的硬件冗余、共享磁盘 RAID 阵列、WSFC 和 SQL Server 集群的 ASP 业务场景（场景 1），这 4 种选项能够完全满足正常运行时间、容忍度、性能和成本的所有需求。ASP 与客户的服务水平协议也可以允许短暂的停机时间来处理操作系统升级或修复、硬件升级和应用升级。ASP 的预算足以采用额外的硬件冗余。

ASP 规划并实现了三个独立的集群，以支持使用 SQL Server 的 8 个主要客户应用。每个 SQL Server 集群都是主动/被动模式的双节点集群配置。ASP 的客户希望确保一旦节点发生故障，性能不会受到影响。保证上述需求的一种方法是采用主动/被动模式。也就是说，设立一个空闲节点，在发生故障时可随时接管。在被动节点接管处理任务时，应立刻满负荷运行。如图 5.19 所示，每个双节点 SQL 集群都可支持 1～3 个独立的客户应用。ASP 建立的每个 SQL 集群不超过三个应用的原则是为了降低风险，所有 ASP 客户都同意这种风险最小化的方法。如图 5.19 所示的主要客户应用是一个在线（互联网）健康产品订单输入（HOE）和配送系统。HOE 数据库是订单输入主系统，具有 50～150 个并发 SQL 连接。当该 ASP 某天达到第 10 个主要客户应用时，就直接创建一个新的双节点集群。这已被证明是一种高扩展性、高性能、低风险、低成本的 ASP 架构。

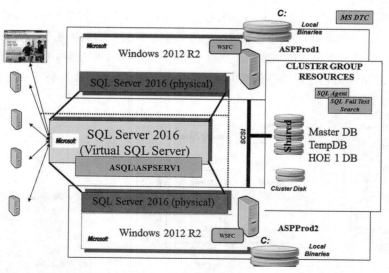

图 5.19　一个高可用性 SQL Server 集群的 ASP 应用

在这种情况下，可通过增加新高可用性解决方案的增量成本（或估计成本），并将其与一段时间内（本例中为 1 年）停机的全部成本进行比较来计算 ROI。

之前估计的总增量成本是 10 万到 25 万美元，其中主要包括以下内容：
- 5 台新的服务器 [64GB RAM，本地 SCSI 磁盘系统 RAID 10，双以太网网卡，附加的 SCSI 控制器（用于共享磁盘）]，每台服务器 3 万美元。
- 5 份微软 Windows 2000 先进服务器授权，每台服务器约 3000 美元（如果是 Window 2003 企业版，则每台服务器 4000 美元）。
- 18 个 RAID 10 的 SCSI 磁盘系统（每个 SCSI 磁盘系统最少有 6 个驱动器，每个集群包括 4 个共享的 SCSI 磁盘系统，共计 72 个驱动器），大约 55000 美元。
- 5 天额外的系统管理人员培训费用，约 15000 美元。
- 2 份新的 SQL Server 授权（SQL Server 2016 企业版），每台服务器约 5000 美元。

升级到 SQL 集群高可用性解决方案的总增量成本大约为 245000 美元（每个双节点集群约为 81666 美元）。

接下来，利用这些增量成本和停机成本来计算 ROI。

1. 维护成本（1 年期）。
   - 15000 美元（估计）：年度系统管理人员费用（包括这些人员的额外培训时间）
   - 25000 美元（估计）：重复性软件许可费用（额外的高可用性组件：5 个操作系统 +2 个 SQL Server 2016）。
2. 硬件成本。
   205000 美元的硬件成本：新高可用性解决方案中额外硬件的成本。
3. 部署/评估成本。
   - 20000 美元的部署成本：解决方案开发、测试、QA 和生产实施的成本。
   - 10000 美元的高可用性评估成本。
4. 停机成本（1 年期）。
   - 如果已保存去年的停机记录，则使用该值；否则，计算计划内和计划外估计的停机时间。在该场景下，该 ASP 的停机/小时费用估计为 15000 美元/小时。
   - 计划停机成本（收入损失）= 计划停机时间 × 公司每小时的停机成本。
     - 0.25%（1 年中估计计划停机百分比）×1 年 8760 小时 =21.9 小时的计划停机时间。
     - 21.9 小时（计划停机时间）×15000/小时（每小时停机成本）=328500 美元/年的计划停机成本。
   - 计划外停机成本（收入损失）= 计划外停机时间 × 公司每小时的停机成本。
     - 25%（1 年中估计计划外停机百分比）×1 年 8760 小时 =21.9 小时的计划外停机时间。
     - 21.9 小时 ×15000 美元/小时（每小时停机成本）=328500 美元/年的计划外停机成本。

ROI 总计：
- 该高可用性解决方案的总成本 =285000 美元（1 年——略高于所述的直接增量成本）。
- 停机总成本 =657000 美元（1 年）。

1 年的增量成本是停机成本的 43%。也就是说，高可用性解决方案的投资将在 0.43 年或大约 5 个月内回本。这就是 ASP 毫不犹豫地尽快实施该高可用性解决方案的原因。

5.5 小结

利用集群技术构建公司的核心基础设施是实现 99.999% 目标的关键一步，这样就会使得在该架构上部署的每个应用、系统组件和数据库都增加可恢复能力。WSFC 和 SQL 故障转移集群实现实例级高可用性方法。在许多情况下，更改应用或组件所需的这些集群技术是完全透明的。结合 NLB 和 WSFC 不仅可以转移应用故障，还可以增加网络容量规模。在过去 10～15 年中，全球许多组织机构都采用了这种双节点主动 / 被动 SQL Server 集群技术。

第 6 章将介绍 AlwaysOn 功能，如果需要更高可用性，该功能会增强数据库层的恢复能力，从而实现更高的可用性和可扩展性。

第 6 章
SQL Server AlwaysOn 可用性组

微软不断致力于推动高可用性。推出的大量高可用性选项，如 AlwaysOn 可用性组和 AlwaysOn 故障转移集群实例（FCI），以及其他各种 Windows Server 系列产品，为所有人提供了实现 99.999% 的机会（即 99.999% 的正常运行时间）。微软目前正在对大多数下一代 SQL Server 高可用性选项积极研发这种高可用性方法。然而，可能会注意到 AlwaysOn 可用性组中的一些概念和技术会让人联想到 SQL Server 集群和数据库镜像。这些特性正是如今 AlwaysOn 可用性组所用的方法。同样需要注意的是，AlwaysOn 可用性组和其他高可用性选项都是建立在 Windows Server 故障转移集群基础上的。

本章内容提要
- AlwaysOn可用性组用例
- 构建一个多节点AlwaysOn配置
- 仪表板和监视
- 场景3：使用AlwaysOn可用性组的投资组合管理
- 小结

6.1 AlwaysOn 可用性组用例

Alwayson 可用性组的典型应用案例如下：

- 需要接近 99.999% 的高可用性。这意味着数据库层必须对故障具有超强的恢复能力，即在发生故障的情况下几乎不会丢失数据。
- 对于灾难恢复（DR），需要将数据复制到另一个站点（可能是国家或地球的另一侧），但可以容忍少量的数据丢失（和数据延迟）。
- 需要从主数据库卸载某些操作功能（如数据库备份）的性能。这些备份必须完全准确，并具有恢复目的的最高完整性。

▶ 需要从原发性事务数据库中卸载只读处理/访问的性能和可用性，且可以容忍少许延迟。即使主服务器关闭，仍可对应用提供只读访问。

上述所有用例都可通过 AlwaysOn 可用性组的功能来解决，且比想象的要容易得多。在本章最后，将会发现该方法完全适用于高可用性应用场景，以及需要采用该方法时，选择该选项的全部成本的核算和影响因素。

6.1.1　Windows 服务器故障转移集群

正如前几章中所述，WSFC 是高可用性核心基础组件的重要组成部分。尽管如此，仍可以构建一个无 WSFC 的高可用性系统（如使用大量冗余硬件组件和对磁盘子系统采用磁盘镜像或 RAID 的一个系统）。但微软已确定 WSFC 是其集群功能的重要基础，且 WSFC 主要用于集群使能（或集群感知）的应用。集群技术的一个典型示例是微软 SQL Server 2016（及其大多数组件）。第 4 章介绍了 WSFC 的基本概念，第 5 章介绍了使用故障转移集群所具有的第一个 SQL Server 功能——SQL Server 集群。本章主要讨论使用故障转移集群所具有的另一个 SQL Server 功能——AlwaysOn 可用性组。

6.1.2　AlwaysOn 故障转移集群实例

AlwaysOn（常开）是一个强有力的声明和承诺。现在基本上可通过基础设施、实例、数据库和客户端连接级的高可用性来实现这一承诺。在 WSFC 的基础上，SQL Server AlwaysOn 配置可利用 WSFC 提供显著性能的高可用性解决方案，该方案可由商业化硬件和/或基本的 IaaS 配置来实现。

图 6.1 显示了一个最基本的涵盖两个子网的四节点环境（即具有四台服务器）。每个子网都表示一个较大数据中心中的一组独立处理能力（机架）或一个 IaaS 厂商占用的不同子网。每台服务器都配置了 WSFC 且安装了一个用于 AlwaysOn 可用性组配置的 SQL Server 实例。

现在简单解释一下其他 AlwaysOn 可用性组的配置选项。另外，此处需强调使用 WSFC 的基本模块的互操作性，在此提醒仔细查看显示了节点 1 的 SQL 集群高可用性实例和 AlwaysOn 可用性组配置的图 6.2。第一组的两个服务器（A 和 B）构成了具有 SQL Server 实例级完全恢复能力的故障转移集群实例节点。这种具有高度恢复性的节点也可用于总体可用性组配置，为主数据库（应用所用的应用数据库）提供最高级别的恢复能力，并为一个或多个次要副本提供额外的数据恢复能力。无须为主数据库提供 SQL 实例级的可用性，但该示例表明不仅仅是进行简单的 AlwaysOn 配置。该 SQL Server 集群实例将数据库共享为实例集群配置中的一部分。服务器 A 和服务器 B 构成了 SQL 集群，并配置为主动/被动集群。整个 SQL 集群是可用性组配置中的节点 1。

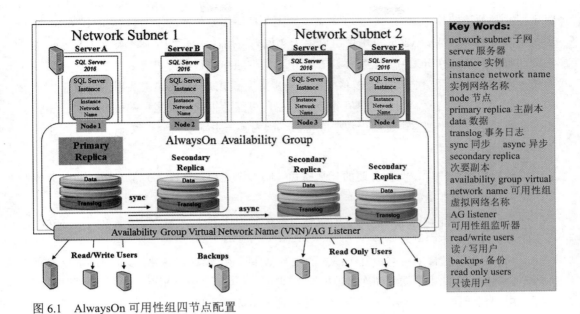

图 6.1 AlwaysOn 可用性组四节点配置

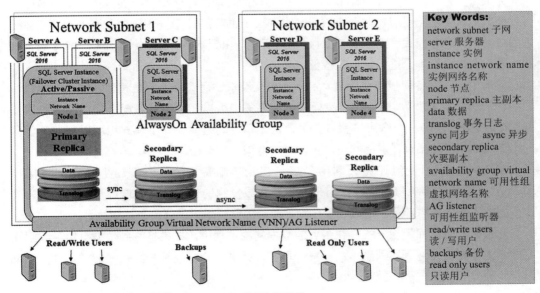

图 6.2 SQL 集群主节点配置的 ALwaysOn 可用性组组件

6.1.3 AlwaysOn 可用性组

注意，可用性组是采用数据冗余的方法着重于数据库级的故障转移和可用性。同样，借鉴数据库镜像的经验（和相关技术），可实现一个事务一致性次要副本用于只读访问（随时可用）和故障转移［如果主数据（主副本）因各种原因发生故障］。再次观察图 6.1，发现一个 SQL Server AlwaysOn 可用性组可用于实现高可用性，还可用于将从 SQL Server 主实例卸载的只读工作分发到次要副本。在一个可用性组中，最多可以有 8 个次要副本，其中第一个次要副本用于自动故障转移（采用同步提交模式），而其他次要副本用于工作负载分配和手动故障转移。切记这是冗余存储数据，可能会很快消耗大量的磁盘存储。在同步提交模式下，次要副本也可用于数据库备份，因为其与主副本完全一致。

1. 模式

与数据库镜像一样，两种主要的复制模式（同步模式和异步模式）都是用于通过事务日志将数据从主副本复制到次要副本。

同步模式意味着任何数据库更改的数据写入都必须作为一个逻辑提交事务的一部分，在主副本和次要副本中同时完成。

图 6.1 显示了包含采用同步复制模式的主数据库和次级数据库的圆形框。这意味着写入成本会翻倍，因此主数据库和次级数据库之间应快速连接且速度相近（在同一子网内）。然而，由于相同原因，主副本和次要副本始终处于事务一致状态，从而使得故障转移几乎瞬间完成。同步模式用于主副本和次要副本之间的自动故障转移。在同步模式下最多可以有三个节点（实际上是有同时两个次级节点和一个主节点）。图 6.1 表明节点 1 和节点 2 配置为自动故障转移模式（同步）。同时，如上所述，由于事务一致性，也可以 100% 的精度和完整性在次要副本上进行数据库备份。

异步模式不具备同步模式所具有的事务提交需求，而实际上其是相当轻量级的（从性能和开销的角度来看）。即使在异步模式下，事务也可以在大多数情况下快速复制到次要副本中（几秒钟内）。网络流量和事务个数决定了复制速度。异步模式也可以应用于任何一个稳定网络（如果有足够的网速，可以跨越全国，甚至跨越大洲）。

AlwaysOn 可用性组还充分利用了事务记录压缩特性，将所有用于数据库镜像和 AlwaysOn 配置的事务日志记录压缩来提高镜像或复制的传输速度。这不仅增大了传输到次要副本的事务日志数量，还减小了传输规模，因此日志记录可更快地到达目的地。

此外，与数据库镜像一样，在事务的数据复制过程中，如果检测到数据页错误，则次要副本上数据页修复为写入副本的一部分事务，并进一步提高整个数据库的稳定性（如果没有复制）。这是一项非常好的功能。

2. 只读副本

由图 6.1 可知，可以创建更多的次要副本（最多 8 个），但都必须是异步副本。可以轻松地将这些副本添加到可用性组中，并分发工作负载和显著缓解性能压力。图 6.1 和 6.2 显示了两个用于处理通常由主数据库提供所有只读数据访问的附加次要副本。这些只读副本具有近似实时数据的功能，并可在任何需要的地方提供（从一个稳定的网络角度来看）。

3. 用于灾难恢复

图 6.3 给出了一个用于灾难恢复的典型 AlwaysOn 可用性组配置，其中数据中心 1 有一个主副本，数据中心 2 有一个次要副本。由于距离和网速的原因，在此采用异步模式。

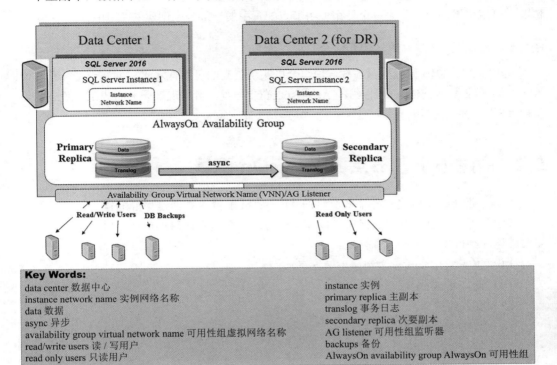

Key Words:
data center 数据中心
instance network name 实例网络名称
data 数据
async 异步
availability group virtual network name 可用性组虚拟网络名称
read/write users 读 / 写用户
read only users 只读用户

instance 实例
primary replica 主副本
translog 事务日志
secondary replica 次要副本
AG listener 可用性组监听器
backups 备份
AlwaysOn availability group AlwaysOn 可用性组

图 6.3　一个用于灾难恢复的 AlwaysOn 可用性组配置

这意味着灾难恢复站点上的次要副本与最新异步写入的事务完全一样。在这种模式下可能会发生数据丢失的情况，但仍能满足灾难恢复的需求和所需的服务水平。另外，灾难恢复站点（次要副本）也可用于只读数据访问，如图 6.3 所示。这实际上是利用了在使用其他灾难恢复技术时通常认为是不可用的主数据库的副本。大多数数据库镜像或其他厂商的解决方案都是连续更新模式，根本不支持只读模式。

4. 可用性组监听器

回顾图 6.1 可知，在创建可用性组时也用到了由 WSFCs 创建的虚拟网络名称（VNNs）。特殊之处是可用性组必须已知其中所有节点的 VNNs（是指个体实例），这些节点可直接用于引用主副本或次要副本。但对于更稳定（和一致性）的系统，可创建一个可用性组监听器作为从必须使用数据库的应用中抽离出这些 VNNs 的可用性组的一部分。这样应用就只能始终看到一个连接名称，而故障转移状态完全与应用隔离，从而从应用角度得到更高的一致性和可用性。

5. 端点

可用性组中，端点概念还可用于可用性组配置中从一个节点到另一个节点的所有通信（和可见性）中。这些端点是节点间可用性组通信所用的接触点，数据库镜像时也是这种情况。可用性组端点是作为每个可用性组节点配置中的一部分来创建的（用于每个副本）。

6.1.4 故障转移与扩展选项结合

SQL Server 2016 积极推荐各种选项组合以实现更高的可用性水平。创建一个具有两个或多个副本的 AlwaysOn 可用性组的 AlwaysOn FCI 配置，可实现部署分布式工作负载的可扩展性和最大的高可用性。

6.2 构建一个多节点 AlwaysOn 配置

本节主要介绍如何建立一个多节点的 AlwaysOn 配置，并创建集群配置，定义可用性组，指定数据库角色，复制数据库，以及使得可用性组监听器启动运行。以下是在随后的章节中将详细讨论的基本步骤：

（1）验证 SQL Server 实例是否运行正常。
（2）设置 WSFC。
（3）准备数据库。
（4）启用 AlwaysOn 高可用性。
（5）备份主数据库。
（6）创建可用性组。
（7）选择用于可用性组的数据库。
（8）确定主副本和次要副本。
（9）同步数据（主副本）。
（10）设置监听器（可用性组监听器）。
（11）通过监听器连接。
（12）故障转移到次要副本。

图 6.4 给出了将在随后章节中构建的基本配置。其中有三个节点可用，但主要关注本例中运行的主节点和一个从节点。故障转移集群命名为 DXD_Cluster，可用性组命名为 DXD-AG，监听器记为 DXD-Listener（所用的 IP 地址为 20.0.0.243）。在此使用微软提供的 AdentureWorks 数据库。如果需要的话或用于灾难恢复，则可利用第 3 个节点来创建另一个只读访问的次要副本。在此情况下，将其看作是一个灾难恢复节点（次要副本）。

可用性组的使用如下：主节点（节点 1）用于读/写操作，从节点（节点 2）用于备份和故障转移，另一个从节点（节点 3，如果添加的话）用于只读访问。

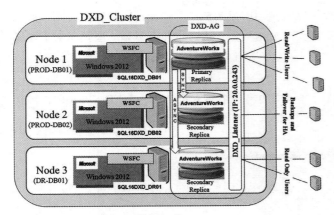

图 6.4　DXD Alwayson 配置细节

Key Words:
node 节点
primary replica 主副本
async 异步
secondary replica 次要副本
read/write users 读／写用户
backups and failover for HA 为实现高可用性的备份和故障转移
read only users 只读用户

6.2.1　验证 SQL Server 实例

假设在集群配置的单个节点上已安装并运行了至少两个 SQL Server 实例，这些实例不需要是相互的镜像，只是要求启用 AlwaysOn 功能（企业版或开发版）的 SQL Server 实例是可行的，验证这些 SQL Server 实例是否正常运行。

6.2.2　设置故障转移集群

每个服务器（节点）都需要配置 WSFC。第 4 章已讨论过如何通过每个节点的服务管理器来实现这一点，本章不再介绍，但在开始创建 AlwaysOn 可用性组配置之前展示配置的特点。

由图 6.5 可知，在每个节点上必须安装故障转移集群功能。

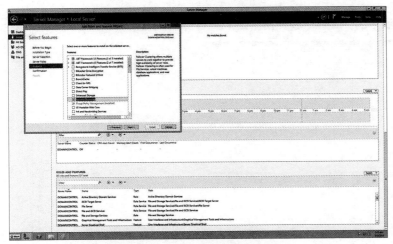

图 6.5　服务管理器显示已安装的故障转移集群功能

在此可能还需要进行集群配置的验证。

在正在配置的集群中对每个节点进行大量的广泛测试，这些测试需要一定时间，所以可以休息一下，然后来查看所有实际错误的总结报告。这时可能会看到一些提示对于配置而言并不重要的警告（通常是一些 TCP/IP 或网络相关的内容）。完成上述工作后，就可以进行 AlwaysOn 的业务了。

图 6.6 显示了如何创建故障转移管理器中的集群组接入点（记为 DXD_Cluster），该接入点的 IP 地址为 20.0.0.242。

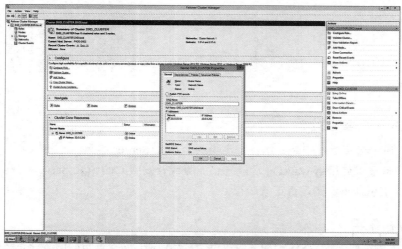

图 6.6　使用故障转移集群管理器来创建用于管理集群和集群名称的接入点

该集群应包括三个节点：PROD-DB01、PROD-DB02 和 DR-DB01，如图 6.7 中的故障转移集群管理器所示。

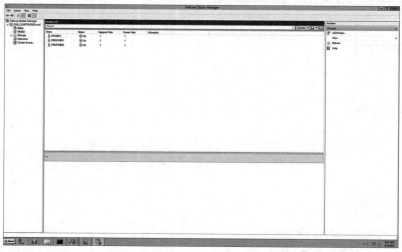

图 6.7　包含 DXD_Cluster 和三个节点的故障转移集群管理器

现在就可以开始进行 SQL Server 端的 AlwaysOn 配置了。

6.2.3 准备数据库

此时需要确保有一个主数据库用于本示例。建议使用微软提供的 AdventureWorks 数据库作为需要复制的数据库。如果在用于主副本的 SQL Server 实例（本例中是记为 PROD-DB01/SQL16DXD_DB01 的 SQL Server 实例）中尚未安装数据库，请从微软下载并安装；如果已具有将要使用的另一数据库，则继续使用。要确保数据库恢复模型设置为 Full。可用性组使用事务日志进行复制，且必须使用该恢复模型。

6.2.4 启用 AlwaysOn 高可用性

对于 AlwaysOn 配置中包括的每个 SQL Server 实例，需要启用这些实例的 AlwaysOn 功能；缺省情况下是 AlwaysOn 功能禁用。在每个节点中启动 SQL Server 2016 配置管理器，并在服务面板中选择 SQL Server 服务节点。右击该节点的 SQL Server 实例（本例中的实例名称为 SQL16DXD_DB01），并选择属性。图 6.8 显示了该 SQL Server 实例的属性。单击 AlwaysOn 高可用性选项卡，并选中启用 AlwaysOn 可用性组（注意，集群名称会出现在该对话框中，这是因为该服务器已在集群配置步骤中标记）。单击 OK（或应用）按钮，即可弹出一个提示"必须重启服务以使用该选项"。关闭属性对话框后，再次右击 SQL Server 实例服务，选择重启选项来启用 AlwaysOn 高可用性功能。对于其他节点（本例中为 SQL16DXD_DB02 和 SQL16DXD_DR01），执行同样的 SQL Server 配置和 AlwaysOn 配置中的 SQL Server 实例。

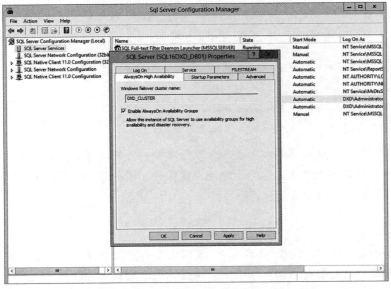

图 6.8 通过 SQL Server 配置管理器启用 AlwaysOn 可用性组

也可在 PowerShell 中完成上述工作。在 Windows 命令提示符下输入 SQLPS，并按 Enter 键。然后输入以下内容：

```
Enable -SqlAlwaysOn -ServerInstance SQL16DXD_DB01 -FORCE
```

该命令甚至可重启 SQL Server 服务。

6.2.5 备份数据库

在尝试创建可用性组之前，首先应对主数据库（在节点 1：SQL16DXD_DB01）进行完整备份，此备份将用于创建次要副本上的数据库。从主数据库的数据库节点（在 SQL Server Management Studio[SSMS] 中）右击数据库，选择"执行数据库完整备份"选项，并选择任务，然后单击"备份"按钮。图 6.9 给出了弹出的"备份数据库"窗口。在该窗口中，单击 OK 按钮执行完整备份。

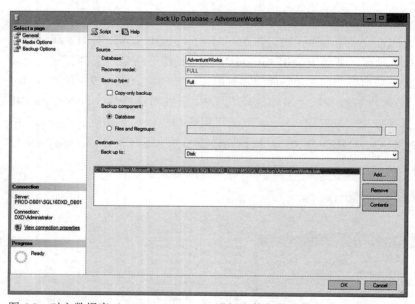

图 6.9　对主数据库（AdventureWorks）进行完整备份

在此，通常倾向于将完整的数据库备份复制到每个次级实例并还原，以确保在同步开始之前，所有节点上具有完全相同的数据。执行上述还原操作时，请务必指定无恢复选项的还原。完成上述所有操作后，即可继续创建可用性组。

6.2.6 创建可用性组

从节点 1（本例中为 SQL16DXD_DB01 节点），对该 SQL Server 实例（在 SSMS 中）扩展 AlwaysOn 高可用性节点。由图 6.10 可知，右击"可用性组"节点，并选择"创建一个新的可用性组"（通过向导）选项。这就是创建整个可用性组所需的全部操作。

第 6 章 SQL Server AlwaysOn 可用性组 113

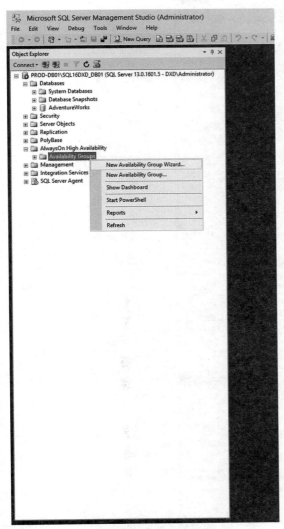

图 6.10 从 SSMS 中调用新的可用性组向导

在新的可用性组向导中，可以指定可用性组的名称，选择要复制的数据库，指定副本，选择"数据同步"选项，然后进行验证。开始时，向导中出现一个欢迎页面，只需单击"下一步"按钮，即弹出指定可用性组名称的窗口，如图 6.11 所示，且可用性组名称指定为 DXD-AG。单击"下一步"按钮。

6.2.7 选择可用性组的数据库

接下来，需要确定包含在可用性组中的应用数据库。图 6.12 给出了已选择 AdventureWorks 的数据库列表。单击"下一步"按钮。

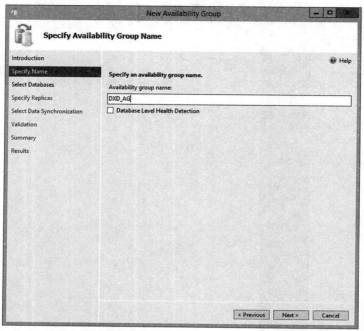

图 6.11　指定可用性组名称

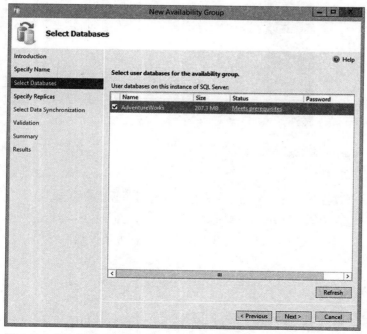

图 6.12　指定用于可用性组的 AdventureWorks 数据库

6.2.8 确定主副本和次要副本

下一步是指定副本及其如何使用。最初只有一个服务实例（主副本）。单击 Add Replicas 按钮，并选择所需的次要副本实例（本例中为 SQL16DXD_DB02——节点2）。现在就可以显示主副本实例和次要副本实例。另外还需要通过选择 Automatic Failover 复选框来指定每个实例（最多三个次要副本）都能自动故障转移。同时选择同步提交（最多三个）选项来实现高可用性功能。

另外还应包含第 3 个节点（SQL16DXD_DR01），但无须选择"自动故障转移"复选框或"同步提交"复选框，因为在此采用异步复制模式。但仍需要第 3 个节点是可读次要副本（在 Readable Secondary 列表框中选择 Yes 选项）。图 6.13 显示了指定的每个服务实例的故障转移选项和提交选项。

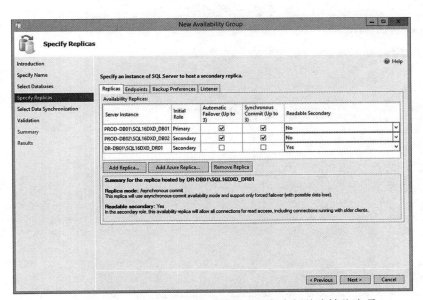

图 6.13　指定 SQL Server 实例具有次要副本和服务实例故障转移选项

现在，如果单击 Endpeints（端点）选项卡，就会发现由实例相互通信产生的端点（每个 SQL Server 实例都是 hadr_endpoint）。在此不要进行任何更改，只需接受缺省值即可，如图 6.14 所示。

如果单击 Backup Preferences（备份首选项）选项卡，一旦生成可用性组且副本激活，则可表明如何（以及在何处）执行数据库备份。如图 6.15 所示，可选择进行数据库备份的首选次要副本选项，从而在这项开销较大的任务中解除主副本。在选择该选项时，如果次要副本不可用于备份，则选用主副本。

如果单击 Listener（监听器）选项卡，可看到有两个选项："此时不设置可用性组监听器"和"现在开始创建"。稍后再进行实际操作，在此先忽略这项操作（通过指定现在不创建可用性组监听器），然后单击"下一步"按钮。

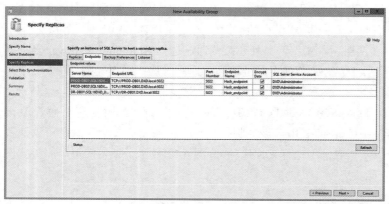

图 6.14　针对实例指定的 SQL Server 端点

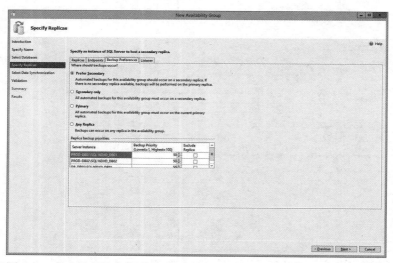

图 6.15　优先选择次级备份首选项

6.2.9　同步数据

在验证步骤之前需要做的最后一步是指定数据同步首选项。图 6.16 显示了各种选项。如果选择 Full 单选项，则对于每个选定的数据库均可得到完整的数据库和日志备份。然后这些数据库恢复到每个次要副本，并加入到可用性组。如果已经恢复了数据库和日志备份（也就是说，已在次要副本恢复了数据库，只是想将该次要副本加入到可用性组），则选择 Join only 单选项来进行数据同步。Skip Initial data synchronization 单选项仅意味着独自完成主数据库的完整备份，并在准备好后恢复。由于已完成这一部分，因此只需选择 Join only 单选项，然后单击"下一步"按钮。

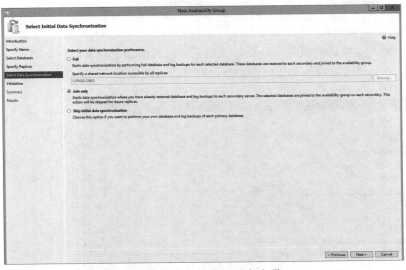

图 6.16 对可用性组中的副本指定初始数据同步选项

> **提示**
>
> 如果选择完整选项,则共享网络位置可由可用性组中所有节点的服务账户(每个节点上的 SQL Server 服务使用的服务账户)完全访问非常重要。

如图 6.17 所示,弹出验证窗口,根据所指定的选项,显示了成功、失败、警告或创建过程中所忽略的步骤等信息。在图 6.17 中,还可以看到将要执行的所有工作的概况对话框,在执行之前进行最后一次验证。只需单击"下一步"按钮,即可完成该过程。

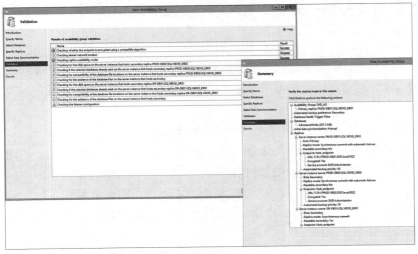

图 6.17 创建可用性组中的验证和总结步骤

如图 6.18 所示，现在可看到可用性组创建步骤的结果。由图可知，次要副本已加入到可用性组（图 6.18 中的箭头所示），而且看到在新构建的可用性组中，SSMS 中的可用性组节点所包含的内容。至此，可用性组便可以正常工作了。可观察到主副本和次要副本、可用性组中的数据库，以及有关数据库是否同步的数据库节点级的指示。

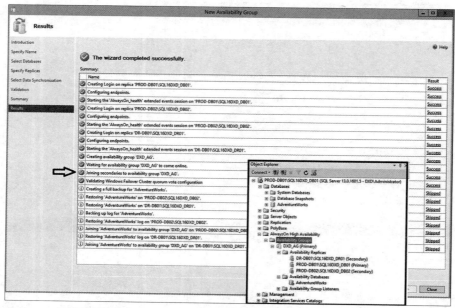

图 6.18　表明可用性组和加入副本的 SSMS 对象资源管理器结果的新可用性组结果窗口

当数据库状态变为"同步"时，表明正处于业务状态。但为了完成实例名称从应用中抽离，应创建可用性组监听器来完成该配置。

6.2.10　设置监听器

在该过程中，将集群的 VNN 绑定到可用性组监听器的名称上，这也是与可用性组相连接的应用所显示的名称。只要可用性组中至少还有一个节点正常工作，应用就永远不可知哪个节点发生了故障。

右击所创建的可用性组，并选择"添加监听器"选项，如图 6.19 所示。

现在就可以指定监听器 DNS 名称（本例中为 DXD_LISTENER）和端口（使用 1433），表明为该监听器使用静态 IP 地址。这时出现一个小的窗口（如图 6.20 所示）来显示监听器的 IPv4 地址（本例中为 20.0.0.243）。然后单击 OK 按钮。图 6.20 显示了刚配置的可用性组和新的可用性组监听器（另外，应用可使用监听器的名称或监听器的 IP 地址来连接 SQL 实例，稍后将解释如何实现）。

完成后在高可用性模式下启动运行，且监听器也已准备好用于任何应用。

第 6 章　SQL Server AlwaysOn 可用性组　119

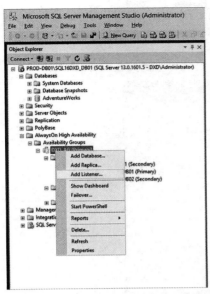

图 6.19　为新的可用性组指定新的可用性组监听器

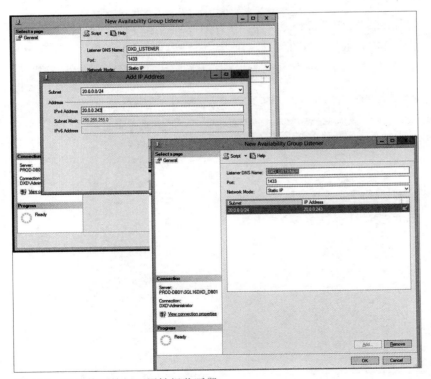

图 6.20　准备使用的新可用性组监听器

如果数据库未正确加入或对象资源管理器没有在次要副本上显示同步状态，那么可以在可用性数据库节点中右击用于次要副本上可用性组的数据库，并显式地将数据库连接到可用性组中（如图 6.21 所示）。

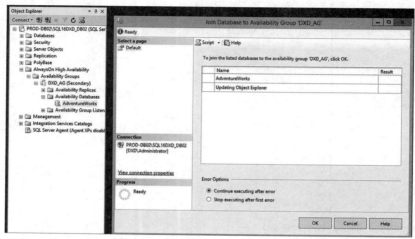

图 6.21　将次要副本上的数据库显式添加到可用性组

现在就具有了完全功能的可用性组和监听器，正如故障转移集群管理器角色视图（图 6.22）中所示，可用性组 DXD_AG 正在运行，且当前节点为 PROD-DB01。另外，在视图的下半部分还可以观察到可用性资源和监听器资源的状态。一切都正常运行，并显示"联机"。

图 6.22　在故障转移集群管理器中回顾新添加的可用性组和监听器

6.2.11 连接所用的监听器

可以利用 SSMS 连接到新的可用性组监听器来进行一个快速测试，就好像是其自身的 SQL Server 实例。如图 6.23 所示，弹出一个新的连接对话框，指定可用性监听器的 IP 地址（20.0.0.243），端口为 1433。也可以只指定监听器名称（DXD_LISTENER）。接下来，采用这两种方法来连接。

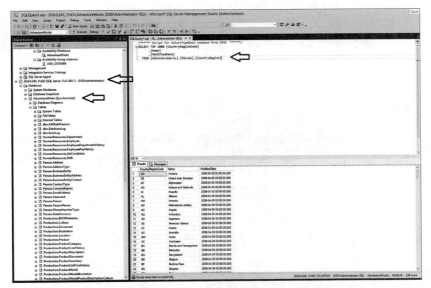

图 6.23 使用矿用性组监听器连接（IP 地址为 20.0.0.243，端口为 1433）

一旦连接成功，即可打开一个新的查询窗口（如图 6.23 所示），并从 AdentureWorks 数据库人员架构的国家地区表中选择前 1000 行。此时可观察到数据库处于同步状态，且在可用性组配置中一切正常，表明正在正常工作。接下来，可测试从主副本到次要副本的高可用性故障转移。

6.2.12 故障转移到次要副本

右击可用性组节点的主副本并选择"故障转移"选项，可实现 SQL Server 的故障转移；也可以从故障转移管理器中实现上述操作。返回到节点 PROD-DB01 的故障转移集群管理器，观察发生了什么变化。图 6.24 表明 PROD-DB01 仍是可用性组的所有者节点，且当右击可用性组时，可选择切换集群角色（如图 6.24 所示），将集群角色切换到另一个节点是故障转移到另一节点的另一种说法。在此可看到可用性组中的所有其他节点，但在此情况下，最好将故障转移到 PROD-DB02 节点，因为这是故障转移的从节点。注意，在故障转移时需断开客户端连接，然后重新建立新的节点，且在故障转移过程中尚未完成的所有未提交事务必须重新运行。另外，在图 6.24（右下方）中，可观察到所有者节点的角色状态变为 PROD-DB02（从节点）。现在需要再次尝试 SQL 查询。

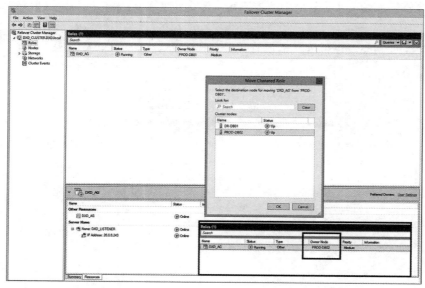

图 6.24　集群角色切换到 PROD-DB02 节点

图 6.25 显示了成功执行满足客户端连接的同一查询（通过监听器），这就是高可用性在起作用。

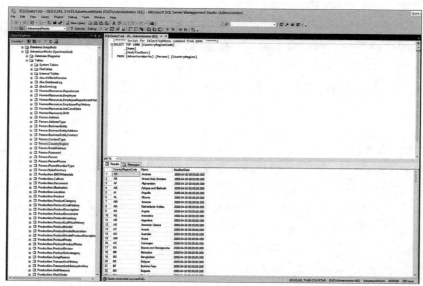

图 6.25　从监听器成功执行 SQL 查询，从应用角度显示了高可用性

6.3 仪表盘和监测

为监视（和调试）AlwaysOn 可用性组的功能，增加了各种系统视图、仪表板和动态管理视图。可以通过右击可用性组并选择"显示仪表板"选项来打开 AlwaysOn 仪表板。通过仪表板可观测 AlwaysOn 可用性组及其可用性副本和数据库的运行状态。

利用该仪表板可执行以下操作：

- 为手动故障转移选择一个副本。
- 如果强制故障转移，估计数据丢失情况。
- 评估数据同步性能。
- 评估同步提交次要副本的性能影响。

仪表板还提供了可用性组关键状态和性能指标，具体包括以下内容：

- 副本卷状态。
- 同步模式和状态。
- 数据丢失估计量。
- 恢复时间估计量（重做 catch-up）。
- 数据库副本的细节。
- 恢复日志时间。

SQL Server 2016 具有 AlwaysOn 可用性组的动态管理视图，包括以下内容：

- sys.dm_hadr_auto_page_repair。
- sys.dm_hadr_cluster_networks。
- sys.dm_hadr_availability_group_states。
- sys.dm_hadr_database_replica_cluster_states。
- sys.dm_hadr_availability_replica_cluster_nodes。
- sys.dm_hadr_database_replica_states。
- sys.dm_hadr_availability_replica_cluster_states。
- sys.dm_hadr_instance_node_map。
- sys.dm_hadr_availability_replica_states。
- sys.dm_hadr_name_id_map。
- sys.dm_hadr_cluster。
- sys.dm_tcp_listener_states。
- sys.dm_hadr_cluster_members。

最后，利用 SQL Server AlwaysOn 可用性组的目录视图可清楚地观察配置的关键组件，包括以下内容：

- sys.availability_databases_cluster。
- sys.availability_groups_cluster。
- sys.availability_group_listener_ip_addresses。
- sys.availability_read_only_routing_lists。
- sys.availability_group_listeners。
- sys.availability_replicas。
- sys.availability_groups。

> **提示**
>
> 对于可用性组，最好是减少或去除异步同步次要副本的仲裁投票（权重），尤其是用于灾难恢复的可用性组。可以使用Powershell脚本很容易地实现，如下所示：
>
> ```
> —查询仲裁节点
> Import-Module FailoverClusters
> $cluster = "PRODICDB_DB"
> $nodes = Get-ClusterNode -Cluster $cluster
> $nodes | Format-Table -property NodeName, State, NodeWeight
>
> —将次要副本权重设为 0
> Import-Module FailoverClusters
> $node = "DRSite-DB01"
> (Get-ClusterNode $node).NodeWeight = 0
> $cluster = (Get-ClusterNode $node).Cluster
> $nodes = Get-ClusterNode -Cluster $cluster
> $nodes | Format-Table -property NodeName, State, NodeWeight
> ```

如果使用的是旧的 Windows Sever 版本（Windows 2012 R2 之前的版本），可能还需要对 WSFC 应用 hotfix。可以通过系统视图 SELECT 来快速查看仲裁结果和投票值：

```
SELECT  member_name, member_state_desc, number_of_quorum_votes
  FROM  sys.dm_hadr_cluster_members;
```

6.4 场景 2：使用 AlwaysOn 可用性组的投资组合管理

回顾第 3 章中的投资组合管理业务场景（场景 3）可产生一个高可用性选择的存储冗余、WSFC 和 AlwaysOn 可用性组。该投资组合管理应用目前位于世界金融中心的一个主要服务场——纽约。该应用仅适用于北美客户，可提供所有金融市场（美国和国际）的股票和期权的全面交易能力，同时拥有完备的投资组合评估、历史业绩和持有价值评估。主要用户是大客户的投资经理。股票买卖占到日间业务的 90% 以上，而闭市之后的主要业务是大规模评估、历史业绩和估值报告。每个工作日的三个交易高峰是由世界上的三大贸易市场（美国、欧洲和远东）推动的。在周末，该应用主要用于长期规划报告和未来一周的前期吃重股票交易。

第 6 章　SQL Server AlwaysOn 可用性组

该公司选择了对每台服务器采用基本的硬件/磁盘冗余方法和 AlwaysOn 可用性组异步次要副本的故障转移、数据库备份的卸载，并提供本地次要副本和微软 Azure 次要副本的工作量报表。实际上，大多数报表都最终来源于微软 Azure 次要副本；数据仅滞后于主副本平均大约 10 秒。目前该技术架构可缓解许多风险，且易于维护（见图 6.28）。

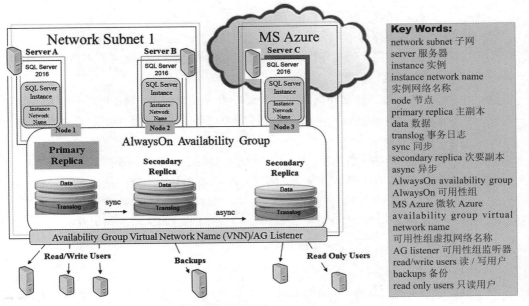

图 6.26　投资组合管理高可用性解决方案的技术架构

一旦整合好该高可用性解决方案，就会超出高可用性常规目标。出色的性能也源于将 OLTP 从报表中分离出来，这往往也是一种有效的设计方法。

该场景中的 ROI 可通过计算新的高可用性解决方案所增加的增量成本（或估计成本），并将其与一段时间内（本例中为 1 年）的所有停机成本相比较来得到。

升级到该 AlwaysOn 可用性组的高可用性解决方案所需的总增量成本约为 222000 美元。现在，通过利用这些增量成本和停机成本来完成 ROI 的完整计算：

1. 维护费用（1 年期）。
    - 15000 美元（估计）。每年的系统管理人员费用（额外的人品培训时间）。
    - 50000 美元（估计）。重复的软件许可成本（额外的高可用性组件；3 个操作系统 + 3 个 SQL Server 2016）。
2. 硬件成本。
    - 100000 美元的硬件成本。新高可用性解决方案中额外硬件的成本。
    - 12000 美元的 IaaS 成本。即 12×1000 美元/月的微软 Azure IaaS 费用。
3. 部署/评估成本。

- 35000 美元的部署成本。解决方案部署、测试、QA 和生产实施的成本。
- 10000 美元的高可用性评估成本。

4. 停机成本（1 年期）。
   - 如果已保存了去年的停机记录，则使用该值；否则，计算计划内停机和计划外停机的估计成本。对于该场景，金融服务公司的每小时停机成本估计为 150000 美元/小时。这代价实在是太大了。
   - 计划停机成本（收入损失）= 计划停机时间 × 公司每小时的停机成本
     - 0.25%（估计的 1 年内停机比例）×8760 小时（一年内的小时数）=21.9 小时的计划停机时间。
     - 21.9 小时（计划停机时间）×150000 美元/小时（每小时的停机成本）。但由于这是计划内的，在这段时间内并没有任何财务计划或股票交易，因此停机成本接近于 0。
   - 计划外停机成本（收入损失）= 计划外停机时间 × 公司每小时的停机成本
     - 0.15%（估计的 1 年内停机比例）×8760 小时（一年内的小时数）=13.14 小时的计划外停机时间。
     - 13.14 小时 ×150000 美元/小时（每小时的停机成本）=1971000 美元/年的计划外停机成本。太可怕了！

ROI 总计：
- 实现这一高可用性解决方案的总成本 =222000 美元（1 年——略高于所声明的直接增量成本）。
- 停机总成本 = 约 2000000 美元（1 年）。

由此可得，增量成本是 1 年停机成本的 13%。也就是说，高可用性解决方案的投资会在大约 1.2 个月内回本。从预算的角度来看，公司预算的整个高可用性解决方案为 90000 美元。因此，实施高可用性解决方案的预算远远超出了目标。

6.5 小结

在 SQL Server 2016 中，包含了所有的 AlwaysOn 相关功能。AlwaysOn 可用性组的适用能力也是强大的。旧的更复杂的高可用性解决方案可弃之不用，而采用这种简便且能够实现 99.999% 的可扩展能力和高性能的方案。这是真正的下一代高可用性解决方案，并为现有的任何类型的新数据库层提供了可扩展性。微软建议已实现日志传送、数据镜像甚至 SQL 集群的所有用户都使用 AlwaysOn 可用性组。与场景 3 一样，这些极端的可用性需求与可用性组的性能非常吻合：故障转移时间短且数据丢失有限。更重要的是，事务性能也可通过卸载报表和备份到次要副本来保持。

第 7 章
SQL Server 数据库快照

多年来,数据库快照一直是其他数据库产品(包括 Oracle 和 DB2)的一种特性。数据库快照对于按时完成报表要求非常有用,可直接提高报表一致性、可用性和整体性能。另外,对于将数据库恢复到一个时间点(支持恢复时间目标、恢复点目标和总体可用性),以及在使用数据库镜像时减少对主事务数据库查询的处理影响也有用。所有这些因素在某种程度上有助于实现高可用性,数据库快照也易于实现和管理。

但是,需注意数据库快照是对整个数据库的时间点反射,而不是绑定到提取数据的底层数据库对象。快照只是提供了在特点时间点数据库的一个完整只读副本。由于时间点的原因,所有用户必须充分理解数据延迟这一特性;快照数据仅与快照生成时的当前数据相同。

如上所述,数据库快照可与数据库镜像结合使用来提供一个高可用性的事务系统和一个由数据库镜像创建的报表平台,并将报表从主事务数据库中卸载,而无任何数据丢失影响。这是一种功能非常强大的报表和可用性配置。在 SQL Server 标准版中提供了数据库镜像,而数据库快照应用则存在于 SQL Server 企业版中。

本章内容提要

- 数据库快照的含义
- 即写即拷技术
- 何时使用数据库快照
- 设置和撤销数据库快照
- 用于恢复的数据库快照还原
- 数据库镜像的含义
- 设置和配置数据库镜像
- 测试从主数据库到镜像数据库的故障转移
- 在数据库镜像上设置数据库快照
- 场景3:使用数据库快照和数据库镜像的投资组合管理
- 小结

> **提示**
>
> 不再推荐使用数据库镜像已有一段时间,但是仍存在于每个 SQL Server 版本中。AlwaysOn 可用性组是用于实现高可用性以及从单个SQL实例中卸载报表而创建冗余数据库(次要副本)的一种推荐新方法(参见第6章)。然而,正如第1章中所述,数据库镜像在创建一个

镜像数据库时非常有效，且易于设置管理。因此，可以利用这种特性，但切记可能会在下一个 SQL Server 版本中（SQL Server 2018？）或肯定在再一个版本中（SQL Server 2020？）去除该功能。

7.1 数据库快照的含义

微软一直致力于提供一个可实现一周 7 天、一年 365 天高可用性的数据库引擎基础。数据库快照在以下几个方面有助于实现这一目标：

- 由于可使用数据库快照来恢复受损的数据库（这个过程称为还原），从而可减少数据库恢复时间。
- 在对关键数据库进行大规模更新之前，可提供一个安全保障（防护）。如果在更新过程中出错，数据库可在很短的时间内还原。
- 能够为特定的或屏蔽的报表需求快速提供只读的时间点报表（从而提供报表环境可用性）。
- 能够从数据库镜像中为特定的或屏蔽的报表需求快速创建只读的时间点报表和卸载数据库（同样提高了报表环境可用性，同时卸载报表不会对生产服务器/主数据库服务器产生任何影响）。
- 另外，数据库快照还可用于创建测试或 QA 同步点，以提高和改进关键测试的所有方面（从而防止在生产过程中产生不良代码而直接影响产品实现的稳定性和可用性）。

数据库快照只是一个时间点上的完整数据库视图，而不是一个副本，至少不是一个最初创建的完整副本（将在后面详细讨论）。图 7.1 展示了如何从一个 SQL Server 实例上的源数据库创建数据库快照。

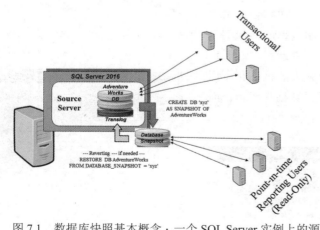

Key Words:
source server 源服务器
translog 事务日志
reverting 还原
if needed 如果需要
restore DB AventureWorks from database snapshot 通过数据库快照恢复 AdventureWorks 数据库
database snapshot 数据库快照
create DB as snapshot or AdventureWorks 创建数据库作为快照或 AdventureWorks
transactional users 事务用户
point-in-time reporting users 时间点报表用户
read-only 只读

图 7.1 数据库快照基本概念：一个 SQL Server 实例上的源数据库及其数据库快照

数据库中的数据从时间点角度来看从不改变，即使主数据库（数据库快照的源）中的数据（数据页）可能改变。这是一个真正的时间点上的快照。对于快照，总是指向快照创建时存在的数据页。如果在源数据库中更新了数据页，则原数据页的副本通过即写即拷技术转移到一个新的页链，称为稀疏文件。图 7.2 显示了与源数据库一起创建的稀疏文件。

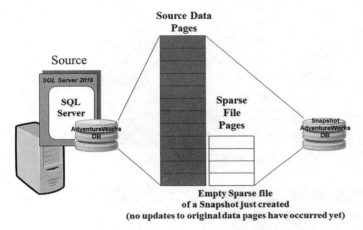

Key Words:
source 源数据库
source data pages 源数据页
sparse file pages 稀疏文件页
snapshot 快照
empty sparse file of a snapshot just created 刚创建的一个快照的空稀疏文件
no updates to original data pages have occurred yet 尚未更新原始数据页

图 7.2　源数据库的数据页和构成数据库快照的稀疏文件数据页

数据库快照实际上是使用主数据库的数据页，直到其中一个数据页更新（即以任何方式进行了更改）。如上所述，如果源数据库中的一个数据页进行了更新，则作为更新操作的一部分，通过即写即拷技术将数据页的原始副本（由数据库快照引用）写入到稀疏文件页链中。这就是稀疏文件中新的数据页继续为其服务的数据库快照提供正确时间点的数据。图 7.3 表明随着源数据库中越来越多的数据发生变化（更新），旧的原始数据页的稀疏文件也随之越来越大。

最终，如果主数据库中的所有数据页均发生更改，则稀疏文件可以包含整个原始数据库。如图 7.3 所示，数据库快照从原始（源）数据库使用的数据页和从稀疏文件使用的数据页均由数据库快照引用的系统目录管理。这种设置非常高效，代表了向他人提供数据的一种重大突破。由于 SQL Server 使用即写即拷技术，所以在写操作过程中存在一定的开销。如果计划使用数据库快照，那么这是必须考虑的关键因素之一，一切都是有代价的。开销包括原始数据页的复制、将复制的数据页写入到稀疏文件，以及随后对管理数据库快照数据页列表管理的系统目录的元数据更新。由于共享数据页，因此便能理解为何数据库快照必须是在同一个 SQL Server 实例中。源数据库和快照都是从同一数据页开始，然后随着源数据页的更新而逐渐不同。此外，在创建数据库快照时，SQL Server 将所有未提交事务回滚到数据库快照；只有已提交事务才是新创建的数据库快照的一部分。而且，正如所期望的共享数据页内容一样，如果源数据库不可用，则数据库快照也不可用（如数据库损坏或脱机）。

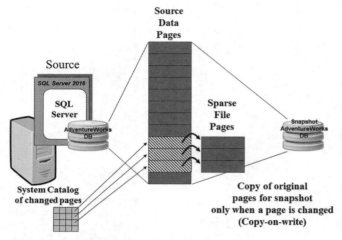

图 7.3 随着源数据库中的数据页更新,数据页复制到数据库快照中的稀疏文件

> **提示**
>
> 通常在大约30%的源数据库更改后才计划执行新的快照,以最小化稀疏文件中的开销和文件大小。数据库快照中经常出现的问题与稀疏文件大小和可用空间紧密相关。注意,稀疏文件具有与源数据库同样的功能(如果源数据库中的所有数据页都最终得到更新),应提前应对这种情况。

当然,还有数据复制、日志传送、实体化视图等方法来替代数据库快照,但都没有数据库快照那样易于管理和使用。

以下内容通常与数据库快照相关:

- 源数据库。这是数据库快照所依据的数据库。一个数据库是数据页的集合,是 SQL Server 所使用的一种基本数据存储机制。
- 快照数据库。针对任意一个源数据库可以定义一个或多个数据库快照。所有快照必须位于同一 SQL Server 实例中。
- 数据库快照稀疏文件。当源数据库的数据页发生更新时,新的数据页会包含原始源数据库中的数据页。一个稀疏文件会与每个数据库数据文件相关联。如果一个源数据库分配了一个或多个独立的数据文件,则每个数据文件具有相应的稀疏文件。
- 还原数据库快照。根据某一时间点的特定数据库快照来恢复源数据库,就是所谓的还原。实际上是通过 FROM DATABASE_SNAPSHOT 语句来进行数据库 RESTORE 操作的。
- 即写即拷技术。作为源数据库中事务更新的一部分,源数据库中数据页的副本写入到稀疏文件中,从而可以正确地执行数据库快照(即仍将数据页看作时间点的快照)。

如图 7.4 所示,使用数据库快照的任何数据查询都同时查看源数据库的数据页和稀疏文件的数据页。这些数据页总是反映快照创建时刻未更改的数据页。

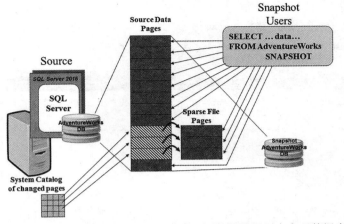

图 7.4　通过源数据库的数据页和稀疏文件的数据页来实现数据库快照的查询

7.2 即写即拷技术

微软首次在 SQL Server 2005 中引入的即写即拷技术是数据库镜像和数据库快照功能的核心。本节将实现源数据库中事务用户的典型数据更新。

由图 7.5 可知，在 AdventureWorks 数据库中发起事务更新（标记为 A）。当数据在源数据库的数据页中更新且更改写入到事务日志（标记为 B）时，即写即拷技术还将原始源数据库中未更改状态的数据页复制到稀疏数据文件（也标记为 B）中，并在此过程中更新系统目录中引用的元数据页（也标记为 B）。

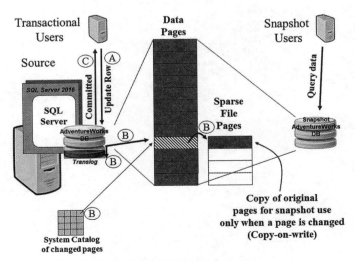

图 7.5　使用数据库快照的即写即拷技术

原始源数据页仍可用于数据库快照，这样就在从源数据库更新、插入或删除数据的所有事务中增加了额外开销。在利用即写即拷技术完成对稀疏文件的写入时，会正确提交原始更新事务，并确认返回到事务用户（标记为 C）。

提示

数据库快照不能用于SQL Server的任何内部数据库——tempdb、主数据库、msdb或模型。另外，仅在SQL Server 2016企业版中支持数据库快照。

7.3 何时使用数据库快照

如上所述，有几种基本方法可以有效地使用数据库快照，每种方法都是针对特殊用途且都各具特点。在综合上述限制和约束之后，可以考虑以下方法。

7.3.1 恢复目的的快照还原

数据库快照最基本的用途是通过一个数据库快照来恢复发生故障的数据库（称为还原），以减少数据库的恢复时间。如图 7.6 所示，可以在 24 小时内生成一个或多个定期快照，从而有效提供可快速使用的数据恢复阶段。由本例可知，4 个数据库快照是每隔 6 个小时产生的（6:00、12:00、18:00、24:00）。每天都删除并以相同的快照名称重建一次。这些快照中的任何一个都可用于在发生逻辑数据错误时快速恢复源数据库（例如删除行或删除表）。这种技术不能取代良好的维护计划，包括完整的数据库备份和不断增加的事务日志转储。然而，可以很快地将数据库返回到特定阶段。

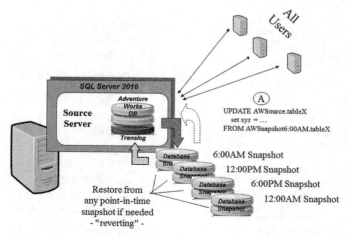

图 7.6　基本数据库快照配置：源数据库和一个或多个不同时间间隔的数据库快照

要还原到特定间隔的快照，只需使用 RESTORE DATABASE 命令和 FROM DATABASE_

SNAPSHOT 语句。这是一种完整的数据库恢复，不能局限于单个数据库对象。此外，在使用某个数据库快照还原数据库之前，必须删除所有其他数据库快照。

如图 7.6 所示，如果确切已知需要恢复的表单和数据行级的内容，则可以使用引用快照的非常具体的 SQL 语句。可以简单地通过 SQL 语句 [如 UPDATE SQL 语句 (标记为 A) 或 INSERT SQL 语句]，在一个快照中有选择地只应用于确定需要恢复（还原）的修复上。也就是说，不必从快照中恢复整个数据库。通过 SQL 语句可以只使用某些快照数据，并使混乱的数据行的值与快照中的原始值保持一致。这是数据行和数据列级的，在用于生产数据库之前，通常需要相当详细的分析。

另外，还可以使用快照来恢复意外删除的表单。虽然经过上一次快照已有少量数据丢失，但只需在表单删除之前的最近一个快照中执行简单的 INSERT INTO 语句。切记还需要考虑表单中的值。

7.3.2 在大规模更改之前保护数据库

有可能需要定期维护会导致大部分数据库进行某种类型海量更新的数据库表单。如果在这些类型的更改之前已进行了快速的数据库快照，那么当对海量更新结果不满意时，实际上已为快速恢复创建了一个良好的安全保障。图 7.7 展示了这种保护技术。

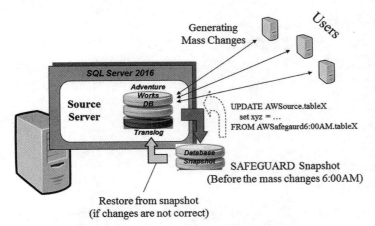

图 7.7　在计划对数据库进行海量更新之前创建一个数据库快照

如果对整个更新操作不满意，可对快照使用 RESTORE DATABASE 语句，并还原到该时间点；或者，如果对某些更新满意，而对其他更新不满意，则可使用 SQL UPDATE 语句来有选择地更新（还原）特定值返回到快照的原始值。

7.3.3 提供测试（或质量保证）起始点（基线）

在开发生命周期的测试和 QA 阶段，经常需要反复测试，包括逻辑测试或性能测试。为帮助测试和 QA，可在完整测试之前创建测试数据库的数据库快照（创建测试基准数据库快照），然后通过基准快照，瞬间将测试数据库还原到原始状态，这个过程可执行多次。图 7.8 表明了利用数据库快照可以很容易地创建一个测试参考点（或同步点）。

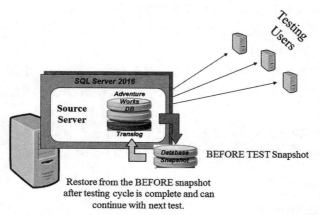

图 7.8　在执行测试之前建立基准测试数据库快照，并在结束后还原

然后，只需运行测试脚本或尽可能多地进行手动测试，迅速还原到该起始点。接下来可以再进行多次测试。

7.3.4　提供时间点报表数据库

如果真正需要的是一个可运行特殊或屏蔽报表的时间点报表数据库，通常数据库快照可比日志传送或数据复制更好地服务。确定何时可以使用该数据库快照的技术，关键是看从数据库服务实例上加载的报表是否轻松地支持报表工作负载，以及该数据库的更新事务是否受到每个事务的数据库快照开销的不利影响。图 7.9 显示了用于报表的一个或多个数据库快照的典型数据库快照配置。

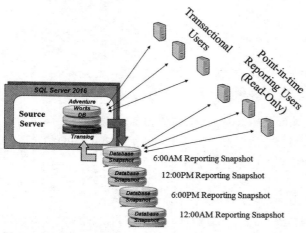

图 7.9　通过数据库快照得到的时间点报表数据库

切记这是源数据库的时间点快照。需要创建一个新快照的频率取决于所需报表的数据延迟（即这些报表中数据的陈旧程度）。

7.3.5 从镜像数据库提供高可用性和卸载报表数据库

如果使用数据库镜像来提高可用性，也可以针对该镜像数据库创建数据库快照，并将快照提供给报表用户。即使镜像数据库不能用于任何访问（处于恒定还原模式），但 SQL Server 也允许对其创建快照（如图 7.10 所示）。这是一种功能强大的配置，原因在于针对镜像的数据库快照不会影响主服务器的负载，从而保证主服务器的高性能。另外，在数据库快照与镜像服务器隔离时，报表用户的性能也更加可预测，因为其不会与事务用户争夺主服务器上的资源（将在本章后面章节中介绍数据库镜像以及如何使用数据库快照来配置数据库镜像）。唯一的难题出现在主服务器故障转移到镜像数据库时，此时会有使用同一数据库服务器实例的事务用户和报表用户，且性能均会受到影响。

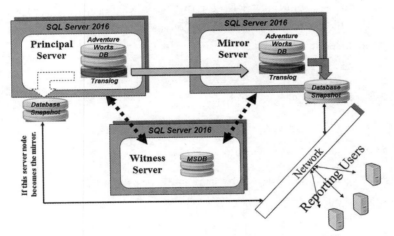

图 7.10 创建一个在镜像服务器上用于报表的数据库快照，以卸载对主服务器的报表影响

这种情况的一种可行解决方案是，如果该镜像服务器成为主服务器且在原主服务器上创建一个新的快照（现在是镜像服务器），则自动（或手动）删除镜像服务器上的数据库快照，然后只需将所有报表用户指向这个新的数据库快照。在应用服务器层可以很容易地处理这项任务。上述解决方案实际上是一种对等的主/镜像报表配置方法，总是试图获取用于镜像服务器报表的数据库快照，永远不希望同时具有主服务器和镜像服务器上的活动数据库快照。这对于两个服务器来说开销太大。为此只需将数据库快照置于镜像服务器上（本章随后将对数据库镜像进行详细的讨论）。

7.4 设置和撤销数据库快照

或许你会惊讶于竟可以如此轻松地设置数据库快照。这种简单性有一部分是源于数据库快照的级别：是在数据库级，而不是表单级。设置数据库快照只需运行一个带有 AS SNAPSHOT OF 语句的 CREATE DATABASE。不能从 SQL Server Management Studio 或相关的其他任何 GUI 或向导来创建数据库快照，必须使用 SQL 脚本来完成所有操作。本章的所有 SQL 脚本都可从本书的配套网站下载（www.informit.com/title/9780672337765）。此外，所有示例都是采用微软 AdventureWorks 数据库（转换为 SQL Server 2016）。名为 DBSnapshotSQL2016.sql 的脚本文件还包含了各种其他有用的 SQL 语句，以有助于更好地管理数据库快照环境。

7.4.1 创建一个数据库快照

在创建数据库快照之前，必须首先解决的一个问题是在分配源数据库的数据部分中是否具有多个物理文件，所有这些引用文件都必须在快照中说明。在此，可以源数据库名称为参数来执行系统存储过程 sp_helpdb，如下所示：

```
EXEC SP_HELPDB AdventureWorks
Go
```

该数据库的文件分配详细过程如下：

```
Name                    FileID      File Name
AdventureWorks_Data   1         C:\Server\
            MSSQL13.SQL1016DXD01\DATA\AdventureWorks_Data.mdf
AdventureWorks_Log    2         C:\Server\
            MSSQL13.SQL2016DXD01\MSSQL\DATA\AdventureWorks_Log.ldf
```

在此，只需考虑用于快照的数据库的数据部分：

```
CREATE DATABASE SNAP_AdventureWorks_6AM
ON
 ( NAME = AdventureWorks_Data,
   FILENAME= 'C:\Server\ MSSQL13.SQL2016DXD01\MSSQL\DATA\SNAP_AW_data_6AM.snap'
AS SNAPSHOT OF AdventureWorks
go
```

创建数据库快照确实很容易。现在通过一个简单示例来阐述如何在 AdventureWorks 源数据库上创建一组表示每隔 6 小时的 4 个数据库快照（如图 7.6 所示）。以下是在 12:00 运行的一个快照：

```
CREATE DATABASE SNAP_AdventureWorks_12PM
ON
 ( NAME = AdventureWorks_Data,
   FILENAME= 'C:\Server\ MSSQL13.SQL2016DXD01\MSSQL\DATA\SNAP_AW_data_12PM.snap')
AS SNAPSHOT OF AdventureWorks
go
```

这些快照在相同的时间间隔内生成，可用于报表或还原。

> **提示**
>
> 本书为快照和快照文件本身采用了以数据库名称命名的简单约定。数据库快照名称以SNAP开始，然后是源数据库名称，最后是对该快照表征的限定说明，上述各项之间都是用下划线分隔。例如，一个表示AdventureWorks数据库上午6:00的数据库快照可命名为：
> ```
> SNAP_AdventureWorks_6AM
> ```
> 快照文件命名约定类似。首先是SNAP开始，然后是快照所指向的数据库名称（本例中为AdventureWorks），接下来是数据部分（如data或data1），这是一个表示快照表征的短标识（如6AM），最后是文件扩展名.snap，以区别于.mdf和.ldf文件。例如，上述数据库快照的快照文件名如下所示：
> ```
> SNAP_AdventureWorks_data_6AM.snap
> ```

本例使用 AdventureWorks 数据库。AdventureWorks 目前仅用于为数据部分进行单个数据文件分配。下面是创建第一个反映上午 6:00 的快照的步骤。

（1）创建源数据库 AdventureWorks 的快照。

```
Use [master]
go
CREATE DATABASE SNAP_AdventureWorks_6AM
ON ( NAME = AdventureWorks_Data, FILENAME= 'C:\Program Files\
    Microsoft SQL Server\ MSSQL13.SQL2016DXD01\MSSQL\DATA\
    SNAP_AdventureWorks_data_6AM.snap')
AS SNAPSHOT OF AdventureWorks
Go
```

（2）在 SQL Server 实例视图下通过 SQL 查询 sys.databses 系统目录来观察这一新建的快照。

```
Use [master]
go
SELECT name,
       database_id,
       source_database_id, -- source DB of the snapshot
       create_date,
       snapshot_isolation_state_desc
FROM sys.databases
Go
```

显示了现有的源数据库和新创建的数据库快照：

```
name                    database_id  source_database_id  create_date              snapshot_
                                                                                  isolation_state_desc
----------------------------------------------------------------------------------------------------
AdventureWorks          5            NULL                2016-05-21 23:37:02.763
                                                                                  OFF
SNAP_AdventureWorks_6AM 6            5                   2016-05-22 06:18:36.597
                                                                                  ON
```

注意，新创建数据库快照的 source_database_id 包含了源数据库的数据库 ID。

（3）通过查询 sys.master_files 系统目录观察为稀疏文件（数据库快照）新创建的物理文件。

```sql
SELECT database_id, file_id, name, physical_name
FROM sys.master_files
WHERE Name = 'AdventureWorks_data'
and is_sparse = 1
go
```

注意，本例只考虑新创建数据库快照为稀疏文件的情况（即满足 is_spares=1）。查询结果如下：

```
database_id file_id    name                 physical_name
----------- ---------- -------------------- -------------------------------------
6           1          AdventureWorks_Data  C:\Prog...\DATA\
                                            SNAP_AdventureWorks_data_6AM.snap
```

（4）为观察快照稀疏文件所占用（增长）的字节数，可以采用 fn_virtualfilestats 和 sys.master_files 对系统目录视图/表执行一系列 SQL 语句。然而，下面的快速而不完善的存储过程可更容易实现上述任务。只需在 SQL Server 实例（在主数据库）上创建该存储过程，即可观察服务器上任何数据库快照稀疏文件的大小（在下载的本章 SQL 脚本文件中也提供）。

```sql
CREATE PROCEDURE SNAP_SIZE_UNLEASHED2016
        @DBDATA varchar(255) = NULL
AS
if @DBDATA is not null
   BEGIN
      SELECT B.name as 'Sparse files for Database Name',
             A.DbId, A.FileId, BytesOnDisk     FROM fn_virtualfilestats
  (NULL, NULL) A,
           sys.master_files B
      WHERE A.DbID = B.database_id
         and A.FileID = B.file_id
         and B.is_sparse = 1
         and B.name = @DBDATA
   END
ELSE
   BEGIN
      SELECT B.name as 'Sparse files for Database Name',
             A.DbId, A.FileId, BytesOnDisk
      FROM fn_virtualfilestats (NULL, NULL) A,
           sys.master_files B
      WHERE A.DbID = B.database_id
         and A.FileID = B.file_id
         and B.is_sparse = 1
   END
Go
```

在创建 SNAP_SIZE_UNLEASHED2016 存储过程中，可使用或不用已创建快照的数据库中数据部分的名称来运行。如果未提供数据部分名称，则会观察到 SQL Server 实例上的所有稀疏文件及其大小。下面的示例阐述了如何执行该存储过程来观察 AdventureWorks 中数据部分的稀疏文件当前大小。

```
EXEC SNAP_SIZE_UNLEASHED2016 'AdventureWorks_Data'
Go
```

由此可得磁盘上稀疏文件的具体字节数：

```
Sparse files for Database Name   DbId   FileId   BytesOnDisk
------------------------------------------------------------
AdventureWorks_Data                6      1      3801088
```

目前，稀疏文件非常小（3.8MB），这是因为其刚刚创建。源数据页几乎没有任何变化，因此现在基本上是空的。随着源数据库中的数据更新以及数据页复制到稀疏文件（通过即写即拷机制），文件开始逐渐增大。在此可使用 SNAP_SIZE_UNLEASHED2016 存储过程来时刻观察稀疏文件的大小。这样数据库快照就准备好了。

（5）使用下列 SQL 语句可从新创建的数据库快照中选择对信用卡表单进行特定时间点查询的数据行。

```
Use [SNAP_AdventureWorks_6AM]
go
SELECT [CreditCardID]
      ,[CardType]
      ,[CardNumber]
      ,[ExpMonth]
      ,[ExpYear]
      ,[ModifiedDate]
  FROM [SNAP_AdventureWorks_6AM].[Sales].[CreditCard]
WHERE CreditCardID = 1
go
```

该语句可得到数据库快照中正确时间点的结果数据行：

```
CreditCardID   CardType      CardNumber        ExpMonth  ExpYear
                                                         ModifiedDate
-----------------------------------------------------------------
1              SuperiorCard  33332664695310    11        2006
                                                         2013-12-03 00:00:39.560
```

通过打开 SQL Server Management Studio 可以观察结果。图 7.11 显示了数据库快照 SNAP_AdventureWorks_6A 及源数据库 AdventrueWorks；另外，还显示了对数据库对象属性的系统查询结果。

至此，数据库快照已正常运行。

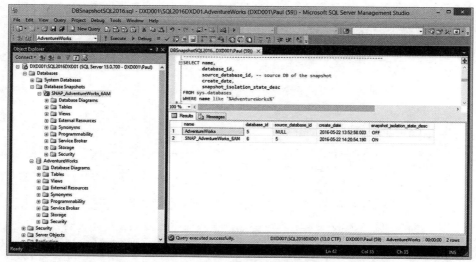

图 7.11　SSMS 快照数据库分支，系统查询结果和快照隔离状态（ON）

7.4.2　撤销一个数据库快照

如果要删除快照或用更新的快照来覆盖当前快照，只需使用 DROP DATABASE 命令，然后再次创建。DROP DATABASE 命令可立即删除数据库快照以及与快照相关联的分配的所有稀疏文件，使用起来简单方便。以下是删除刚刚创建的数据库快照的示例：

```
Use [master]
go
DROP DATABASE SNAP_AdventureWorks_6AM
go
```

也可通过右击数据库快照并选择 Delete 选项，从 SQL Server Management Studio 中删除数据库快照。但是最好利用脚本来完成上述操作，这样就可以准确地重复执行同样操作。

7.5　用于恢复的数据库快照还原

如果已为源数据库定义了数据库快照，则可以使用该快照将源数据库还原到快照所处的时间点。也就是说，可以有意地利用该数据库的时间点表示（在创建快照时所得到的）来覆盖源数据库。值得注意的是，这样将丢失从该时间点时刻发生的所有数据更改和源数据库的当前状态。然而，这可能正是我们所需要的。

7.5.1　通过数据库快照还原源数据库

还原只是一个逻辑术语，是指使用带有 FROM DATABASE_SNAPSHOT 语句的 DATABASE RESTORE 命令。可有效地实现将时间点数据库快照变为源数据库。在此条件下，其大部分是由系统目录的元数据级管理的。然而，结果是与数据库快照完全相同状态的源数据库。在将数据库快照作为数据库还原基础时，必须首先删除具有相同源数据库的所有其他数据库快照。同样，为了查看特定数据库定义的数据库快照，可执行以下查询操作：

```
Use [master]
go
SELECT name,
       database_id,
       source_database_id, — source DB of the snapshot
       create_date,
       snapshot_isolation_state_desc
FROM sys.databases
Go
```

该查询显示了现有的源数据库和新创建的数据库快照，具体如下：

```
name                       database_id  source_database_id  create_date              snapshot_isolation_
                                                                                     state_desc
-------------------------------------------------------------------------------------------------------
AdventureWorks             5            NULL                2016-02-17 23:37:02.763
                                                                                     OFF
SNAP_AdventureWorks_6AM    9            5                   2016-12-05 06:00:36.597
                                                                                     ON
SNAP_AdventureWorks_12PM   10           5                   2016-12-05 12:00:36.227
                                                                                     ON
```

在本例中，AdventureWorks 数据库有两个快照。必须首先删除在还原时不希望使用的快照，然后通过希望使用的另一个快照来继续还原源数据库。具体步骤如下：

（1）删除不希望使用的快照。

```
Use [master]
go
DROP DATABASE SNAP_AdventureWorks_12PM
go
```

（2）对另一个快照执行 RESTORE DATABASE 命令。

```
USE [master]
go
RESTORE DATABASE AdventureWorks FROM DATABASE_SNAPSHOT =
'SNAP_AdventureWorks_6AM'
go
```

在完成上述过程时，源数据库和快照本质上都是同一时间点的数据库。但注意，随着继续更新，源数据库将很快变得不同。

7.5.2　利用数据库快照进行测试和 QA

由于易于创建和还原，因此广泛利用数据库快照还原到数据库的"黄金"副本。测试和 QA 团队通常利用这一功能，并直接影响一个公司的测试速度。随着测试及 QA 环境的频率和稳定性不断提高，应保证实现应用质量的改进和完善。具体步骤如下：

（1）在测试之前创建数据库黄金快照。

```
Use [master]
go
CREATE DATABASE SNAP_AdventureWorks_GOLDEN
ON ( NAME = AdventureWorks_Data, FILENAME= 'C:\Program Files\
    Microsoft SQL Server\ MSSQL13.SQL2016DXD01\MSSQL\DATA\
            SNAP_AdventureWorks_data_GOLDEN.snap')
AS SNAPSHOT OF AdventureWorks
Go
```

（2）对核心内容进行测试和 QA。

（3）在完成测试后还原到黄金副本，以便重复上述过程，执行回归测试，完成压力测试，启动性能测试，或实现进一步应用测试。

```
USE [master]
go
RESTORE DATABASE AdventureWorks
FROM DATABASE_SNAPSHOT = 'SNAP_AdventureWorks_GOLDEN'
go
```

7.5.3 数据库快照的安全保障

缺省情况下，可在数据库快照中得到在源数据库中创建的安全角色和定义，除了用于更新数据或对象的源数据库中的角色或个人权限，称为"从源数据库继承"。在数据库快照中没有更新权限。数据库快照只是一个只读数据库。如果希望在数据库快照中具有特殊角色或限制，则需要在源数据库中进行定义，然后可立即得到。只从一个地方进行管理即可万事大吉。

7.5.4 快照的稀疏文件大小管理

在管理数据库快照时需要处理的最关键方面是稀疏文件大小。必须密切关注所创建的任何（所有）数据库快照的稀疏文件不断增大的规模。如果由于没有管理好文件大小而导致快照占据所有存储空间，则毫无疑问将无法使用。避免这种情况的唯一途径是删除快照并重新创建。以下是针对稀疏文件所需考虑的一些问题：

- 定期监视稀疏文件。利用 SNAP_SIZE_UNLEASHED2016 等存储过程来完成该任务。
- 密切关注源数据库的波动。将变化率直接转化为稀疏文件的大小及其增长速度。一般经验是将数据库快照的删除和重建频率对应于稀疏文件约为源数据库大小 30% 的时刻。数据延迟用户需求可能会被要求删除/重建速率更高。
- 将稀疏文件与源数据库数据文件相隔离。并不是要与磁盘臂运动一致，而是总是尽可能与磁盘 I/O 并行。

7.5.5 每个源数据库的数据库快照个数

通常，在数据库中定义的数据库快照不宜过多，因为每个快照都需要即写即拷的开销。然而，这也取决于源数据库的波动性和服务器的容量。如果波动性较低，且服务器没有使用大量 CPU、内存和磁盘容量，则该数据库可以更容易地同时支持许多独立的数据库快照；如果波动性较高，且 CPU、内存和磁盘容量都已饱和，则应大大减少数据库快照的数量。

7.5.6 为实现高可用性添加数据库镜像

尽管数据库镜像多年来一直是 SQL Server 的一个重要补充，但还是将在 SQL Server 2016 以后的版本中弃用。值得注意的是，构成数据库镜像的核心技术现都已用于实现 AlwaysOn 可用性组的功能。同时，使用数据库镜像仍是实现高可用性和分布式工作负载的关键第一步，并至少还会持续几年。另外，还需要注意的是，数据库镜像几乎没有什么配置限制，而 AlwaysOn 可用性组要求最小操作系统和 SQL Server 版本限制。这意味着即使是最小规模的公司，也有机会实现近乎实时的数据库故障转移，而无需复杂配置所需的昂贵硬件。通过数据库镜像，可以使用所有常规的、低成本的机器来建立一个几乎实时的数据库故障转移环境，而无需任何复杂的硬件兼容性要求，且数据库镜像可在 3 秒内完成故障转移。数据库镜像能够以极低成本有效实现高达近 99.9% 的数据库级可用性，且易于配置和管理。

> **提示**
> 数据库镜像不能在配置为文件流存储的数据库中实现。

7.6 数据库镜像的含义

在镜像一个数据库时，实质上是要创建和维护一个尽可能达到次级完备性的完整数据库副本，即获得一个镜像副本。数据库镜像是数据库级的特性，这意味着不支持过滤裁剪或任何形式的分区。要不镜像一个完整的数据库，要不没有任何数据。这种限制条件实际上是保证实现数据库镜像的简单性和纯净性。当然也存在一些缺点，例如会占用大量磁盘存储空间，但所得到的回报完全值得存储成本。

数据库镜像是通过主数据库（需要镜像的数据库）的事务日志实现的，只能镜像具有完整数据库恢复模型的数据库，不可能直接将事务日志转发到另一个服务器。通过即写即拷技术，主服务器数据库的数据更改（体现在活动事务日志中）首先被"复制"到目标服务器，然后将其"写入"（即应用或还原）到目标数据库服务器（镜像服务器）的事务日志中，这就是称为"即写即拷"的原因。

数据库镜像与数据复制有着很大区别。在复制时,数据库的更改是逻辑级的(INSERT、UPDATE 和 DELETE 语句,执行存储过程等),而数据库镜像是使用主数据库服务器端和镜像数据库服务器端的实际物理日志项。主数据库事务日志中的物理"活动"日志实际上复制并直接写入镜像数据库的事务日志中。这些物理日志记录级的事务可迅速应用。当这些物理日志记录应用到镜像数据库时,即使是数据缓存也能反映日志记录的具体应用。这就会使得整个数据库和数据缓存都能够被主服务器快速接管。此外,日志记录在传输前会在主服务器端进行压缩,以允许每次传输中有更多的记录发送到镜像服务器,从而大大加快整个拓扑的速度。图 7.12 实现了一个包含三个组件的典型数据库镜像配置。

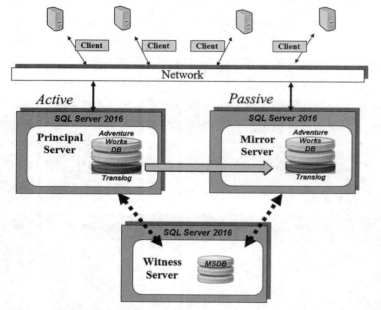

图 7.12 具有主服务器、镜像服务器和见证服务器的一个基本的数据库镜像配置

- 主数据库服务器。这是镜像内容的源。可以将单个 SQL Server 实例上的一个或多个数据库镜像到另一个 SQL Server 实例,但不能将一个 SQL Server 实例上的数据库镜像到其自身(即同一 SQL Server 实例)。注意,是完全镜像一个数据库,而不是镜像数据库的子集或单个表单。即要不全部,要不完全没有。主服务器是配置中的"主动"服务器。
- 镜像数据库服务器。镜像服务器是主数据库服务器的镜像接收器。该镜像数据库处于热备份模式,不能以任何方式直接使用。镜像服务器是配置中的"被动"服务器。事实上,在配置数据库镜像后,显示该数据库的状态处于连续"还原"模式。原因在于物理事务记录是不断地应用于镜像数据库的。镜像数据库实质上是一个热备份数据库,不适用于任何类型的直接数据库使用,在主服务器发生故障的情况下才能使用,且不能有任何形式的污染，即必须是主数据库的精确镜像。非应用场景的一个例外是从镜像数据库创建数据库快照（将在本章的后面章节详细介绍这一强大功能）。

- 见证服务器。当希望不断检查主数据库服务器是否发生故障以及决定是否需要将故障转移到镜像数据库服务器时，可使用可选的见证数据库服务器。使用见证服务器是配置数据库镜像的一种合理方法。如果没有确定一个见证服务器，则需要依靠主服务器和镜像服务器来决定是否进行故障转移。在见证服务器中，可形成仲裁（即三个服务器中的两个），并根据仲裁作出故障转移的决策。一种典型情况是主服务器因某种原因而发生故障，见证服务器观察到该故障，同时镜像服务器也观察到了，然后两个服务器一致认为主服务器丢失，而必须由镜像服务器接管主服务器的角色。如果见证服务器仍认为主服务器运行正常，但镜像服务器和主服务器之间的通信丢失，则见证服务器不同意将故障转移到镜像服务器（尽管由于无法与主服务器进行通信，镜像服务器认为必须进行故障转移）。见证服务器通常位于独立的物理服务器上。

> **提示**
>
> 数据库镜像不能用于任何 SQL Server 的内部数据库——tempdb、masterdb或modeldb。在SQL Server标准版、开发版和企业版中都完全支持数据库镜像，但在SQL Server Express版中不支持。但运行SQL Server Express版的机器可用作见证服务器。

7.6.1 何时使用数据库镜像

正如本章前面所述，数据库镜像可将基于 SQL Server 的一个应用的可用性提升到非常高的级别，而无需任何特殊硬件和额外的管理人员技能。但是，何时使用数据库镜像则取决于实际需求。

基本上，如果需要提高数据库层的可用性，并具有自动数据保护功能（即数据的冗余存储），或减少因升级而需要的停机时间，则可以使用数据库镜像。数据库镜像的一个广泛应用场景是需要卸载易于满足定期数据库快照的报表时，可极大地减轻同时用于报表的事务服务器的负担。

7.6.2 数据库镜像配置的角色

如你所见，典型的数据库镜像配置包括主服务器、镜像服务器和见证服务器。每一个服务器都在某一点上发挥作用。主服务器和镜像服务器经常切换角色，因此充分理解这些角色的作用以及服务器充当特定角色的时刻非常重要。

7.6.3 角色扮演和角色切换

角色对应于服务器在某一特定时间点所做的工作。通常可能会有三种角色：

- 见证角色。如果服务器是见证角色，则本质上是站在数据库镜像配置双方的立场上，并解决所有分歧。该角色与其他任何一个服务器共同形成一个仲裁器以形成决策，用于确定是否进行故障转移。如前所述，见证服务器可以是任何版本的 SQL Server（甚至是免费版本的 SQL Server Express）。

- 主要角色。如果一个服务器扮演主要角色，则是应用所要连接的服务器，并生成事务。数据库镜像中的一方必须作为主要角色启动。发生故障后，镜像服务器接管主要角色，并发生角色反转。
- 镜像角色。如果服务器是镜像角色，则表明该服务器是事务写入的服务器。该角色处于一种恒定的恢复状态（即数据库状态需要能够接受物理日志记录）。数据库镜像配置中的一方必须以镜像角色启动。如果发生故障，镜像服务器将变为主要角色。

7.6.4 数据库镜像工作模式

在数据库镜像中，可以选择三种操作模式：高安全性的自动故障转移模式（具有见证服务器的高可用性）、高安全性的非自动故障转移模式（无见证服务器的高保障性）和高性能模式。每种模式都有不同的故障保护特性，且数据库镜像配置的使用略有不同。正如所预见的，高性能模式下保护性能最低，必须以一定的性能保护为代价。

数据库镜像可运行于异步或同步模式：

- 同步操作。在同步操作下，在数据库镜像双方同时提交一个事务（即写入）。这显然会对一个完整事务增加一些延迟，因为同时针对两个服务器。高安全模式通常采用同步操作。
- 异步操作。在异步操作下，事务提交无需等待镜像服务器将日志写入磁盘，可显著提升性能。高性能模式通常采用异步操作。

选择异步还是同步操作取决于事务安全设置。可在使用 Transact-SQL（T-SQL）命令配置时通过 SAFETY 选项来控制该设置，缺省的 SAFETY 为 FULL（提供同步操作）；若设置为 OFF，则为异步操作。如果使用数据库镜像向导，则可自动设置该选项。

在这三种模式中，只有高安全性的自动故障转移模式（高可用性模式）需要见证服务器。如果在配置中没有第三台服务器，则只能选择其他两种模式。注意，见证服务器是同时观察主服务器和镜像服务器，并用于自动故障转移（在仲裁器中）。

角色变换是将主服务器角色转换为镜像服务器的行为，镜像服务器充当主服务器的故障转移对象。在发生故障时，主要角色切换到镜像服务器，并将其数据库作为主数据库联机。

故障转移的形式有以下几种：

- 自动故障转移。在包含主服务器、镜像服务器和见证服务器的三服务器配置中才能启用自动故障转移。需要执行同步操作，且镜像数据库必须同步（即在写入主数据库时与事务同步）。此时自动完成角色切换。可用于高可用性模式。
- 手动故障转移。在无见证服务器且采用同步操作时需手动故障转移。主服务器和镜像服务器相连，且镜像数据库同步。此时手动完成角色切换。用于高安全性的非自动故障转移模式（高保护性模式）。此时决定将镜像服务器作为主服务器使用（无数据丢失）。
- 强迫服务。自镜像服务器可用但不能同步的情况下，当主服务器发生故障时，可强迫镜像服务器接管。这意味着可能存在数据丢失，因为事务不同步。可用于高安全性的非自动故障转移模式（高保护性模式）或高性能模式。

7.7 设置和配置数据库镜像

微软在数据库镜像中采用了一些独特的概念和技术，包括已经了解的即写即拷技术。另外，微软还采用了端点技术，并在数据库镜像配置中将这项技术赋予每台服务器。此外，建立与每台服务器的连接控制非常严格，且需要服务账户或集成身份验证（域级）。在 SQL Server 中，必须对执行数据库镜像的账户授权。

通过 T-SQL 脚本（或使用 SSMS 中的数据库镜像向导）可完全设置数据库镜像。在此建议采用可重复的方式，如 SQL 脚本，通过向导可轻松生成 SQL 脚本。需要在半夜重建或管理数据库镜像配置并不是一件有趣的事情。在脚本中实现整个过程可以避免几乎所有可能出现的错误。

7.7.1 准备镜像数据库

在开始设置和配置数据库镜像环境之前，最好建立一个有关需要验证的基本需求的简单列表，以便可以正确镜像数据库：

（1）确认所有服务器实例都在同一服务包级别。此外，SQL Server 版本必须支持数据库镜像。

（2）确定镜像服务器上的可用磁盘空间与主服务器上的相同或更多。还需要保证两种服务器上的增长磁盘空间相同。

（3）验证每台服务器是否与其他服务器相连。通过在 SSMS 中注册每个 SQL Server 实例可以很容易地实现。如果可以注册服务器，则该服务器可用于数据库镜像。对主服务器、镜像服务器和见证服务器都执行上述操作。

（4）验证需要镜像的主服务器数据库是否使用完整的数据库恢复模型。由于数据库镜像是基于事务日志的，因此必须使用完整的数据库恢复模型；所有事务都写入事务日志，并且与其他数据库恢复模型一样不会被截断。

在进行下一步之前，必须为作为数据库镜像配置的一部分的每台服务器建立端点。虽然可以使用向导中的配置安全选项来实现，但使用 SQL 脚本是实践中的最佳方法。读者很快就会发现使用 SQL 脚本的方法非常简单。

端点利用 TCP/IP 来寻址和侦听服务器之间所有通信的端口。在服务器中，端点被赋予一个便于引用的特定名称(即端点名称)，并建立该服务器(端点)可能扮演的角色。此外，还需要一个 GRANT 连接以允许从一台服务器访问另一台服务器，并且应为此使用一个服务账户。这个服务账户通常是一个域已知的特定登录名，并用于数据库镜像拓扑中的所有连接。图 7.13 显示了名为 SQL2016DXD01 的 SQL Server 实例上 AdventureWorks 数据库的镜像数据库属性。由图可知，没有为任何类型的数据库镜像设置服务器网络地址，且镜像状态为"此数据库尚未镜像配置"。

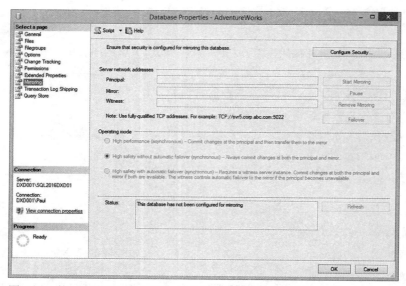

图 7.13 数据库镜像属性页面：镜像网络寻址和镜像状态

接下来，讨论如何使用主服务器、镜像服务器和见证服务器的自动故障转移模式（高可用性模式）的数据库镜像来设置高安全性。为此，可以镜像微软为 SQL Server 提供的旧的可靠 AdventureWorks 数据库（不包含文件流文件的 OLTP 版本）。

图 7.14 给出了待设置的数据库镜像配置。

在本例中，初始主服务器是名为 SQL2016DXD01 的 SQL Server 实例，初始镜像服务器是名为 SQL2016DXD02 的 SQL Server 实例，见证服务器是名为 SQL2016DXD03 的 SQL Server 实例。

需要在上述每个 SQL Server 实例上建立一个名为 EndPoint4DBMirroring9XXX 本地端点，并确定用于所有数据库镜像通信的 TCP 侦听端口。另外，通常会将端口号作为端点名称的一部分，如将侦听端口 51430 的端点命名为 EndPoint4DBMirroring51430。在该配置中，主服务器侦听端口为 51430，镜像服务器侦听端口为 51440，而见证服务器侦听端口为 51450。这些端口号在一台服务器中必须是唯一的，且网络中的机器名和端口组合也必须唯一。服务器和侦听端口的一个完全合格的网络地址名称示例是 TCP://DXD001.ADS.DXD.COM:51430，其中 DXD001.ADS.DXD.COM 是域内的机器名称，而 51430 是端点创建的侦听端口。

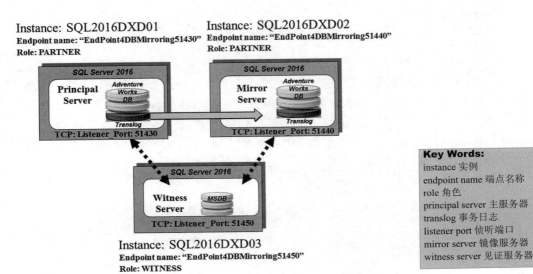

图 7.14　包含 AdventureWorks 数据库的高可用性数据库镜像配置

另外，还需要指定每台服务器的初始角色。在本例中，SQL2016DXD01 实例可作为任何角色（即镜像服务器和/或主服务器），SQL2016DXD02 实例也可作为任何角色，而 SQL2016DXD03 实例只能作为见证角色。

本书中包含三个 SQL 脚本模板（在本书配套网站上 www.informit.com/title/9780672337765），其中有创建端点的工作示例、端点登录的授权连接权限、验证所创建的端点、更改端点、备份和恢复数据库以及备份和恢复事务日志。

首先观察 2016 Create EndPoint Partner1.SQL、2016 Create EndPoint Partner2.SQL 和 2016 Create EndPoint Witness.SQL。如果不使用配置安全向导，则可以利用这些模板来启动安装过程。

在验证完计划镜像拓扑的所有方面之后，即可配置完整的数据库镜像。

7.7.2　创建端点

数据库镜像配置中的每个 Server 实例都必须定义一个端点，以便其他服务器能与之通信，类似于与朋友的私有电话线。在本例中，可以使用所提供的脚本，而不是配置安全向导。第一个端点脚本在 2016 Create EndPoint Partner1.SQL 文件中。

在 SSMS 中，需要通过选择 File → New 命令和在 New Query 对话框中选择 Query with Current Connection 来打开一个连接主数据库的新查询连接。然后打开第一个端点的 SQL 文件。

下面的 CREATE ENDPOINT（T-SQL 脚本）可创建名为 EndPoint4DBMirroring51430 的端点，listener_port 值为 51430，数据库镜像角色为伙伴：

```
-- create endpoint for principal server --
CREATE ENDPOINT [EndPoint4DBMirroring51430]
    STATE=STARTED
    AS TCP (LISTENER_PORT = 51430, LISTENER_IP = ALL)
    FOR DATA_MIRRORING (ROLE = PARTNER, AUTHENTICATION = WINDOWS NEGOTIATE
, ENCRYPTION = REQUIRED ALGORITHM RC4)
```

运行 T-SQL 之后，运行下面的 SELECT 语句来验证端点是否已正确创建：

```
select name,type_desc,port,ip_address from sys.tcp_endpoints;
select name,role_desc,state_desc from sys.database_mirroring_endpoints;
```

如果还要查看主服务器（本例中为 SQL2016DXD01）上 AdventureWorks 数据库的数据库属性，在查看数据库镜像属性页面时，会自动出现主服务器的服务器网络地址（见图 7.15）。

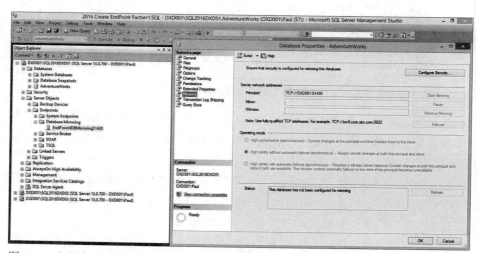

图 7.15　主服务器上侦听端口为 51430 的 AdventureWorks 数据库的镜像页

从 SQL 示例脚本 2016 Create EndPoint Partner2.SQL 和 2016 Create EndPoint Witness.SQL 开始，需要通过打开一个与每台服务器连接的查询并执行以下 CREATE ENDPOINT 命令来重复镜像服务器（使用 listener_port 值 51440）和见证服务器（使用 listener_port 值 51450）的端点创建过程：

```
-- create endpoint for mirror server --
CREATE ENDPOINT [EndPoint4DBMirroring51440]
    STATE=STARTED
    AS TCP (LISTENER_PORT = 51440, LISTENER_IP = ALL)
    FOR DATA_MIRRORING (ROLE = PARTNER, AUTHENTICATION = WINDOWS NEGOTIATE
, ENCRYPTION = REQUIRED ALGORITHM RC4)
```

对于见证服务器（注意现在是见证角色），执行以下操作：

```
-- create endpoint for witness server --
CREATE ENDPOINT [EndPoint4DBMirroring51450]
    STATE=STARTED
    AS TCP (LISTENER_PORT = 51450, LISTENER_IP = ALL)
    FOR DATA_MIRRORING (ROLE = WITNESS, AUTHENTICATION = WINDOWS NEGOTIATE
, ENCRYPTION = REQUIRED ALGORITHM RC4)
```

7.7.3　授权权限

在创建所定义端点登录账户权限的 CREATE ENDPOINT 命令中，可能会有 AUTHORIZATION[login] 语句。然而，将其分割为一个 GRANT 是着重强调了允许连接权限的作用。在每次 SQL 查询连接中，可以执行 GRANT 来允许在数据库镜像上 ENDPOINT 连接的特定登录账户。如果没有特定的登录账户，则将其设置为缺省值 [NTAUTHORITY\SYSTEM]。

在主服务器实例（SQL2016DXD01）上，执行以下 GRANT（用数据库镜像所用的特定登录账户代替 [NT AUTHORITY\SYSTEM]）：

```
GRANT CONNECT ON ENDPOINT::EndPoint4DBMirroring51430 TO [NT AUTHORITY\SYSTEM];
```

然后，在镜像服务器实例（SQL2016DXD02）上，执行以下 GRANT：

```
GRANT CONNECT ON ENDPOINT:: EndPoint4DBMirroring51440 TO [NT AUTHORITY\SYSTEM];
```

最后，在见证服务器实例（SQL2016DXD03）上，执行以下 GRANT：

```
GRANT CONNECT ON ENDPOINT:: EndPoint4DBMirroring51450 TO [NT AUTHORITY\SYSTEM];
```

7.7.4　在镜像服务器上创建数据库

在配置端点并建立角色时，可以在镜像服务器上创建数据库，并在可以镜像的时间点得到。在此必须首先备份主数据库的副本（本例中为 AdventureWorks），该备份可用于在镜像服务器上创建数据库。在此可通过 SSMS 任务或 SQL 脚本完成上述操作。此时，采用易于重复应用的 SQL 脚本（DBBackupAW2016.sql）：

在主服务器上，完整备份过程如下：

```
BACKUP DATABASE [AdventureWorks]
    TO DISK = N'C:\Program Files\Microsoft SQL Server\MSSQL13.SQL2016DXD01\MSSQL\Backup\AdventureWorks4Mirror.bak'
    WITH FORMAT
GO
```

接下来，将该备份文件复制到镜像服务器可从网络上得到的位置。在完成这一操作后，可以执行以下数据库 RESTORE 命令，在镜像服务器上创建 AdventureWorks 数据库（使用 WITH NORECOVERY 选项）：

```
-- use this restore database(with NoRecovery option)
to create the mirrored version of this DB --
RESTORE FILELISTONLY
```

```
        FROM DISK = 'C:\Program Files\Microsoft SQL
Server\MSSQL13.SQL2016DXD01\MSSQL\Backup\AdventureWorks4Mirror.bak'
go
RESTORE DATABASE AdventureWorks
    FROM DISK = 'C:\Program Files\Microsoft SQL
            Server\MSSQL13.SQL2016DXD01\MSSQL\Backup\AdventureWorks4Mirror.bak'
    WITH NORECOVERY,
        MOVE 'AdventureWorks_Data' TO 'C:\Program Files\Microsoft SQL
            Server\MSSQL13.SQL2016DXD02\MSSQL\Data\AdventureWorks_Data.mdf',
        MOVE 'AdventureWorks_Log' TO 'C:\Program Files\Microsoft SQL
            Server\MSSQL13.SQL2016DXD02\MSSQL\Data\AdventureWorks_Log.ldf'
GO
```

由于不必在镜像服务器上具有相同的目录结构，因此可以使用 MOVE 选项作为将数据库文件置于期望位置的还原过程的一部分。

上述还原过程应产生类似如下结果：

```
Processed 24216 pages for database 'AdventureWorks', file 'AdventureWorks_Data' on
file 1.
Processed 3 pages for database 'AdventureWorks', file 'AdventureWorks_Log' on file 1.
RESTORE DATABASE successfully processed 24219 pages in 5.677 seconds (33.328 MB/sec).
```

现在必须对镜像数据库应用至少一个事务日志转储，使得镜像数据库与主数据库同步，并处于还原状态。在数据库的恢复点，可运行数据库镜像向导，并为实现高可用性开始镜像。

在主服务器上，将事务日志转储如下：

```
BACKUP LOG [AdventureWorks] TO
DISK = N'C:\Program Files\Microsoft SQL
Server\MSSQL13.SQL2016DXD01\MSSQL\Backup\AdventureWorks4MirrorLog.bak'
WITH FORMAT
Go
Processed 4 pages for database 'AdventureWorks', file 'AdventureWorks_Log'
on file 1.
BACKUP LOG successfully processed 4 pages in 0.063 seconds (0.496 MB/sec).
```

然后，将该备份移动到镜像服务器可以得到的位置。完成上述操作之后，可将日志还原到镜像数据库。在镜像服务器上，事务日志的恢复操作如下：

```
RESTORE LOG [AdventureWorks]
    FROM DISK = N'C:\Program Files\Microsoft SQL
        Server\MSSQL13.SQL2016DXD02\MSSQL\Backup\AdventureWorks4MirrorLog.bak'
    WITH FILE = 1, NORECOVERY
GO
```

> **提示**
>
> 在 WITH FILE=语句中，文件号必须与备份日志结果中的值相匹配（见上面代码中文件1的应用）。

日志还原过程应产生类似如下结果:

```
Processed 0 pages for database 'AdventureWorks', file 'AdventureWorks_Data' on file 1.
Processed 4 pages for database 'AdventureWorks', file 'AdventureWorks_Log' on file 1.
RESTORE LOG successfully processed 4 pages in 0.007 seconds (4.464 MB/sec).
```

> **提示**
>
> 可能需要更新 RESTORE LOG 命令中的 FILE=x,来对应日志备份过程中的给定文件值。

现在就可以在高可用模式下镜像数据库了。

7.7.5 确定数据库镜像的其他端点

要使拓扑中的节点能够互相查看,必须确定数据库镜像配置中与数据库相关的端点和侦听端口(主服务器和镜像服务器),这样也会激活数据库镜像。上述过程需要使用 ALTER DATABASE 命令中的 SET PARTNER 语句或 SET WITNESS 语句来更改数据库。数据库镜像向导也可以实现上述操作,但手动操作相对容易一些。

需要为服务器中的每个唯一端点确定唯一的端点侦听端口值。在本例中,端口值分别为 51430、51440 和 51450。

注意,在镜像服务器端创建 AdventureWorks 数据库之后(使用数据库和日志恢复),即可执行上述操作。在创建数据库后,可以在镜像服务器(本例中为 SQL2016DXD02)上执行以下 ALTER DATABASE 命令来确定镜像服务器所对应的主服务器:

```
-- From the Mirror Server Database: identify the principal server endpoint --
ALTER DATABASE AdventureWorks
    SET PARTNER = ' TCP://DXD001:51430'
GO
```

至此,已准备好执行最后一步:在主服务器上确定镜像服务器和见证服务器。完成该步骤后,数据库镜像拓扑尝试自我同步并开始数据库镜像。下列语句可确定主服务器数据库的镜像服务器端点和见证服务器端点:

```
-- From the Principal Server Database: identify the mirror server endpoint --
ALTER DATABASE AdventureWorks
    SET PARTNER = 'TCP://DXD001:51440'
GO
-- From the Principal Server Database: identify the witness server endpoint --
ALTER DATABASE AdventureWorks
   SET WITNESS = 'TCP://DXD001:51450'
GO
```

不必在见证服务器上更改任何数据库。

当成功完成上述过程后,即实现了镜像。实际上,该配置是自动故障转移模式。

如果出现问题或只是想重新开始,则可以很容易地删除或更改端点。若要删除现有端点,可使用 DROP ENDPOINT 命令。在本例中,通过下列命令可删除刚创建的端点:

```
-- To DROP an existing endpoint --
DROP ENDPOINT EndPoint4DBMirroring51430;
```

更改一个端点(如改变 listener_port 值)与删除一个端点一样容易。下面的示例展示了由于网络级冲突而如何将当前定义的端点改变为新的 listener_port 值 51435:

```
-- To ALTER an existing endpoint --
ALTER ENDPOINT EndPoint4DBMirroring51430
    STATE = STARTED
    AS TCP( LISTENER_PORT = 51435 )
    FOR DATABASE_MIRRORING (ROLE = PARTNER)
```

但是,由于在端点名称中使用了端口,所以最好将其删除并创建一个新的端点来符合命名约定。无论用哪种方式,都可以很容易地操纵这些端点以满足网络要求。

如图 7.16 所示,数据库是完全同步镜像的,且处于完全安全的高可用性模式。

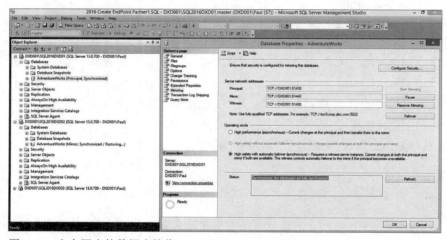

图 7.16　完全同步的数据库镜像

如果查看 SQL Server 日志文件(即当前日志),可看到表明数据库镜像激活的 SQL Server 日志项:

```
05/16/2016 23:42:06,spid31s,Unknown,Database mirroring is active
            with database 'AdventureWorks' as the principal copy.
05/16/2016 23:41:01,spid54,Unknown,Database mirroring has been enabled on
            this instance of SQL Server.
05/16/2016 23:03:01,spid54,Unknown,The Database Mirroring endpoint is now
            listening for connections.
05/16/2016 23:03:01,spid54,Unknown,Server is
            listening on [ 'any' <ipv4> 51430].
```

7.7.6　监视镜像数据库环境

激活镜像启动之后,可通过几种方式来监视整个镜像的拓扑结构。首先应在称为数据库镜像监视器的 SSMS 特性中注册待镜像的数据库。数据库镜像监视器允许监视各种镜像角色（即主服务器、镜像服务器和见证服务器），查看传输到镜像服务器的事务历史，观察事务流的状态和速度，并设置发生故障或其他问题时的响应阈值。此外，还可以管理用于镜像数据库拓扑的登录/服务账户。

图 7.17 展示了如何在 SSMS 中启动数据库镜像监视器：右击正在镜像的主数据库，选择 Tasks → Launch Database Mirroring Monitor 命令。

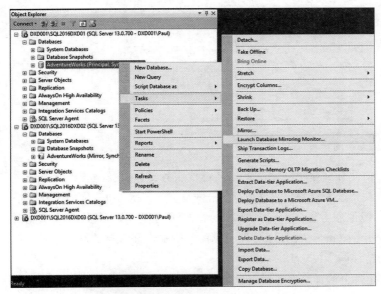

图 7.17　在 SSMS 中启动数据库镜像监视器

必须注册镜像数据库。为此，可以选择主服务器实例或镜像服务器实例，并选中数据库的 Register 复选框。数据库镜像监视器可注册数据库和两个服务器实例，如图 7.18 所示。

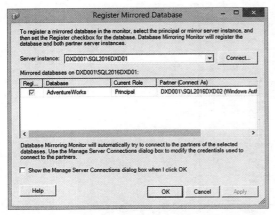

图 7.18　在数据库镜像监视器中注册镜像数据库

注册完数据库之后，在数据库镜像监视器中显示所有角色和见证服务器实例，如图7.19所示。

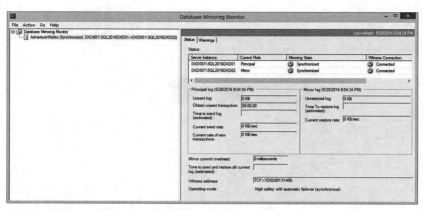

图7.19　注册数据库和每个镜像角色的状态

可以看到每台服务器都扮演什么角色（主服务器或镜像服务器）以及是否定义并与见证服务器连接。此外，还可观察未发送日志（大小）、未恢复日志（大小）、最早未发送事务的发生时刻、事务发送到镜像服务器实例的所需时间、发送速率（KB/s）、事务恢复的当前速率（KB/s）、镜像提交开销（ms）、见证服务器实例的侦听端口和镜像的操作模式（本例中是高安全性的自动故障转移同步模式）。

图7.20 显示了镜像流特定部分的详细事务历史记录（主要是从主服务器发送或还原到镜像的部分）。可以单击相应的角色来查看镜像复制和还原过程的所有事务历史详细信息。在本书配套网站（www.informit.com/9780672337765）上的 TRAFFIC_GENERATOR2016.sql 文件中包含了名为 TRAFFIC_GENERATOR2016 的存储过程，该过程将在 AdventureWorks 数据库中产生大量销售订单交易事务，从而可监视交易事务是如何镜像的，读者可以去尝试一下。

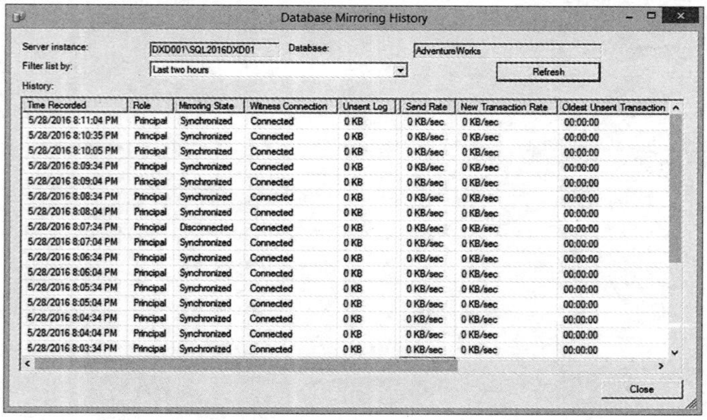

图7.20　镜像角色的事务历史

在数据库镜像属性页面中，如果认为存在与镜像操作有关的问题，则可以轻松地暂停（和恢复）数据库镜像。此外，还可以观察每个服务器实例扮演什么角色。

7.7.7 删除镜像

实践中很可能需要从数据库镜像配置的每个服务器实例中删除某个时间点的数据库镜像所有信息。这非常容易，只需禁用主服务器的镜像，删除镜像服务器的数据库，并从每个服务器实例中删除所有端点即可。可以简单地从数据库属性页和镜像选项完成整个操作，或者通过 SQL 脚本来实现。首先我们使用镜像选项来实现。在图 7.21 中的选项中，只需单击 Remove Mirroring 按钮（从主服务器实例）。此操作非常简单，几乎不存在任何风险。

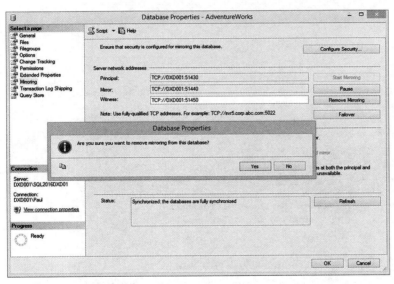

图 7.21　删除数据库镜像

此时镜像过程会立即停止。在禁用镜像时，可卸载镜像服务器实例上的数据库，并删除每个服务器实例上的端点（即主服务器实例、镜像服务器实例和见证服务器实例），然后通过 SSMS 完成所有操作。这种方法很简单。

但是，如果使用 SQL 脚本删除镜像，则需要从主服务器中断镜像，删除主服务器的端点，卸载镜像数据库并删除镜像服务器的端点，然后删除见证服务器的端点。此时，所有镜像都被删除。下面的示例展示了如何删除刚刚设置的数据库镜像配置。

ALTER DATABASE 和 **DROP ENDPOINT** SQL 命令可中断主服务器上的镜像并删除端点：

```
ALTER DATABASE AdventureWorks set partner off
go
DROP ENDPOINT EndPoint4DBMirroring51430
go
```

在镜像服务器实例（并不是主服务器）上执行 DROP DATABASE 和 DROP ENDPOINT SQL 命令，如下所示：

```
DROP DATABASE AdventureWorks
go
DROP ENDPOINT EndPoint4DBMirroring51440
go
```

在见证服务器实例上，按如下步骤删除端点：

```
DROP ENDPOINT EndPoint4DBMirroring51450
go
```

为验证是否已从每个服务器实例上删除端点，只需执行以下 SELECT 语句：

```
select name,type_desc,port,ip_address from sys.tcp_endpoints
select name,role_desc,state_desc from sys.database_mirroring_endpoints
```

可见所有端点和角色的引用均已删除。

在删除数据库镜像时，还可以查看正在生成的 SQL Server 日志项：

```
06/17/2016 00:26:21,spid57,Unknown,The Database Mirroring
         endpoint has stopped listening for connections.
06/17/2016 00:25:18,spid9s,Unknown,Database mirroring connection error 4
         'The connection was closed by the remote end<c/> or an error
         occurred while receiving data: '64(The specified network
         name is no longer available.)'' for 'TCP://DXD001:51450'.
06/17/2016 00:25:00,spid9s,Unknown,Database mirroring connection error 4
         'The connection was closed by the remote end<c/> or an error
         occurred while receiving data: '64(The specified network
         name is no longer available.)'' for 'TCP://DXD001:51440'.
06/17/2016 00:23:59,spid24s,Unknown,Database mirroring has
         been terminated for database 'AdventureWorks'.
```

这些仅是信息性消息，无须用户操作。从这些消息中可知，现在未处于数据库镜像状态。如果需要再次镜像数据库，则必须再次创建数据库镜像。

7.8 测试从主服务器到镜像服务器的故障转移

在 SSMS 中，通过单击数据库镜像属性页上的 Failover 按钮，可以很容易地将故障从主服务器转移到镜像服务器实例（以及反向转移），如图 7.22 所示。

必须在某一时间点测试故障转移，以确保其正常工作。在单击数据库镜像配置的 Failover 按钮时，提示单击 Yes 或 No 按钮以是否继续进行故障转移。注意，单击 Yes 按钮会关闭当前与该数据库连接的所有主服务器实例连接（在本章的后面部分将介绍如何使客户端了解主服务器实例和镜像服务器实例，以便可通过设计来获取和运行每个服务器实例）。

现在，如果查看数据库镜像属性页（见图 7.23），可发现主服务器和镜像服务器的侦听端口值已切换：主服务器实例当前端口值为 51440，而镜像服务器实例的端口值为

51430。表明服务器实例已完全切换了各自角色。这时必须转到扮演主服务器角色的服务实例,以故障转移回到原来的操作模式。如果尝试打开当前镜像服务器实例数据库,则会出现一个错误,提示"由于正处于还原模式而无法访问该数据库"。

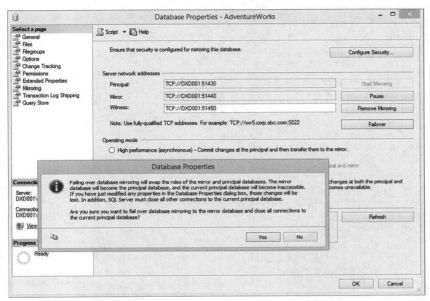

图 7.22　测试镜像数据库的故障转移

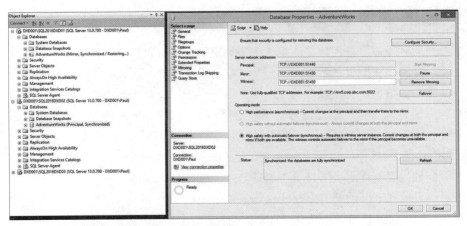

图 7.23　故障转移后的 Server 实例角色切换

也可以手动执行 ALTER DATABASE 命令来强制故障转移到镜像服务器,如下所示:

```
ALTER DATABASE AdventureWorks set partner FAILOVER;
```

该命令与使用 SSMS 或直接关闭主服务器 SQL Server 实例服务具有相同效果。

> **提示**
> 在此,不能像在非镜像配置中那样直接使主服务器离线。

数据库镜像的客户端设置和配置:任何客户端应用都能够在镜像配置中连接到每一个角色。当然,客户端只连接到当前为主服务器的服务器实例。根据客户端连接配置文件的扩展,所有 .NET 应用都可以轻松地将所有角色添加到连接字符串信息中,并在主服务器发生故障时,可自动建立与新的主服务器的连接(在镜像配置中)。配置文件(app.config)中提供的扩展连接字符串信息如下所示。该增强作用是使用 Failover Partner=addition 来确定镜像配置中的故障转移服务实例是否合适。

```xml
<?xml version="1.0" encoding="utf-8" ?>
<configuration>
    <configSections>
    </configSections>
    <connectionStrings>
        <add name="WindowsApplication4.Properties.Settings.
             AdventureWorksConnectionString"
            connectionString="Data Source=DXD001\SQL2012DXD01;
                              Failover Partner=DXD001\SQL2012DXD02;
                              Initial Catalog=AdventureWorks;
                              Integrated Security=True"
            providerName="System.Data.SqlClient" />
    </connectionStrings>
</configuration>
```

7.9 在数据库镜像上设置数据库快照

正如本章前面所述,可以使用数据库镜像来提高可用性;也可以对该镜像数据库创建一个数据库快照,并将该快照提供给报表用户。这样可进一步提高所有终端用户(事务用户和报表用户)的总体数据库可用性。此外,还可以将报表用户与事务用户隔离。报表用户是连接到数据库的镜像服务(通过镜像数据库的数据库快照),且报表查询不会对主服务器有任何影响。注意,镜像数据库不适用于任何形式的访问(处于恒定还原模式)。SQL Server 允许对其创建快照(见图 7.10)。如上所述,当主服务器的故障转移到镜像数据库时,会产生一个实际问题。当镜像服务器接管主服务器功能时,数据库快照会终止与报表用户的连接,报表用户只能在断开的地方重新连接。但是,现在是事务用户和报表用户都使用同一数据库服务实例,因此各自性能都会受到影响。

针对上述情况的一种可能解决方案是,在镜像服务器成为主服务器时自动(或手动)删除镜像服务器上的数据库快照,且如果可用,在旧的主服务器(现在是镜像服务器)上创建一个新的快照。然后只需将所有报表用户指向这一新的数据库快照。在应用服务层可以很容易地实现该过程,其实质上是一种对等主服务器/镜像服务器报表配置方法,总是试图获取用于镜像服务器上报表的数据库快照。永远不希望具有同时在主服务器和镜像服务器上活动的数据库快照。

对等的主/镜像报表配置：下面的步骤大致概述了一种在镜像服务器上创建快照，并在镜像服务器成为主服务器时删除快照，然后对于旧的主服务器（现在是镜像服务器）创建新快照的方法：

（1）在镜像数据库服务器上为镜像服务器的报表创建数据库快照（DXD001\SQL2016DXD02）。

```
Use [master]
go
CREATE DATABASE SNAP_AdventureWorks_REPORTING
ON ( NAME = AdventureWorks_Data, FILENAME= 'C:\Program Files\
    Microsoft SQL Server\MSSQL13.SQL2016DXD02\MSSQL\DATA\
        SNAP_AdventureWorks_data_REPORTING.snap')
AS SNAPSHOT OF AdventureWorks
Go
```

由图 7.24 可知，这将是主服务器（DXD001\SQL2016DXD01）、镜像服务器（DXD001\SQL2016DXD02）和报表数据库快照（SNAP_AdventureWorks_REPORTING）的实时配置，正如 SQL Server Management Studio 所示。

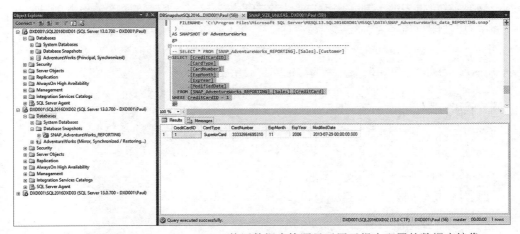

图 7.24　SQL Server Management studio，使用数据库快照显示用于报表配置的数据库镜像

如果主服务器的故障转移到镜像服务器，则从数据库中删除刚创建的数据库快照，并在旧的主服务器（现在是镜像服务器）上创建一个新的快照，具体步骤如下。

（2）在新的主服务器上删除报表数据库快照（主服务器现在是 DXD001\SQL2016DXD02）。

```
Use [master]
go
DROP DATABASE SNAP_AdventureWorks_REPORTING
go
```

（3）在新的镜像数据库服务器上创建新的报表数据库快照（镜像服务器现在是 DXD001\SQL2016DXD01）。

```
Use [master]
go
CREATE DATABASE SNAP_AdventureWorks_REPORTING
ON ( NAME = AdventureWorks_Data, FILENAME= 'C:\Program Files\
    Microsoft SQL Server\ MSSQL13.SQL2016DXD01\MSSQL\DATA\
        SNAP_AdventureWorks_data_REPORTING.snap')
AS SNAPSHOT OF AdventureWorks
Go
```

现在报表用户已完全与主服务器隔离（和事务用户），一切可很快恢复正常。

7.10 场景 3：使用数据库快照和数据库镜像的投资组合管理

正如第 1 章"理解高可用性"中所定义的，该业务场景是有关位于世界金融中心（纽约）的一个主要服务器场上的投资组合管理应用。该应用仅适用于北美客户，具有在所有金融市场（美国及其他国家）进行股票和期权交易的能力，同时拥有完整的投资组合评估、历史业绩和持有价值评估，其主要用户是大客户的投资经理。股票购买/销售占到日间活动的 90%，而在闭市后主要进行大规模评估、历史业绩和估值报告。每个工作日都会出现由世界上三大主要交易市场（美国、欧洲和远东）驱动的三个高峰时刻。在周末，该应用主要是用于长期规划报告和未来一周的前期吃重股票交易。

可用性：

- 20 小时/天
- 7 天/周
- 365 天/年

   计划停机时间：4%

   计划外停机时间：1% 可容忍

   可用性类别：高可用性

股票更新、周末报表需求以及一天中的中期报表需求是最重要的支持，但这只是一个时间点的。该应用 OLTP 部分的性能不能有任何牺牲。

根据这些优先项，管理和维护的成本及期望都相当简单，因此公司普遍最初选择使用数据库镜像（用于主数据库的可用性）和数据库快照（用于时间点报表），并不会马上选择 Azure IaaS 选项。此时公司正重新评估明年可能的解决方案升级，提出的口号还是"按部就班"。

公司之前估计的总增量成本是 10 万到 25 万美元之间，其中包括以下内容：

- 2 台 64GB RAM 的新多核服务器，每台服务器 5 万美元
- 2 份微软 Windows 2012 server 授权
- 2 份 SQL Server 企业版授权
- 12 天的额外人员培训成本

实现数据库镜像或数据库快照无需特殊的硬件或 SCSI 控制器。这种高可用性解决方案的总增量成本约为 163000 美元（总成本如下所示）。

接下来，进行这些增量成本以及停机成本的完整 ROI 计算：

1. 维护成本（1 年期）。
   - 7700 美元（估计）。年度系统管理人员费用（人员培训的额外时间）。
   - 255000 美元（估计）。软件重复许可成本。
2. 硬件成本。
   - 100000 美元硬件成本。新高可用性解决方案的额外硬件成。
3. 部署/评估成本。
   - 25000 美元部署成本。解决方案的开发、测试、QA 和生产实施成本。
   - 5000 美元解决方案评估成本。
4. 停机成本（1 年期）。
   - 如果已记载了去年的停机记录，则使用该值；否则，计算计划和计划外停机时间。在本场景中，每小时的估计停机成本为 15 万美元/小时，可以说相当庞大。
   - 计划停机成本（收入损失）= 本业务的计划停机没有任何成本。这是一家正常营业时间并禁止在服务窗口外进行数据更改的实体公司，只能在股票市场的时间窗口内运行。
   - 计划外停机成本（收入损失）= 计划外停机时间 × 公司每小时的停机成本。
     - 1%（1 年内计划外停机的百分比）×8760 小时（一年的小时数）=87.6 小时的计划外停机时间。
     - 87.6 小时 ×15 万美元/小时（每小时停机成本）=13140000/年的计划外停机成本。总收入为 46 亿美元/年。

ROI 总计：
- 该高可用性解决方案的总成本 =163000 美元（这是对于第 1 年，随后的几年约为 32500 美元/年）。
- 停机总成本 =13140000（1 年）。

增量成本约为 1 年停机成本的 1.24%。也就是说，对于这一特定高可用性解决方案的投资将在 1.1 小时内回本，这是在极短时间内的巨大 ROI。

在实现该高可用性解决方案之后，就可以很容易地实现正常运行的目标，偶尔会在故障转移的镜像同步中有一些延迟。在过去的一年中，这种方案易于管理，可实时把报表下

载到镜像,并且取得了主数据库(对于 OLTP 活动)99.9% 的可用性。在满足该公司的时间点需求方面,取得了非凡成就。总地来说,用户对性能和可用性非常满意。目前正在考虑可能的下一代升级方案,以便在下一年将停机时间下降到 0.05%(即 99.95% 的正常运行时间)。

7.11 小结

本章介绍了两种相当复杂且免费的可用于满足高可用性需求的解决方案。这两种方案都易于实现和管理,且都经过了时间的考验并为全球许多公司提供了多年成功的案例。数据库快照是一种多用途的强大功能,可以很容易地实现时间点报表需求,将数据库还原到某个时间点(可恢复性和可用性),将大规模更新时可能出现的问题与数据库隔离,并减少对主事务数据库进行查询处理的影响(通过数据库镜像和数据库快照)。值得注意的是,数据库快照是针对某个时间的,且是只读的。更新快照的唯一方法是删除并重建。所有用户必须始终清楚这种时间点快照功能的数据延迟。

数据库快照是整个数据库的快照,而不是某个子集。这显然使得数据快照与其他数据访问功能有着很大的不同,如数据复制和实物化视图。该功能可通过微软的一项重大突破——即写即拷技术来实现。这无疑是对 SQL Server 的一项重要扩展,但不能用来代替原有的数据库备份和恢复。建议读者优先考虑使用数据库快照。

数据库镜像提供了一种使用户得到数据库和应用最低可用性水平的方法,而无需使用复杂的硬件和软件配置(如集群服务、SQL Server 集群所需的,以及支持 AlwaysOn 配置所需的操作系统和 SQL 更高版本)。尽管数据库镜像是 SQL Server 的一种极大补充,但仍将在不远的将来被弃用,因此建议谨慎使用。正如本章前面所述,实现数据库镜像的核心技术已用于 AlwaysOn 可用性组功能。事实上,这也是可用性组的核心(在第 6 章中已解释)。这两种技术都能很好地满足一些组织对高可用性的要求,随着大家对使用这些技术的信心的增加,这些技术必将为需求变化提供更加可靠的解决方案。

第 8 章

SQL Server 数据复制

是的，可以将数据复制作为高可用性解决方案！当然，这取决于具体的高可用性需求。最初，微软 SQL Server 实现数据复制是用于将数据分发到另一个位置，以供特定位置使用。复制也可用于从一个非常繁忙的服务器上进行"卸载"处理，如在线事务处理（OLTP）应用服务用于如报表或本地引用等从服务。这样，可以使用数据复制来从主 OLTP 服务分离报表或单纯引用的数据处理，而不必牺牲 OLTP 服务的性能。数据复制也非常适用于支持用户完全不同的自然分布数据（如面向地理的订单输入系统）。随着数据复制更加稳定和可靠，现已用于创建"温"备用或几乎"热"备用的 SQL Server。如果在某些复制拓扑中发生了主服务器故障，则从（复制）服务仍可继续工作。当发生故障的服务重新恢复时，会捕获改变的复制数据，并将所有数据重新同步。

本章内容提要

- ▶ 实现高可用性的数据复制
- ▶ 发布服务器、分发服务器和订阅服务器的涵义
- ▶ 复制场景
- ▶ 订阅
- ▶ 分发数据库
- ▶ 复制代理
- ▶ 用户需求驱动的复制设计
- ▶ 复制设置
- ▶ 切换到温备用（订阅服务器）
- ▶ 复制监视
- ▶ 场景2：利用数据复制的全球销售和市场营销
- ▶ 小结

8.1 实现高可用性的数据复制

SQL Server 2016 提供了三种基本的数据复制方法：快照复制、事务复制和合并复制。每一种方法都适用于不同的用户场景，且每一种都有不同的具体用途（由于并非都是用于实现高可用性，因此本章不一一介绍所有变体）。在介绍复制类型之后，将分析发布服务器、分发服务器和订阅服务器的涵义。

8.1.1 快照复制

快照复制是指在某一时刻将一次发布的所有表单形

成一幅图像，然后将整幅图像转移到订阅服务器。由于快照复制并不记录数据修改，因此服务器上的开销很小，其他形式的复制也是如此。然而，对于需要大量网络带宽的快照复制，可能开销很大，尤其是需要复制的项目较大时。快照复制是最简单的复制形式，主要用于订阅者不必进行更新的较小表单。例如需要复制给许多订阅者的电话表，该电话表不是关键数据，且刷新频率完全可以满足所有用户。

8.1.2 事务复制

事务复制是指从已发布数据库的事务日志中捕获事务，并将其应用到订阅数据库的过程。通过 SQL Server 事务复制，可以将一个表、一个视图、一个或多个存储过程的全部或部分作为一个项目进行发布。然后，所有数据更新都存储在分发数据库中，并随后发送和应用到任意数量的订阅服务器。从发布数据库的事务日志中获得这些更新是非常有效的。除了初始化过程，其他过程均不需要直接读取表单，且在整个网络上只生成极小的流量。这使得事务复制成为最常用的方法。

随着数据的变化，数据几乎可以实时地传播到其他站点，你可以决定传播频率。由于数据更改通常只发生在发布服务器上，因此大多数情况下避免了数据冲突。例如，发布数据的订阅服务器通常会在几秒内接收这些更新，这取决于网络的速度和可用性。

8.1.3 合并复制

合并复制是指初始化发布服务器和所有订阅服务器，然后允许在发布服务器和所有订阅服务器上涉及合并复制的所有站点中更改数据。所有这些数据更改在随后一定时间间隔内都会合并，以使得数据库的所有副本都具有相同数据。偶尔需要解决数据冲突问题，在冲突解决中发布服务器并不是总能获胜；相反，赢家是取决于所建立的获胜标准。

在即时复制模式下的事务复制中，主服务器（发布服务器）上的数据更改可迅速复制到一个或多个从服务器（订阅服务器）。这种复制本质上可创建一个"温备用"的 SQL Server，这与通过分发服务机制提交给订阅服务器的最新事务日志项完全一样。在许多情况下，实际上可看作是热备用，这是因为位置之间的网速在不断加快。同时，采用这种方法也有很多好处，如实现更高的可扩展性和降低发生故障的风险。图 8.1 给出了一个典型的 SQL Server 数据复制配置，这是实现高可用性的基础，同时也满足了报表服务的需求。

这种特定的数据复制配置是一个中央发布服务器/远程分发服务器复制模型，通过从主服务器（发布服务器）中分离包括复制模型中数据分发机制（分发服务器）部分的处理来实现性能最大化。

如果需要成为主服务器来进行复制（即接管主服务器的工作），则应首先处理几件事情：本质上需要对终端用户进行不透明管理、必须更改连接字符串、需要更新 ODBC 数据源等。但这种管理只需几分钟，而不需要整个数据库恢复的时间，这对于终端用户是可容忍的。另外还有一个风险是避免主服务器的所有事务都转移到复制服务器（订阅服务器）。

注意，复制的数据库只能与分发的最新一次更新一样。随着当前网速的提高，这种风险通常微乎其微。大多数公司都愿意承受这种小风险以获得高可用性。对于主要是只读且小到中等规模的数据和模式波动的数据库，这是一种分配负载和降低故障风险的好方法，从而可实现高可用性。

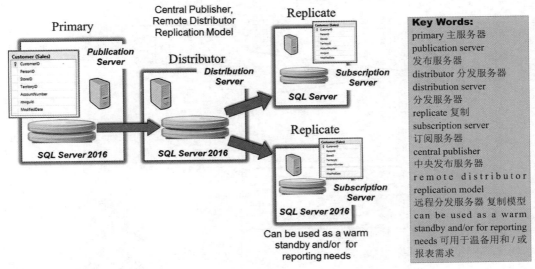

图 8.1　实现高可用性的基本数据复制配置

8.1.4　数据复制的含义

在经典定义中，数据复制是基于存储转发的数据分发模型，如图 8.2 所示。在一个位置存储（和创建）的数据可自动"转发"到一个或多个分布式位置。

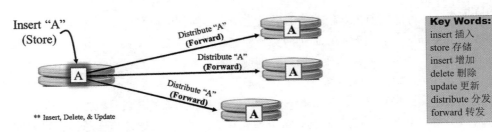

图 8.2　存储转发数据分发模型

一个完整的数据分发模型可处理数据和模式的更新、删除、数据延迟和自治。微软的数据复制工具实现的就是这种数据分发模型。使用数据复制主要有以下四种场景：

- 报表 /ODS：如图 8.3 所示，为了报表用途可能希望将处理过程从主服务器卸载到单独的报表服务。该服务通常处于只读模式，且包含满足报表要求所需的所有数据。

经典场景是创建一个操作数据存储，即主数据库副本，其中包含一些数据或表（只是报表所需的数据）的转换或删减。

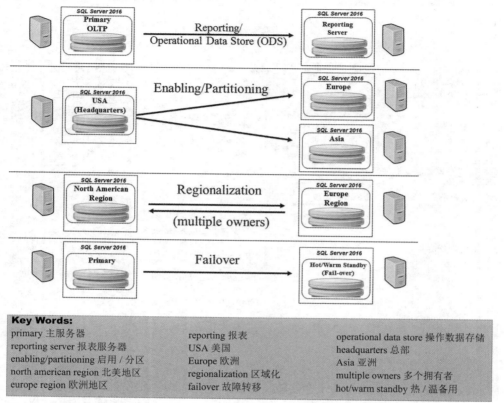

图 8.3 数据复制主要场景

- 启用/分区：可能需要向其他服务器提供主服务器数据的垂直或水平子集，以使得只工作（更新）于各自数据；而主服务器应包含所有数据。该场景可直接支持高可用性。例如，在需要欧洲和亚洲用户分别使用各自数据时，也应将各自数据变化不断反馈到公司总部。
- 区域化：区域化场景是一个区域管理（插入、更新和删除）其自身数据时，而另一个区域只需对其他区域的数据具有可见性（只读模式）。这通常是全球销售组织及其销售订单活动（如北美订单与欧洲订单）的情况。
- 故障转移：最后，可以将某一服务器上的所有数据复制到另一服务器，以便当主服务器崩溃时，用户可快速切换到故障转移服务器，并在几乎无停机或数据丢失的情况下继续工作。

上述每种场景都支持部分或全部高可用性解决方案。

8.2 发布服务器、分发服务器和订阅服务器的含义

任一 SQL Server 都可以在数据复制环境中扮演多达三种不同角色：
- ▶ 发布服务器（数据发布者）。
- ▶ 分发服务器（数据分发者）。
- ▶ 订阅服务器（发布数据的订阅者）。

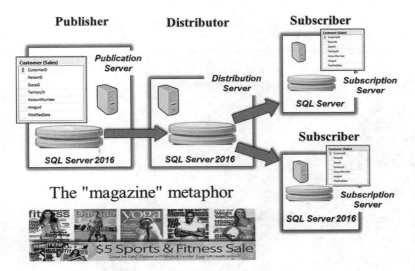

图 8.4　发布者、分发者、订阅者的杂志隐喻

　　发布服务器（发布者）包含要发布的一个或多个数据库，这是要复制到其他服务器的数据源。在图 8.4 中，AdventureWorks 数据库中的用户表是要发布的数据。要发布数据，首先必须启用包含数据的数据库。

　　分发服务器（分发者）可以在与发布服务器相同的服务器上，也可以在不同的服务器上，如远程分发服务器。该服务器中包含分发数据库，也称为存储转发数据库，主要保存从发布数据库转发到订阅数据的任一订阅服务器的所有数据更改。单个分发服务器可支持多个发布服务器。分发服务器是实现数据复制的主要工具。

　　订阅服务器（订阅者）包含正在发布的数据库的副本或其中一部分。分发服务器将所有数据更改，形成发布数据库中的一个表，并将该表单的副本发送到订阅服务器。这可能是一个或多个订阅服务器。SQL Server 2016 还支持异构订阅服务器。几乎所有 ODBC 或 OLE 兼容的数据库（如 Oracle）都可以是数据复制的订阅服务器。

8.2.1 发布和项目

根据这些不同的服务器角色,微软采用了更多的隐喻,即发布和项目。发布是指由一篇或多篇项目构成的一组项目,而项目是数据复制的基本单位。一篇项目是指向一个表或表中一行或一列子集的指针,该指针可用于复制。

单个数据库可包含多个发布。可以发布表中的数据、数据库对象、存储执行过程、甚至模式对象,如参照完整性约束、聚簇索引、非聚簇索引、用户触发器、扩展属性和排序规则。不管复制什么,发布中的所有项目都是同步的。图 8.5 给出了一个包含三篇项目的典型发布,可以通过筛选来选择复制整个表或只是表中的某一部分。

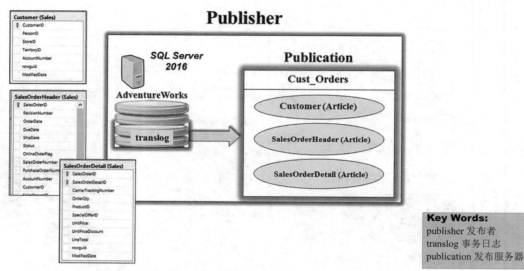

图 8.5 用户订单发布服务器(AdventureWorks 数据库)

8.2.2 筛选项目

可以采用几种不同的方式在 SQL Server 上创建项目。创建项目的基本方法是发布表中的所有列和行。虽然这是创建项目的最简单方法,但某些业务需求可能要求只发布表中的特定列和行,称为筛选,可以从垂直和水平方向上进行。垂直筛选只筛选特定的列,而水平筛选只筛选特定的行。此外,SQL Server 2016 还提供了联接筛选器和动态筛选器的附加功能(在此讨论筛选是因为根据高可用性需求的类型,可能需要使用一种或多种数据复制技术)。

由图 8.6 可知,可能只需要复制一个客户的用户 ID、区域 ID 和与公司各种订阅服务器关联的客户账号(垂直筛选);或者如图 8.7 所示,可能只需要发布位于特定区域中的客户表数据,在这种情况下需要地理分区数据(水平筛选)。

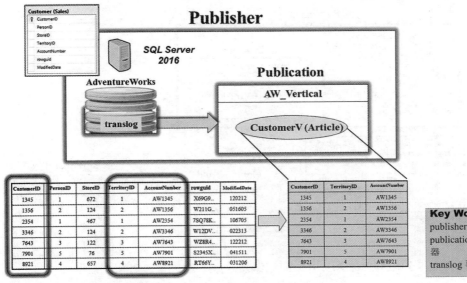

图 8.6 垂直筛选是从复制到订阅服务器的表中创建列子集的过程

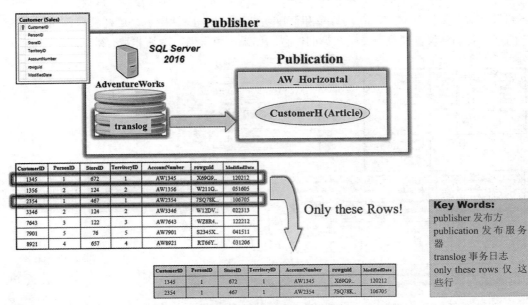

图 8.7 水平筛选是从复制到订阅方的表中创建行子集的过程

还可以水平和垂直组合筛选，如图 8.8 所示。这样可以减少无须复制的不必要行和不必要列。例如，可能只需要"西方"（区域 ID=1）的区域数据，且只需要发布客户 ID、区域 ID 和账户数据。

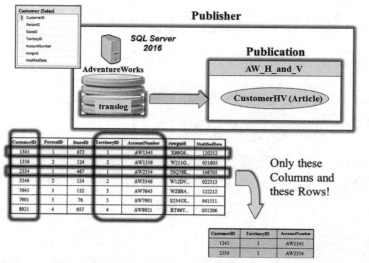

图 8.8　垂直和水平组合筛选允许将项目中的信息缩减到仅重要信息

如上所述，此时可以使用联接筛选器。联接筛选器可使得在一个表上创建的特定筛选器扩展到另一个表。例如，如果根据区域（西方）发布客户表数据，则可以将筛选条件扩展到只针对西方区域客户订单的订单和订单明细表，如图 8.9 所示。这样就只需将西方客户的订单复制到仅需要查看特定数据的位置。如果运用得当，这是非常有效的。

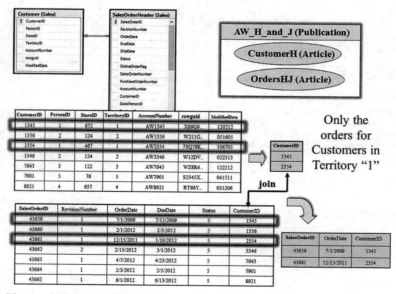

图 8.9　水平和联接筛选的发布

还可以将存储执行过程及其参数发布为项目，可以是一个标准程序执行的项目或序列化程序执行的项目。不同之处在于，后者是作为一个序列化的事务来执行，而前者不是。序列化事务是一个以序列化隔离级执行的事务，具体是在受影响的数据集上设置一个锁定范围，阻止其他用户于事务完成之前在数据集中更新或插入数据行。

将存储执行过程作为项目发布可大大减少需要在网络中复制的大量 SQL 语句。例如，如果要更新 customerID 1 到 customerID 5000 之间每一个客户的客户表，则客户表的更新将被复制为涉及 5000 次独立更新语句的大规模多步事务，将严重影响网络。然而，对于存储执行过程的项目，仅将存储过程的执行命令复制到订阅服务器，而在订阅服务器上具体执行存储过程。图 8.10 阐述了与前述执行过程的区别。在采用这种数据复制处理时，有些细微之处不容忽视，例如要确保发布的存储过程行为与订阅服务器端的完全相同。为安全起见，应该具有可在服务器上运行的简短测试脚本，测试结果将与发布服务器上的结果进行验证。

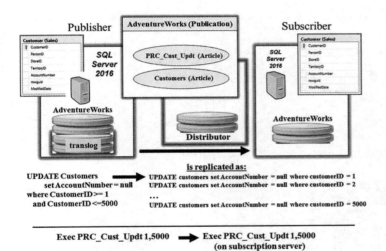

图 8.10　存储过程执行比较

Key Words:
publisher 发布服务器
subscriber 订阅服务器
translog 事务日志
publication 发布方
distributor 分发服务器
update customers 更新客户
where 其中
and 和
set 设置
is replicated as 复制如下
exec 执行
on subscription server 在订阅服务器上

现在，必须了解可构建的不同类型的复制方案及其各自特点。值得注意的是，微软 SQL Server 2016 支持与不同异构数据源之间的复制。例如，OLE 数据库或 ODBC 数据源（包括 Microsoft Exchange、Microsoft Access、Oracle 和 DB2）可订阅 SQL Server 的发布和发布的数据。

8.3　复制方案

一般来说，根据具体业务需求，可以实现多种不同的数据复制方案，包括以下情况：
- 中央发布。
- 具有远程分发的中央发布。

- 发布订阅。
- 中央订阅。
- 多个发布和多个订阅。
- 合并复制。
- 对等复制。
- 更新订阅。

对于高可用性，具有两个中央发布服务器的拓扑是最合适的。到目前为止，这两种中央发布服务器是接近实时且设置简单的最佳热／温备用高可用性解决方案。

> **提示**
>
> 要了解更多关于数据复制的其他应用，请参阅Sams出版的SQL Server发行版，其中包含了全面介绍所有处理用例场景的主题。

8.3.1 中央发布服务器

如图 8.11 所示，中央发布复制模型是微软的默认方案。在该方案中，一个 SQL Server 执行发布服务器和分发服务器的功能。发布／分发服务器可以拥有任意数量的订阅服务器，并且可以是许多不同的形式，如大多数 SQL Server 版本、MySQL 和 Oracle。

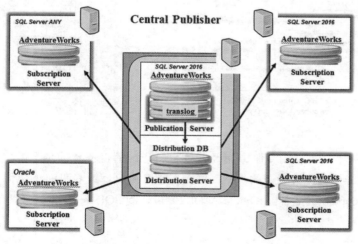

图 8.11　中央发布方案是简单且常用的方案

Key Words:
central publisher
中央发布服务器
subscription sever
订阅服务器
publication server
发布服务器
distribution server
分发服务器

中央发布方案可用于下列情况：
- 为特殊查询和报表生成创建数据库副本（经典应用）。
- 将主列表发布到远程位置，如主客户列表或总价格表。
- 维持一个可在通信中断的远程站点使用的 OLTP 数据库的远程副本。

- 维持一个可在服务器故障情况下作为热备用的 OLTP 数据库的备用副本。

但是，在该方案下需要考虑以下问题：

- 如果 OLTP 服务的活动频繁且影响每日总数据量的 10% 以上，那么这个中央发布方案不适用。其他复制配置方案可能会更适用于这种需求，或者，如果想要实现高可用性，则其他高可用性选项可能会更适合。
- 如果 OLTP 服务完全占用了大量的 CPU、内存和磁盘空间，则应考虑采用另一种数据复制方案。同样，这种中央发布方案不适用。服务器上没有足够的带宽来支持复制开销。

8.3.2 具有远程分发服务器的中央发布服务器

如图 8.12 所示，具有远程分发的中央发布方案与中央发布方案类似，可在相同的一般情况下使用。两者的主要区别是从服务器充当分发服务器的角色。从 CPU、磁盘和内存角度来看，在需要从执行分发任务中释放分布服务器时可以采用这种服务器。

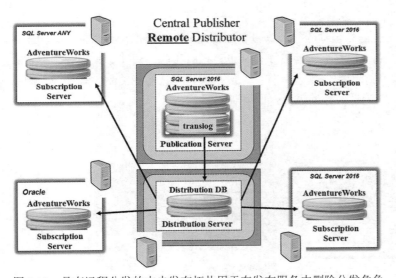

图 8.12 具有远程分发的中央发布拓扑用于在发布服务中删除分发角色

Key Words:
central publisher
中央发布服务器
remote distributor
远程分发服务器
subscription sever
订阅服务器
publication server
发布服务器
distribution server
分发服务器

这也是扩展发布方和订阅方数量的最佳方案。另外，还要注意，单个分发服务器可分发多个发布服务器的数据更改。发布方和分发方都必须通过可靠的高速数据链路相互连接。这种远程分发方案已证明是最好的数据复制方法之一，因为对发布服务器的影响最小，且对任意数量的订阅方都具有最大的分发能力。

如前所述，中央发布远程分发方法与中央发布方案的用途相同，而且提供了对发布服务资源影响最小的额外优势。如果 OLTP 服务的活动影响到每日总数据的 10% 以上，则该方案对这种情况的处理没有任何问题。如果 OLTP 服务使 CPU、内存和磁盘不堪重负，那么这种拓扑结果可以很容易地解决该问题。

在高可用性方面，该数据复制模型是最佳的。不仅可减少发布服务器上的工作量（有助于性能和可扩展性），而且保持了与发布方隔离的分发机制，这在发布服务器发生故障时非常有用的。即使发布服务器已发生故障，分发服务器仍可以向订阅方发送更新（直到分发队列空）。然后可以轻松地切换到客户端应用，以便发布服务器仍失效时使用订阅服务器（这可能需要很长的时间，取决于失效的时间），这样就可以提升整体可用性。

8.4 订阅

订阅本质上是对正在发布的数据的一个正式请求和请求注册。默认情况下，订阅发布的所有项目。

在设置订阅时，可以选择在需要时请求订阅数据或数据推送到订阅服务器，分别称为请求订阅和推送订阅。

8.4.1 请求订阅

如图 8.13 所示，请求订阅是由订阅服务器设置和管理的。最大的优点是请求订阅允许订阅服务器的系统管理员确定选择接收的发布数据以及何时接收。对于请求订阅，发布和订阅是两个独立的行为，无须由同一用户执行。一般来说，在订阅无需高安全性或是间歇订阅时，请求订阅最佳，因为订阅数据需要定期更新。

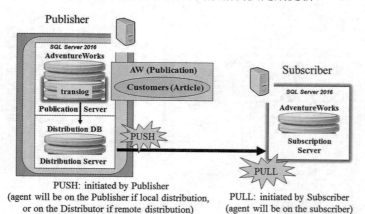

Key Words:
publisher 发布方   translog 事务日志   publication server 发布服务器
distribution DB 分发数据库   distribution server 分发服务器   push 推送   pull 请求
subscriber 订阅方   subscription server 订阅服务器   initiated by publisher 由发布方发起
agent will be on the publisher if local distribution, or on the distributor if remote distribution
如果是本地分发，代理在发布服务器上；如果是远程分发，则在分发服务器上
initiated by subscriber 由订阅方发起   agent will be on the subscriber 代理位于订阅服务器上

图 8.13　由发布方发起的推送订阅和由订阅方发起的请求订阅

8.4.2 推送订阅

推送订阅是由发布服务器创建和管理的。实际上,发布服务器将发布推送到订阅服务器。采用推送订阅的优点是所有管理都发生在中央位置。此外,发布和订阅同时发生时,可设置多个订阅方。由于对订阅服务器端缺乏请求功能,因此建议在处理异构订阅时使用推送订阅。可以利用推送订阅实现故障转移方案中所用的高可用性配置。

8.5 分发数据库

分发数据库是一种安装在分发服务器上的特殊类型的数据库,也称为存储转发数据库,该数据库保存了等待分发给任何订阅服务器的所有事务。该数据库接收已将其指定为分发服务器的来自任何发布数据库的事务。一直保存这些事务直到成功发送到订阅方,经过一段时间后,这些事务将从分发数据库中清除。

分发数据库是数据复制能力的"核心"。由图 8.14 可知,分发数据库有多个微软表单,如 MSrepl_transactions。这些表中包含了分发服务器实现分发角色的所有必要信息。

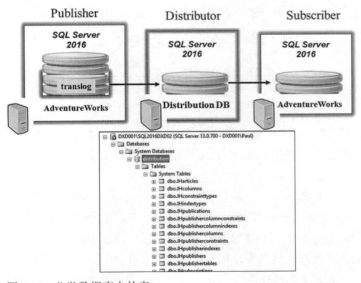

Key Words:
publisher 发布方
distributor 分发方
subscriber 订阅方
translog 事务日志
distribution DB 分发数据库

图 8.14 分发数据库中的表

具体包括以下内容:
- 使用该数据库的所有不同发布方,如 MSpublisher_databases 和 MSpublication_access。
- 将要分发的发布和项目,如 MSpublications 和 MSarticle。
- 所有代理完成其任务所需的完整信息,如 MSdistribution_agents。
- 这些代理执行的完整信息,如 MSdistribution_history。

- 订阅方，如 MSsubscriber_info、MSsubscriptions 等。
- 复制和同步状态期间发生的任何错误，如 MSrepl_errors、MSsync_state 等。
- 复制命令和事务，如 MSrepl_commands 和 MSrepl_transactions。

8.6 复制代理

SQL Server 利用复制代理在复制过程中执行不同的任务，这些代理以一定频率不断唤醒并完成特定任务。接下来，介绍一些主要代理。

8.6.1 快照代理

快照代理负责编制发布表及存储过程的模式和初始数据文件，将快照存储在分发服务器上，并在分发数据库中记录同步状态信息。每条发布都有在分发服务器上运行的各自快照代理。

在设置订阅时，可以将初始快照手动加载到服务器上，称为手动同步。对于非常大的数据库，常用的一种简便方法是将数据库转储到磁盘上，然后在订阅服务器上重新加载该数据库。如果以这种方式加载快照，SQL Server 假设数据库已经同步，并自动开始发送修改后的数据。

快照代理执行以下一系列任务：

（1）快照代理初始化。初始化可以是立刻完成的，也可以是在公司夜间处理窗口的指定时间内进行。

（2）代理连接发布服务器。

（3）代理为发布中的每一篇项目生成扩展名为 .sch 的模式文件。将这些模式文件写入到分发服务器上的临时工作目录中。利用 Create Table 语句来创建订阅服务器端所需的所有对象，这些对象仅存在于快照处理期间。

（4）锁定（保持）发布中的所有表单。锁定是为了确保在快照过程中数据不会修改。

（5）代理提取发布中的数据副本，并将其写入到分发服务器上的临时工作目录中。如果所有订阅服务器都是 SQL Server，则采用 SQL Server 固定格式写入数据中扩展名为 .bcp 的文件。如果是复制到 SQL Server 以外的数据库，则数据将保存在扩展名为 .txt 的标准文本文件中。.sch 文件、.txt 文件、.bcp 文件都称为同步集。每个表或项目都有一个同步集。

（6）代理在订阅服务器端按照生成顺序执行对象创建和批量复制处理任务（如果已在订阅服务器端创建对象并在设置过程中指明，则忽略对象创建部分）。这可能需要一段时间完成，因此最好在闭市时间进行，以免影响工作日的正常处理。在此，网络连接非常关键，快照常常在这一点上出现问题。

（7）快照代理会公布所发生的实际情况，以及快照到分发数据库的部分快照的项目/发布内容，这是真正发送到分发数据库的内容。

（8）在执行完所有同步集时，代理将解除该发布上所有表的锁定。此时认为快照全部完成。

> **提示CAUTION**
> 确保驱动器上有可容纳临时工作目录（快照文件夹）的足够磁盘空间。快照数据文件可能很大，这也是快照失败率很高的主要原因。磁盘空间的容量也直接影响着高可用性。磁盘溢出将造成额外的计划外停机，一定要高度重视！

8.6.2 日志读取器代理

日志读取器代理负责将已标记为复制的事务从发布数据库的事务日志发送到分发数据库。进行事务复制的每个发布数据库均具有在分发服务器上运行的各自日志读取器代理。

在初始化同步之后，日志读取器代理开始将事务从发布服务器转移到分发服务器。修改数据库中数据的所有行为都记录在数据库中的事务日志中。该日志不仅可用于自动恢复过程，还可用于复制过程。当创建一篇用于发布的项目且订阅激活时，关于该项目的所有条目都在事务日志中标记。对于数据库中的每个发布，日志读取器代理都会读取事务日志并查找任何标记事务。当日志读取器代理在日志中发现数据更改时，会读取该更改并将其转换为对应于项目中所采取操作的 SQL 语句。然后将这些 SQL 语句存储在分发服务器上的表中，等待分发给订阅服务器。

由于复制是基于事务日志的，因此会对事务日志的工作方式进行一些更改。在正常处理过程中，任何已成功完成或回滚的事务都标记为非活动状态。在执行复制时，已完成的事务不会标记为非活动状态，直到日志读取器进程读取并将其发送到分发服务器。

> **提示**
> 截断并快速批量复制到表中是非日志过程。在标记为发布的表中，除非暂时关闭该表的复制，否则无法执行非日志操作。然后还需要在重启复制之前，重新同步订阅服务器上的表。

8.6.3 分发代理

分发代理可将分发数据库中的事务和快照转移到订阅服务器。在定义推送订阅之前，不会创建此代理。

未设置立即同步的订阅服务器共享一个在分发服务器上运行的分发代理。无论是快照还是事务发布，请求订阅都具有一个在订阅服务器上运行的分发代理。

在事务复制中，事务发送到分发数据库中，分发代理要么将更改推送到订阅服务器，要么从分发服务器请求更改，取决于服务器是如何设置的。在发布服务器上更改数据的所有操作都以同样的发送顺序应用到订阅服务器。

8.6.4 各种其他代理

在复制配置中还设置了以下代理来进行清理：

- 代理历史清理（分发）。该代理每隔 10 分钟（默认值）清除分发数据库中的代理历史记录。根据分发的大小不同，可改变该代理的执行频率。
- 分发清理(分发)。该代理每隔 72 小时(默认值)清除分发数据库中的复制事务记录。仅用于快照和事务发布，如果事务量较高，则应调节代理执行频率，以避免分发数据库过大。另外，还需要调节与订阅服务器的同步频率。
- 过期订阅清理。该代理检测并删除发布数据库中的过期订阅。作为订阅设置的一部分，其设置了终止日期。在默认情况下该代理通常每天运行一次，在此无须改变。
- 重新初始化数据验证失败的订阅。该代理是手动调用的，并不是定期执行的，但可以设置为定期。该代理自动检测数据验证失败的订阅，并将其进行标记，以重新初始化。这可能会导致新快照应用于数据验证失败的订阅服务器。
- 复制代理检查。该代理检测非活动日志历史的复制代理。这是非常关键的，因为复制错误的调试常常取决于代理的历史日志记录。

8.7 用户需求驱动的复制设计

如前所述，业务需求驱动复制配置和方法。第 0 阶段高可用性评估结果将有助于选择正确的复制类型，所得到的结果和高可用性决策树的执行路径会提供起始点。然而，强烈建议在需求收集中更加全面，以便尽快获得并运行原型，这样会有效衡量一个复制方法的有效性。

> **提示**
>
> 如果具有表的触发器，并希望与表一起复制，则可能需要重新审视，并添加一行代码 NOT FOR REPLICATION，以使触发器代码不会在订阅服务器端冗余执行。因此，订阅服务器上的触发器（插入、更新或删除触发器）将对整个触发器使用 NOT FOR REPLICATION 语句（置于触发器的 AS 语句之前）。如果要选择一部分触发器代码（如 FOR INSERT,FOR UPDATE, FOR DELETE），则需要在不希望执行的语句之后立即执行 NOT FOR REPLICATION 语句，而在希望执行的语句之后不进行任何操作。

8.8 复制设置

一般来说，利用 SQL Server Management Studio，SQL Server 2016 的数据复制设置非常简单。一定要确保为复制配置的每个阶段生成 SQL 脚本。在生产环境中，很可能主要依赖于脚本，且不会有过多的时间通过手动配置步骤来设置和取消生产复制配置。

必须按照以下顺序定义任何数据复制配置：

(1) 创建或启用分发服务器以启用发布。
(2) 启用 / 配置发布（使用为发布服务器指定的分发服务器）。
(3) 创建发布并在发布中定义项目。
(4) 定义订阅服务器并订阅发布。

接下来建立一个包括三个服务器的事务复制配置（如图 8.15 所示），并将 AdventureWorks 数据库发布到从服务器(订阅服务器)，以实现高可用性的热 / 温备用用例。

在本例中，使用 SQL2016DXD01 作为发布服务器，SQL2016DXD02 作为远程分发服务器，SQL2016DXD03 作为订阅服务器。然后，通过首先启用分发服务器来启动整个配置过程。在 SQL Server Management Studio 的复制配置功能中，需要注意的一个问题是向导的广泛使用。

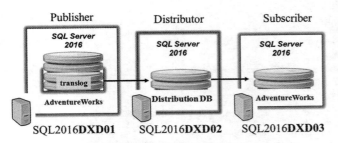

图 8.15　用于高可用性的具有远程分发配置的中央发布

8.8.1　启用分发服务器

需要做的第一件事是指定发布服务器所用的分发服务器。如前所述，可以将本地服务器配置为分发服务器，也可以选择远程服务器作为服务器。而对于高可用性配置，需要一个与发布服务器隔离的远程分发服务器。还必须作为 SYSADMIN 服务角色中的成员，才能使用配置向导。在预期的分发服务器（本例中为 SQL2016DXD02）中，右击复制节点来调用分发配置向导（见图 8.16）。

图 8.16 显示了选择的第一种选项，即指定 SQL2016DXD02 服务器作为其分发服务器，将会在该服务器上创建分发数据库。

接下来，如图 8.17 左上角所示，要求指定一个快照文件夹，在此需要设定合适的网络路径。注意，大量的数据将通过该快照文件夹转移，因此必须在一个能够有足够容量来支持快照的驱动器上。然后确定分发数据库名称并置于分发服务器上。最好采用默认值，如图 8.17 右上角所示。接下来，指定该分发服务器将要分发的发布内容。如图 8.17 左下角所示，添加（并检查）SQL2016DXD01 服务器到发布列表。最后，向导通过创建分发数据库并设置所需的分发代理，以及随后发布的任何数据库对发布服务器的访问权限来完成分发处理，如图 8.17 右下角所示。

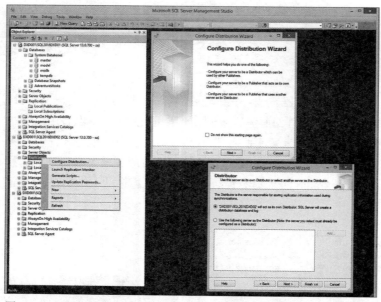

图 8.16　配置 SQL Server 实例作为发布服务器的分发服务器

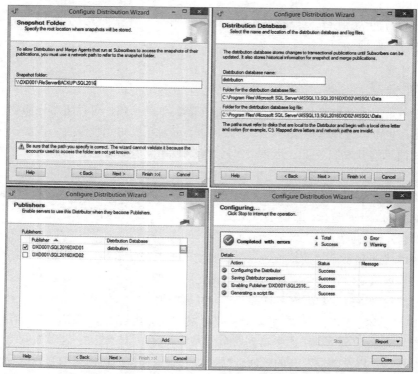

图 8.17　指定快照文件夹、分发数据库、发布服务器和最终处理

现在就可以创建用于高可用性配置的发布服务器和发布业务了。

8.8.2 发布

由于已创建了远程分发服务器，因此只需"配置"一个使用该远程分发服务器的发布服务器，然后创建将要分布的内容。

如图 8.18 所示，在 SQL Server Management Studio 中，可以找到发布服务器上对象资源管理器中的复制节点，右击本地发布节点，选择"创建新的发布"命令，启动复制监视器，生成脚本或配置分发（如果需要在本地完成）。在本例中选择 DXD001\SQL2016DXD01 SQL Server。选择"新发布"选项来调用新发布向导。

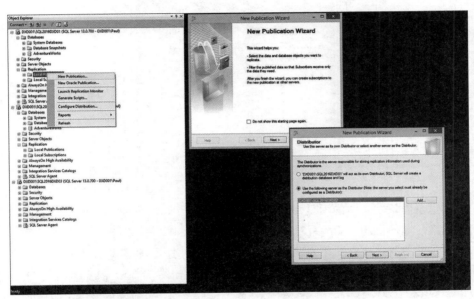

图 8.18　新发布向导并指定分发服务器

向导的下一步窗口将提示设置分发服务器。在本例中，选择"从服务器选择"来指定 SQL2016DXD02 服务器作为分发服务器（这是一个远程分发服务器）。由于已启动该服务器作为分发服务器，并确定 SQL2016DXD01 服务器为发布服务器，因此选择默认选项。单击 Next 按钮创建该远程分发服务器。接下来就可以准备创建发布了。

8.8.3 创建一个发布

现在提示选择设置发布的数据库（如图 8.19 左上角所示）。在本例中发布 AdventureWorks 数据库。

现在要求指定该发布的复制方法（如图 8.19 右上角所示）。可以是快照发布、事务发布、对等发布或合并发布。此处选择"事务发布"选项。

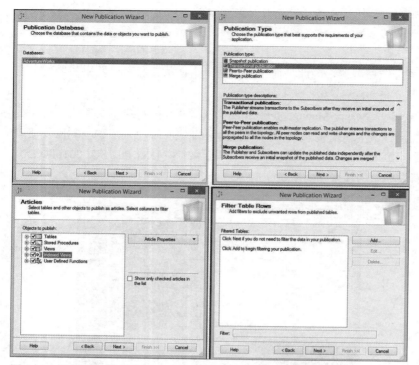

图 8.19　选择发布数据库、发布类型和发布项目

在窗口中，提示确认发布中的项目（如图 8.19 左下角所示）。至少在发布中包含一篇项目。对于本示例，选择要发布的所有对象：表、视图、索引视图、用户定义功能和存储过程。注意，此时试图创建一个发布的确切镜像以用作热备用，因此必须包含所有对象。如果表中有触发器，则可以不选择该项，然后在订阅服务器端执行一个包含 NOT FOR REPLICATION 选项的触发器代码的脚本。针对该高可用性发布，无须进行任何表单筛选，所以只需单击 Next 按钮。

对于事务复制，必须确定如何实现复制的快照部分。快照代理将立即创建快照并保证该快照可用于初始化订阅，包括模式和数据的快照。可以选择"立即运行快照代理"复选项，而不是"设置其开始处理的预定时间"，如图 8.20 左上角所示。另外，还需要为快照代理提供访问权限，以连接发布服务器用于所有的发布创建活动和日志读取器代理处理（通过分发服务器将事务馈入到订阅服务器），如图 8.20 右上角所示。在下一个窗口中，给出在向导处理结束时所需完成的操作。

图 8.20 中的最后一个窗口显示了将要处理的任务概况和命名发布的位置。在此将其命名为 AW2AW4HA（表示用于高可用性的 AdventureWorks 到 AdventureWorks）。

图 8.21 给出了该新发布的创建步骤。所有行为状态都应是 Success。至此，安装并配置完成远程分发服务器，启用并创建了发布。接下来，还需要创建订阅。

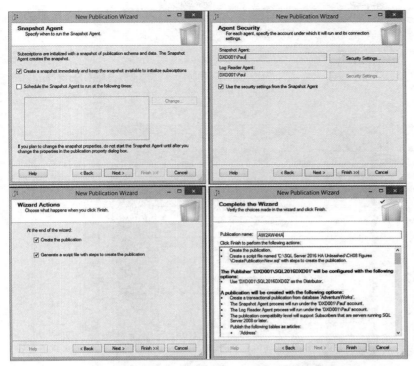

图 8.20　选择发布数据库，指定发布类型并确定订阅服务器的类型

图 8.21　含有新快照和日志读取器的企业管理器

8.8.4　创建一个订阅

注意，可以创建两种类型的订阅：请求订阅和推送订阅。请求订阅允许远程站点订阅发布，并从订阅服务器端启动处理。推送订阅是从分发服务器端执行并管理的。由于创建

的订阅服务器用于故障转移,因此应选择采用推送订阅方法,因为不希望在该订阅服务器上有其他代理,且希望从一个地方(分发服务器)统一管理所有处理操作。

图 8.22 显示了订阅服务器上创建一个新订阅的过程。在本例中,订阅服务器是 SQL2016DXD03 服务器。只需右击 Local Subscription 复制节点并选择 New Subscriptions 命令即可。

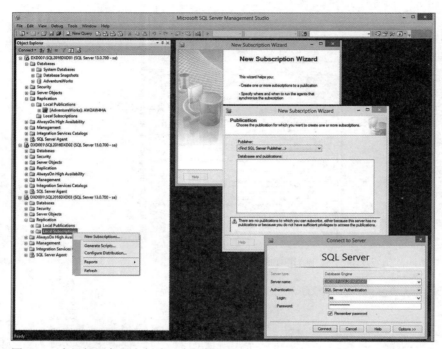

图 8.22　在订阅服务器上创建一个新的订阅

尤其是我们将创建一个推送订阅(从分发服务器推送),因此需要确定订阅的发布服务器。如图 8.22 右侧所示,选择 <Find SQL Server Publisher> 选项,允许连接到所需的 SQL Server 实例(在此情况下是 SQL2016DXD01)并建立对发布服务器上所发布内容的访问。一旦连接成功,就可以在该发布服务器上选择所列的发布内容(如图 8.23 左上角所示)。

一旦选择了感兴趣的发布,就需要决定该发布是推送订阅还是请求订阅。如前所述,希望将其设置为使得分发服务器上所有代理均运行的推送订阅,因此选择如图 8.23 右上角所示的第一个单选项。

接下来,需要确定订阅服务器的数据库位置(本例中为 SQL2016DXD03)并指定订阅目标的数据库名称。在这种情况下,由于可能会将该数据库用于应用的故障转移,因此需将该数据库的名称设置成原始数据库相同的名称。如图 8.23 所示,选择创建一个具有相同名称(AdventureWorks)的新数据库,用于接收发布服务器的发布内容。

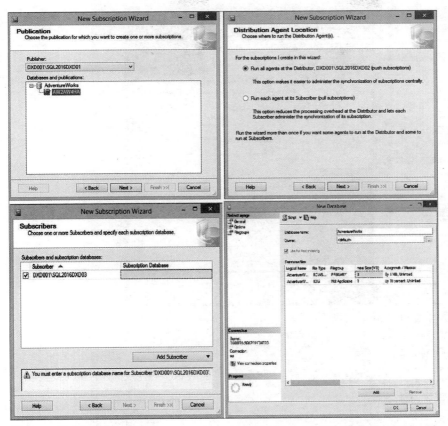

图 8.23　选择订阅的发布

现在就表明确定了保持发布的数据库。接下来，指定分发代理为订阅服务器所需的访问凭证（账户）。图 8.24 给出了选定的订阅数据库（AdventureWorks）和分发代理安全规范。一旦指定了访问权限，就必须为推送到订阅服务器的事务建立同步计划。在此希望延迟尽可能地短，以确保数据尽快推送到订阅服务器。如图 8.24 左下角所示，选择 Run Continuously 同步模式。这意味着在事务到达分发服务器时，将尽快地连续推送到订阅服务器。这会在订阅服务器上明显地限制未应用事务。

如图 8.25 所示，必须指定如何初始化订阅以及何时进行。可以选择在订阅服务器上创建模式和数据（也可以立即执行），或者因为已手动创建了模式并加载了数据而完全省略初始化过程。通过选中初始化框并立即选择数据，来选择创建模式和快速初始化数据的初始化过程，这就是此时必须完成的操作。下一个窗口显示了即将初始化的内容。一旦选定，则创建订阅窗口将显示创建订阅的进度。到目前为止，读者可能已经注意到总是通过向导生成执行脚本，因此后面可以通过向导轻松地实现，这是一个可靠的管理过程。本书提供了所设置的复制拓扑所需的所有脚本。

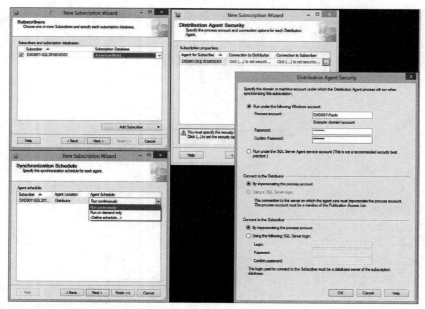

图 8.24　设置分发代理访问权限和同步计划

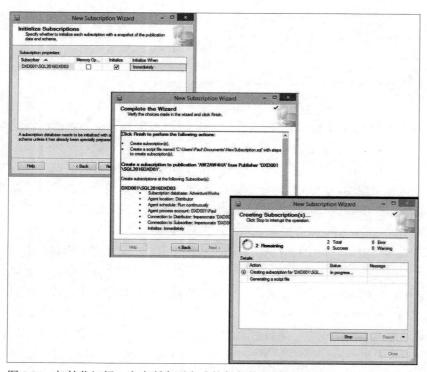

图 8.25　初始化订阅，审查所有要完成的任务并立即创建订阅

现在，必须等待代理介入，并执行生成快照、创建模式、加载数据和连续同步等任务。

图 8.26 显示了为发布所创建的代理和从分发服务器到订阅服务器的推送。另外还有一些其他代理工作，如清理、重新初始化和检查等。

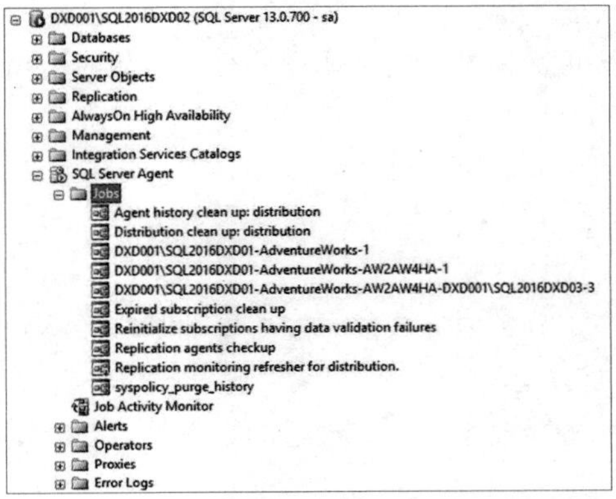

图 8.26　分布服务器上用于发布和推送订阅的 SQL Server 代理

至此，复制都已设置完成，剩下的就是等待了。如果指定立即创建模式和数据，那么很快就可以进行。

快照代理启动并开始创建模式文件（.sch 文件），将数据提取到 .bcp 文件，并将所有内容保存在分发服务器上的快照文件夹中。图 8.27 显示了用于初始化订阅的一部分快照处理而创建的数据文件列表。

图 8.27　在快照文件夹中创建的用于初始化订阅的模式和数据

分发代理将模式应用于订阅服务器。依次批量复制数据到订阅服务器端的表中。实现批量复制后，即完成了初始化步骤，开始复制活动。

一切就绪！现在已处于复制状态。发布方进行的任何更改都将不断复制到订阅服务器（大多数情况下是在几秒之内完成）。

如果发布服务器因任何原因发生故障，且无法正常恢复，则可通过所有客户端应用指向新服务器来保证订阅服务器正常运行。

8.9 切换到温备用（订阅服务器）

如果一切正常的话，若提前检测到故障，可在 2 分钟内完成复制配置中的故障转移到温备用（订阅服务器）。在此需要考虑以下几个主要方面：

- 需要确定发生了什么故障。是否只有发布服务器发生故障？最近的事务是否已复制到订阅服务器？
- 需要定义使订阅服务器成为主服务器而必须执行的过程。
- 需要定义将客户端指向新的主服务器（备用）必须执行的过程。
- 需要定义将所有操作返回到故障发生前运行方式的过程（如果需要的话）。

还可以将温备份（订阅服务器）作为在升级发布服务器时切换只读客户端活动的临时位置。升级完成后，可以再切换回发布服务器（已升级），然后重复订阅服务器（温备用服务器）的升级，从而提高系统的总体可用性。

8.9.1 切换到温备用的场景

通过复制构建温备用配置的主要原因是在主服务器发生故障时可以将故障转移到备用服务器。也就是说，在 SQL Server 自动恢复尝试将其联机后，不会再返回到主服务器。此时数据库基本上完全不可用，且由于各种原因（磁盘损坏、内存丢失等）而无法使用。在使用复制配置时，必须处理以下基本的故障场景：

- 发布服务器故障、分发服务器正常、订阅服务器正常。可以在分发服务器向订阅服务器分发所有发布事务后，使用订阅服务器进行客户端连接。
- 发布服务器故障、分发服务器故障、订阅服务器正常。可以在 SQL Server 实例重命名为发布服务器名称之后，使用订阅服务器进行客户端连接，可能会丢失一些数据。

8.9.2 切换到温备用（订阅服务器）

假设主服务器（发布服务器）由于多种原因而不可用，且在可预见的将来都无法使用，则现在必须将温备用作为主服务器。具体执行步骤如下：

（1）通常检查分发代理的历史记录，验证提交给分发服务器的最后一组事务是否已复制到订阅服务器。该过程最多需要几分钟（如果不是对于从服务器）。

（2）通过在订阅服务器上执行系统存储过程 sp_removedbreplication 来删除复制。还可以在订阅服务器上的复制选项中使用本地订阅节点的删除选项。

（3）禁用所有复制代理（日志读取器代理、分发代理等）。无须删除，只需禁用（随后再清除）。

在备份数据库可供客户使用之前，如果之前设置的是简单或批量复制，此时要确保将恢复模式设置为完全复制。然后运行备份/恢复脚本来立即启动数据库备份和事务日志备份。

8.9.3 订阅服务器转换为发布服务器（如果需要）

如果必须使用订阅服务器作为故障转移 SQL Server 实例，则需准备将该订阅服务器转换为发布服务器（如果需要）。例如，订阅服务器将永久接管发布服务器的工作时（直到发生复制而需要切换回去），需要执行上述操作。应以脚本格式保存所有复制配置，其中包括能够使订阅服务器成为发布服务器并开始发布的一个复制脚本。

> **提示TIP**
> 确保SQL登录/用户同步并更新发布服务器和订阅服务器上的SQL Server实例。

8.10 复制监视

当复制启动并运行时，需要监视复制并查看其如何运行。可以采用不同方法来完成，其中包括使用 SQL 语句、SQL Server Management Studio 中的复制监视器和 Windows 性能监视器（PerMon 计数器）。

我们主要关注的是代理的成败、复制速度和复制过程中涉及的表的同步状态（即发布服务器和订阅服务器上的所有数据行）。另外，还需要注意分发数据库的大小、订阅数据库的扩充和分发服务器上快照工作目录的可用空间。

8.10.1 SQL 语句

需要验证数据是否已在发布服务器和订阅服务器中。可以使用发布验证存储过程（sp_publication_validation）来很快完成。这将实现真正的行计数验证。下列命令即可检查发布服务器和订阅服务器的行计数：

```
exec sp_publication_validation @publication = N'AW2AW4HA'
go
```

上述命令的执行结果为：

```
Generated expected rowcount value of 19614 for Address.
Generated expected rowcount value of 6 for AddressType.
Generated expected rowcount value of 1 for AWBuildVersion.
```

```
Generated expected rowcount value of 2679 for BillOfMaterials.
Generated expected rowcount value of 20777 for BusinessEntity.
Generated expected rowcount value of 19614 for BusinessEntityAddress.
Generated expected rowcount value of 909 for BusinessEntityContact.
Generated expected rowcount value of 20 for ContactType.
Generated expected rowcount value of 238 for CountryRegion.
Generated expected rowcount value of 109 for CountryRegionCurrency.
Generated expected rowcount value of 19118 for CreditCard.
Generated expected rowcount value of 8 for Culture.
Generated expected rowcount value of 105 for Currency.
Generated expected rowcount value of 13532 for CurrencyRate.
Generated expected rowcount value of 20420 for Customer.
Generated expected rowcount value of 1597 for DatabaseLog.
Generated expected rowcount value of 16 for Department.
Generated expected rowcount value of 13 for Document.
Generated expected rowcount value of 19972 for EmailAddress.
Generated expected rowcount value of 290 for Employee.
Generated expected rowcount value of 296 for EmployeeDepartmentHistory.
Generated expected rowcount value of 316 for EmployeePayHistory.
```

8.10.2　SQL Server Management Studio

SSMS 具有两种很好的方法来监视复制的同步状态和所复制内容的总体状况。图 8.28 给出了发布的视图同步状态选项，并显示了刚刚执行的最新活动。也可以在此停止并开始同步（请谨慎操作）。

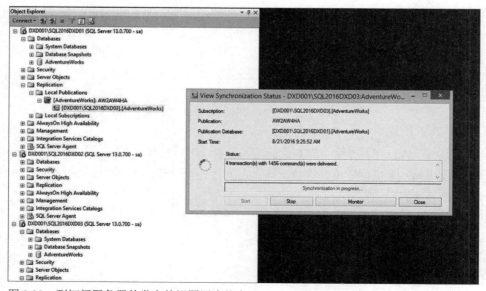

图 8.28　到订阅服务器的发布的视图同步状态

还可以通过复制监视器深入了解复制拓扑。只需右击 SSMS 中的复制节点（或任何复制分支项），选择"启动复制监视器"命令，并查看复制拓扑的发布服务器和订阅服务器，如图 8.29 所示。

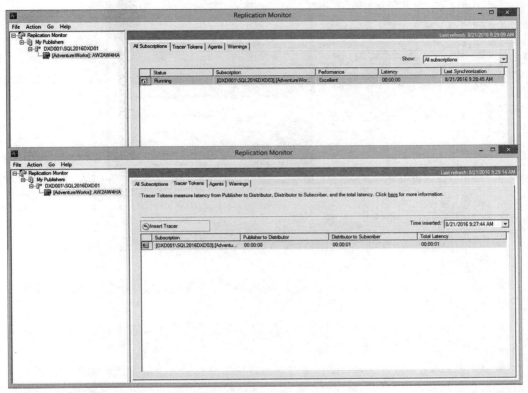

图 8.29　复制监视器及所有订阅和跟踪令牌

在复制监视器中，可以看到发布服务器和代理的活动，且当某些值超过预设值（如延迟）时，可以使用 Warning 选项卡配置警告信息。All Subscriptions 选项卡显示了整体状态信息（如图 8.29 中所显示的示例运行），包括订阅服务器、整体性能（在这种情况下是非常优秀的）、延迟时间和运行的最近一次同步。此外，还可以通过 Agents 选项卡深入每个代理来查看其完整的历史执行信息。最后，可以生成一个通过复制拓扑（从发布服务器到分发服务器，再到订阅服务器）发送的合成事务（跟踪令牌）。图 8.29 的下半部分显示了具有 1 秒延迟的运行良好的复制拓扑。

可以通过 SSMS 调用验证订阅处理来观察复制是否同步。在复制节点的发布分支下，只需右击要验证的发布并选择 Validate Subscriptions 命令。在此，可以验证所有订阅或某个特定订阅，如图 8.30 所示。然后可以通过分发代理历史查看验证结果。

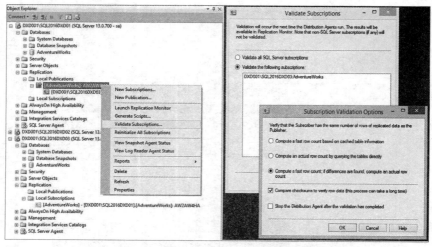

图 8.30　验证订阅以确保发布服务器和订阅服务器处于同步状态

8.10.3　Windows 性能监视器与复制

可以使用 Windows 性能监视器来监视复制场景的运行状况。安装 SQL Server 时可在性能监视器中增加几个新对象和计数器：

- SQL Server：复制代理。该对象包含用于监视所有复制代理状态的计数器，其中包括总的运行量。
- SQL Server：复制距离。该对象包含用于监视分发代理状态的计数器，其中包括延迟时间和每秒传输的事务个数。
- SQL Server：复制日志读取器。该对象包含用于监视日志读取器代理状态的计数器，其中包括延迟时间和每秒传输的事务个数。
- SQL Server：复制合并。该对象包含用于监视合并代理状态的计数器，其中包括每秒事务个数和冲突个数。
- SQL Server：复制快照。该对象包含用于监视快照代理状态的计数器，其中包括每秒的事务个数。

8.10.4　复制配置的备份和恢复

完成数据复制配置后，所带来的主要好处是提供了一种面向复制的备份策略。现在数据范围和需要备份的数据都已经改变。此外，还必须了解恢复时间表是什么，并为此规划备份/恢复策略。恢复整个复制拓扑不会占用几个小时的时间。若有概念上联接的数据库时，可能需要将其合并进行同步备份。

备份复制环境时，需要在每个站点备份以下内容：

- 发布服务器（发布数据库、MSDB 和主数据库）。

- 分发服务器（分发数据库、MSDB 和主数据库）。
- 订阅服务器（可选的订阅数据库）。

保持发布数据库的定期备份，并利用 SQL Server 复制监视器中重新预置一个或多个订阅需求的内置功能来提供一个简单的恢复策略。

还可以进一步限制发布数据库的定期备份，并依靠 SQL Server 复制脚本在需要恢复整个复制环境时提供一个重建复制方法。

另一种策略是只备份发布服务器和分发服务器，只要发布服务器和分发服务器是同步的即可，该策略允许完全恢复复制环境。备份订阅服务器是可选的，但可以减少订阅故障恢复时间。

随时备份复制脚本并便于使用。至少应在发布服务器、分发服务器及另一个位置（如订阅服务器）上保存一个副本。总有一天会用到这些备份来进行恢复的。

不要忘记在创建、更新或删除任何一个新复制对象时备份主数据库和 MSDB。

在完成下列操作后，即可备份发布数据库：

- 创建新发布。
- 更改所有发布属性，包括筛选。
- 在现有发布中添加项目。
- 执行订阅的发布方重新初始化。
- 通过更改复制模式来更改所有已发布的表。
- 执行需求脚本复制。
- 清理合并元数据（即运行 sp_mergecleanupmetadata）。
- 更改所有项目属性，包括更改选定的项目解析器。
- 删除所有发布。
- 删除所有项目。
- 禁用复制。

执行以下所有操作后，即可备份分发数据库：

- 创建或修改复制代理配置文件。
- 修改复制代理配置文件参数。
- 更改所有推送订阅的复制代理属性（包括计划表）。

执行完下列操作后，即可备份订阅数据库：

- 更改所有订阅属性。
- 在发布服务器上更改订阅属性。
- 删除所有订阅。
- 禁用复制。

执行完下列操作后，即可备份 MSDB 系统数据库：

- 启用或禁用复制。
- 添加或删除分发数据库（在分发服务器上）。
- 启用或禁用发布数据库（在发布服务器上）。
- 创建或修改复制代理配置文件（在分发服务器上）。
- 修改所有复制代理配置文件的参数（在分发服务器上）。
- 更改任何推送订阅的复制代理属性（包括计划时间表）（在分发服务器上）。
- 更改任何请求订阅的复制代理属性（包括计划时间表）（在订阅服务器上）。

执行完下列操作后，即可备份主数据库：

- 启用或禁用复制。
- 添加或删除分发数据库（在分发服务器上）。
- 启用或禁用发布数据库（在发布服务器上）。
- 在任何数据库中增加第一个或删除最后一个发布（在发布服务器上）。
- 在任何数据库中增加第一个或删除最后一个订阅（在订阅服务器上）。
- 在发布服务器上启用或禁用发布服务器（在发布服务器和分发服务器上）。
- 在分发服务器上启用或禁用订阅服务器（在订阅服务器和分发服务器上）。

一般来说，即使对分发服务器、发布服务器或任何订阅服务器断电，也能正常运行自动恢复，使之在没有人工干预的情况下恢复在线复制和快速复制。

8.11　场景 2：利用数据复制的全球销售和市场营销

正如第 1 章 "高可用性理解"中所定义的，这种常见的业务场景是关于一个已成功创造促销和品牌计划的主要芯片制造商，回馈给全球销售渠道合作伙伴数十亿美元的广告收入。这些销售渠道的合作伙伴必须输入其完整的广告（报纸、广播、电视等），并根据广告合格性和标识使用及位置进行衡量。如果一个销售渠道合作伙伴合规，则可从芯片制造商处获得高达 50% 的广告成本。主要有三个广告投放区：远东、欧洲和北美。每个地区每天都会产生需要在北美主服务器上处理的大量新广告信息。然后，在每天的其余时间里，各区域审查合规性，并仅在各自区域经营其他类型的主要销售报告。需要注意的是，应用组合是大约 75% 的广告事件在线录入和 25% 的区域管理和合规性报告。

可用性：

- 24 小时 / 天
- 7 天 / 周
- 365 天 / 年

　计划停机时间：3%

计划外停机时间：2% 可容忍

事实证明，区域报表和查询处理是该应用的最重要（最关键）部分。由于每个区域与区域渠道伙伴交互并快速提供合规状态和返利信息（包括美元数值），所以其必须能够查询该数据库中的合规性和广告信息。这往往需要涵盖众多广告事件并影响大量资金的专门报表。广告信息的在线数据录入是由第三方数据录入公司 24 小时进行的，并且必须直接在中央数据库中进行（具有严格的防火墙和安全性）。该应用绝不能以任何方式牺牲 OLTP 的性能。

每个独立的服务器都具有基本的硬件/磁盘冗余和一个 SQL Server 实例，并配置有 SQL Server 强大的事务数据复制。该复制实现创建了主市场数据库（MktgDB）的三个区域报表镜像。这些分布式副本可减轻 OLTP（主）数据库的主报表负担，而且其中任何一个都可在总部数据库发生重大问题的情况下作为数据库的温备用副本。总体而言，这种分布式体系架构易于维护和保持同步，且具有高度的可扩展性。到目前为止，尚未出现需要完全切换到一个订阅服务器的重大故障。然而，如果有必要，订阅服务器有能力处理该问题。此外，每个报表服务器的性能都非常出色，使得每个区域都有业务对象，并为该数据构建了各自独特的报表前端。

公司之前估计的总增量成本为 1 万到 10 万美元之间，其中包括以下内容：

- 3 台新的双向服务器（4GB RAM 和本地 SCSI 磁盘系统 RAID 10，共计 15 个新驱动器），每台服务器 1 万美元（一台用作北美的报表/备用服务器，一台用于欧洲，一台用于远东地区）。
- 3 份微软 Windows 2000 Server 授权，每台服务器约 1500 美元。
- 2 天系统管理人员额外的培训费用，约 5000 美元。
- 4 份新的 SQL Server 授权（SQL Server 2016——远程分发服务器和 3 台新的订阅服务器），每台服务器 5000 美元。

实现数据复制无需特殊硬件或 SCSI 控制器。构建这种高可用性解决方案的总增量成本约为 89500 美元（总成本如下所示）。

接下来，针对总增量成本和停机成本计算完整的 ROI。

1. 维护费用（1 年期）。
   - 5000 美元（估计）。年度系统管理人员费用（培训这些人员的额外时间）。
   - 24500 美元（估计）。软件重复许可成本（额外的高可用性组件；3 个操作系统 +4 个 SQL Server 2016）。
2. 硬件成本。
3 万美元的硬件成本：新高可用性解决方案中附加硬件的成本。
3. 部署/评估成本。
   - 2 万美元的部署成本：解决方案的部署、测试、QA 和生产实施成本。
   - 1 万美元的评估成本。

4. 停机成本（1 年期）。
   - 如果已保存去年的停机记录，则使用该值；否则，计算估计的计划停机时间和计划外停机时间。对于该场景，停机时间 / 小时的估算成本为 5000 美元 / 小时。
   - 计划停机成本（收入损失）= 计划停机时间 × 公司每小时的停机成本。
     - 3%（估计的 1 年内计划停机时间百分比）×8760 小时 / 年 =262.8 小时的计划停机时间。
     - 262.8 小时 ×5000 美元 / 小时（每小时的停机成本）=1314000 美元 / 年的计划停机成本。
   - 计划外停机成本（收入损失）= 计划外停机时间 × 公司每小时的停机成本。
     - 2%（估计的 1 年内计划外停机时间百分比）×8760 小时 / 年 =175.2 小时的计划外停机时间。
     - 175.2 小时 ×5000 美元 / 小时（每小时的停机成本）=876000 美元 / 年的计划外停机成本。

ROI 总计：
- 该高可用性解决方案的总成本 =89500 美元（针对第一年，随后几年约为 24500 美元 / 年）。
- 停机总成本 =219 万美元（1 年）。

增量成本约为 1 年停机成本的 4%。也就是说，这个特定高可用性解决方案的投资将在 18.9 小时内回本，这是一个极短时间内的巨大 ROI。另外还提供了一个具有良好可扩展性和灵活性的平台。

构建好该高可用性解决方案后，即可很容易地达到正常运行时间。偶尔在每个区域站点（订阅服务器）会有一些数据同步延迟。但总地来说，用户对性能和可用性都非常满意。这是一个知道高可用性选项是什么，并知道如何最小化硬件、软件和维护成本的很好的示例。

8.12 小结

数据复制是 SQL Server 的一个强大功能，可用于许多业务场合。公司可通过复制来实现从滚动报表到从特殊查询和报表中缓解主服务器的任何功能。然而，如果需求与性能相匹配，则将其作为高可用性解决方案非常有效。确定正确的复制选项和所需的配置有些难度，但实际上设置起来相当容易。微软在这方面已经进行了长期探索。对于场景 2 而言，如果不是要求极高的可用性，可以使用复制来获得高可用性。这不仅仅是有价值的产品，而且所提供的灵活性和整体性能简直令人难以置信。

第 9 章

SQL Server 日志传送

为获得更高的可用性，有一种创建完全冗余数据库镜像的直接方法是使用日志传送。微软认证的日志传送是一种创建"几乎"热备用的方法。有些情况下可用日志传送来替代数据复制。当复制是附加产物时，日志传送通常称为"廉价的复制"。尽管日志传送和复制都有类似功能且实现成本也几乎相同，但在如何复制方面有着不同之处。日志传送使用事务日志项，而复制使用 SQL 语句，有很大区别。日志传送方法主要有以下三个组件：

- 在"源"服务器（针对其他服务的所有事务的源）上对数据库进行完全备份（数据库转储）。
- 在一个或多个转储数据库的其他服务器（称为目标服务器）上创建该数据库的副本。
- 从"源"数据库到"目标"数据库连续应用事务日志转储。

这是转储、复制、恢复的顺序。也就是说，日志传送通过事务日志转储将一个服务器上的数据（源）有效地复制到一个或多个其他服务器（目标）。目标服务器是只读的。

本章内容提要
- 廉价的高可用性
- 日志传送设置
- 场景4: 使用日志传送的挖掘前呼叫
- 小结

9.1 廉价的高可用性

图 9.1 显示了具有两对目标服务器的典型日志传送配置。一个目标对是任何一个唯一的源服务器／目标服务器组合，可以有任意数量的源／目标对。这意味着可

以通过日志传送具有一个数据库的从 1 到 N 个复制镜像，例如在不同的数据中心。然后，如果源服务器发生故障，可以轻松地用一个目标服务器来接管源服务器，从而达到某种高可用性级别（只会丢失切换到某一目标服务器的可用时间）。但是，需要理解每个目标服务器的数据必须与上一次应用事务日志所恢复的数据保持相同。

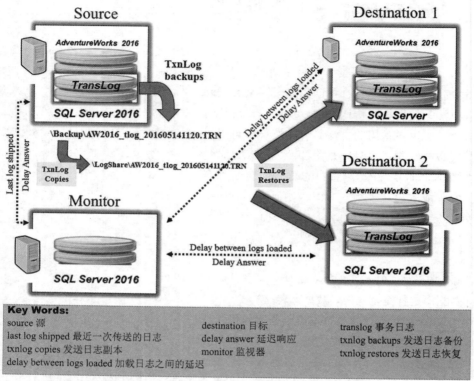

图 9.1 使用两台只读目标服务器和一台独立监视服务器的日志传送

如图 9.1 所示，日志传送使用监视服务器来跟踪日志传送的当前状态。监视服务器是另一个 SQL Server 实例。在监视服务器上由 SQL Server 代理创建一对传送作业。此外，MSDB 数据库中的一些表专门用来存储日志传送信息，这些表的文件名都是以 log_shipping_ 开始的。简而言之，监视服务器跟踪最近一次从源数据库发送到目标数据库的事务日志备份以及在目标数据上加载日志之间的延迟，并表明是否超出延迟时间。

9.1.1 数据延迟和日志传送

确定指定的适当延迟取决于所能容忍的数据延迟和通知日志传送失败的速度。高可用性服务水平协议可给出上述信息。如果日志传送中发生故障，例如在目标数据库上未完成加载或加载时间超出设置时间，则监视服务器将产生警告。一种很好的实践方法是将监视服务器隔离为一个独立的服务器，从而使得源服务器或目标服务器发生故障时，日志传送的监视不会受到影响（见图 9.1）。

> **提示**
>
> 如果需要，完全可以将日志传送设置为在单个 SQL Server 实例上运行。如果正在进行广泛测试，或在可以受益于"源"数据库独立副本的其他情况下，或想要将报表隔离到一个单独的 SQL Server 实例中时，这可能非常有用。日志传送通常是从一个 SQL Server 实例到另一个 SQL Server 实例，而不管目标服务器位于何处（在另一个数据中心），只会受限于 SQL 实例之间的通信稳定性和一致性。

在源数据库和目标数据库镜像之间存在的数据延迟程度是理解恢复能力和故障转移能力状态的主要决定因素。需要将这些数据延迟（延迟）值设置为日志传送配置的一部分。

以下是使用日志传送作为创建和维护冗余数据库镜像方法的主要因素：

- 数据延迟是一个问题。这是在源数据库上事务转储和将这些转储应用到目标数据库之间所发生的时间。
- 源数据库和目标数据库必须是同一 SQL Server 版本。
- 在日志传送配对失败之前，目标 SQL Server 上的数据是只读的（这是因为需保证事务日志可应用于目标 SQL Server）。

尽管数据延迟的限制可能会很快取消日志传送作为一种可靠的高可用性解决方案的资格，但日志传送仍足以满足某些高可用性的情况。如果在主 SQL Server 上发生故障，那么通过日志传送创建和维护的目标 SQL Server 可以随时交换使用。可以准确地包含源 SQL Server 上的内容（包括每个用户 ID、表、索引和文件分配映射，但除了最近一次日志转储后发生的源数据库的任何更改）。这直接达到了高可用性的水平，但仍不是完全透明的，因为 SQL Server 实例的名称不同，终端用户可能需要再次登录到新的 SQL Server 实例。但通常不可用性极小。

9.1.2 日志传送的设计和管理含义

从设计和管理角度来看，需要考虑与日志传送相关的以下重要内容：

- 用户 ID 及其相关权限作为日志传送的一部分被复制。这些在所有服务器上都是这样，不管这些内容是不是你想要的。
- 不会筛选日志传送。不能在垂直或水平上限制由日志传送的数据。
- 日志传送不具有数据转换的能力。日志传送机制不可能具有总结概括、格式变化或类似功能。
- 数据延迟是一个关键因素。延迟程度取决于在源数据库上执行事务日志转储的频率以及何时应用到目标副本。
- 源数据库和目标数据库必须是同一 SQL Server 版本。

- 所有表、视图、存储过程和功能都被复制。
- 无法在副本中调整索引，以支持任何报表需求。
- 数据是只读的（直到终止日志传送）。

如果这些限制不会造成任何影响，且高可用性需求确定使用日志传送解决方案，则可以放心地利用微软提供的这个功能。

> **提示**
>
> 尽管微软SQL Server 2016中的日志传送是极其稳定的，但最终还是会被弃用（即在SQL Server的今后版本中将卸载该功能）。虽然许多组织都在使用可用性组，但日志传送可能才是真正需要的，这取决于具体的基本需求，且不需要故障转移集群之类的功能。

9.2 日志传送设置

为了使用日志传送来实现高可用性解决方案，应计划至少有三个独立的可用服务器。第一个服务器是"源"SQL Server，从中可以确定日志传送的数据库，是主SQL Server实例和数据库；第二个服务器是日志传送目的地的"目标"SQL Server，同时也是故障转移的从服务器；第三个服务器是跟踪日志传送任务和时效性的"监视"SQL Server，尽管可以配置无监视服务器的日志传送，但经验表明，在出现问题时独立的监视服务器可发出警告是最稳健的配置，尤其是为了实现高可用性。

本章假设正在使用完全恢复模型（或批量日志记录）进行数据库备份，因为在事务日志中创建的事务是日志传送的源。如果选择简单恢复模型，则不会有任何日志传送内容，因为事务日志会定期截断。事实上，对于选择该恢复模式的任何数据库，甚至都没有日志传送选项。

9.2.1 创建日志传送之前

作为从微软SQL Server Management Studio（SSMS）中设置日志传送的一部分，应尽快注册日志传送模型所用的所有SQL Server实例。可通过右击每个SQL Server实例并选择Register命令来实现。

> **提示**
>
> 在配置日志传送时，需要在配置所用的SQL Server实例上创建一系列重复性SQL Server代理作业：
> - 数据库备份作业（如果在源服务器上指定）。
> - 事务日志备份作业（在源服务器上）。
> - 日志传送警报专业（在监视服务器上）。
> - 目标服务器上复制和加载（恢复）事务日志的两个作业。

第 9 章　SQL Server 日志传送

注意，应确保日志传送配置中的每个 SQL Server 实例都有相应的 SQL Server 代理运行，因为会在每个 SQL Server 实例上创建任务，除非 SQL Server 代理都正常运行且有权限访问所需要的内容，否则不会执行任务。用于启动 SQL Server 和 SQL Server 代理服务的登录名必须对日志传送计划作业、源服务器和目标服务器具有管理权限。设置日志传送的用户必须是 SYSADMIN 服务角色的成员，具有用户权限来修改日志传送的数据库。

接下来，需要在存储事务日志备份的主服务器上创建一个网络共享，这样就可以通过日志传送作业（任务）来访问事务日志备份。使用与默认备份位置不同的目录时，这一点尤为重要。下面是网络共享格式：

\\SourceServerXX\NetworkSharename

在本章中，将创建从 SQL Server 2016 传送到 AdventureWorks 数据库的日志（在 www.msdn.com 上提供）。如果尚未下载该数据库，请立即获取并将其安装到源服务器的 SQL Server 实例上。图 9.2 显示了即将设置的日志传送配置，SQL2016DXD01 服务实例是源实例，SQL2016DXD02 服务实例是目标实例，而 SQL2016DXD03 服务实例是监视器实例。另外，要确保设置 AdventureWorks 数据库恢复模型为 Full，以使得事务日志传送任务对该数据库可用。

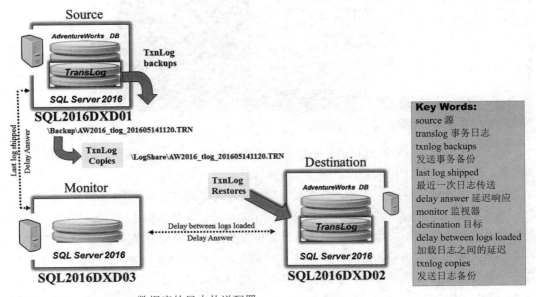

图 9.2　AdventureWorks 数据库的日志传送配置

9.2.2　利用数据库日志传送任务

现在可以开始日志传送设置过程。微软已在数据库任务中配置了该功能。如图 9.3 所示，通过启动源数据库的事务日志传送任务来开始配置（本例是在 SQL2016DXD01 服务实例上）。图 9.3 是进行该数据库的事务日志传送数据库属性页，在此可设置、配置和启动日志传送。

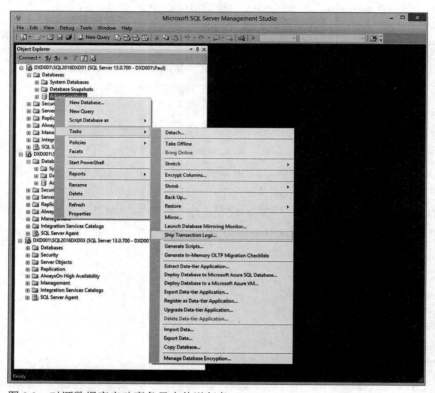

图 9.3　对源数据库启动事务日志传送任务

　　如图 9.4 所示，必须通过单击位于顶部的复选框使得日志传送配置中的数据库作为主数据库。在定义完日志传送配置的所有其他属性后，在该数据库事务日志传送属性页中是可见的。一旦选中 Enable 复选框，就可以使用备份设置选项以指定所需的所有内容。

　　单击 Backup Setting 按钮，弹出如图 9.5 所示的对话框，可以指定所有备份和文件服务器设置。需要指定用于存储待传送事务日志备份的备份文件夹完整网络路径。授权对该文件夹的读写权限非常重要，这样才能允许使用服务账户（在源服务器上）。另外将读取权限授予执行复制作业的服务账户也同样重要，事务日志复制/转移到目标服务器。指定网络路径为 \\DXD001\FileServerBACKUP。

　　将 LSBackup_AdventureWorks（默认名）作为以一定频率执行事务日志备份的 SQL Server 代理作业的备份名。在本例中，设置每 5 分钟执行一次备份（默认为 15 分钟），因为需要更多的当前数据（更频繁地将事务推送到目标服务器）。单击 Job Name 字段右侧的 Schedule 按钮，则可设置推送计划频率（如图 9.6 所示）。

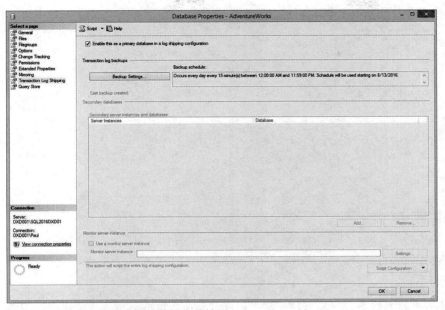

图 9.4　用于日志传送设置的数据库属性页

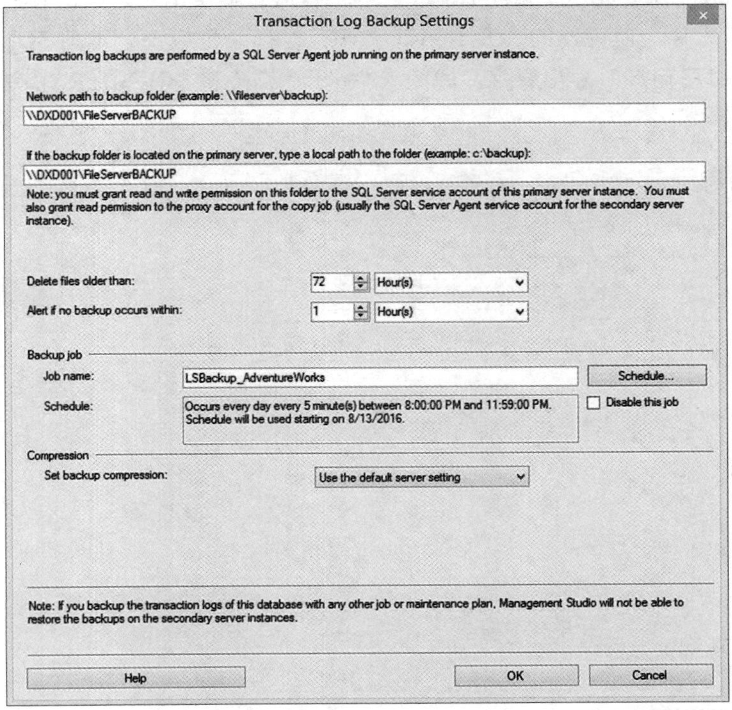

图 9.5　事务日志备份设置页

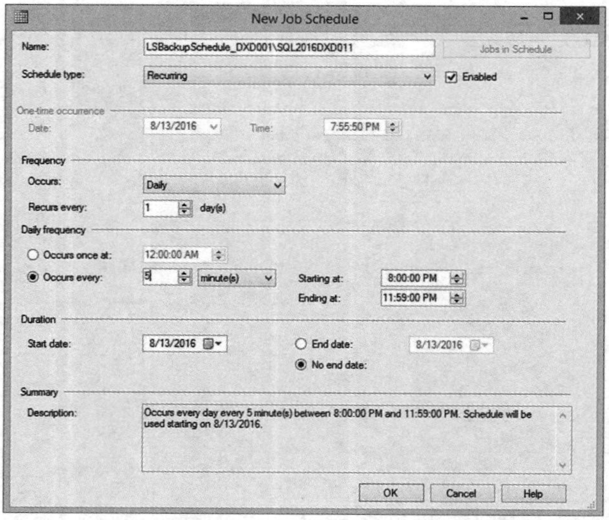

图 9.6 新工作计划页

一旦指定了事务日志设置和计划安排，就可以继续指定目标服务器（次级服务器实例和数据库），以及跟踪记录日志传送时序的监视服务器实例。

若要设置监视服务器实例，勾选数据库属性页面底部的监视服务器实例复选框，并单击设置按钮连，接到作为日志传送监视器的 SQL Server 实例。这样会生成一个本地 SQL Server 代理作业，以在出现时序问题时发出警报。如图 9.7 所示，需连接 SQL2016DXD03 服务器实例作为监视服务器。

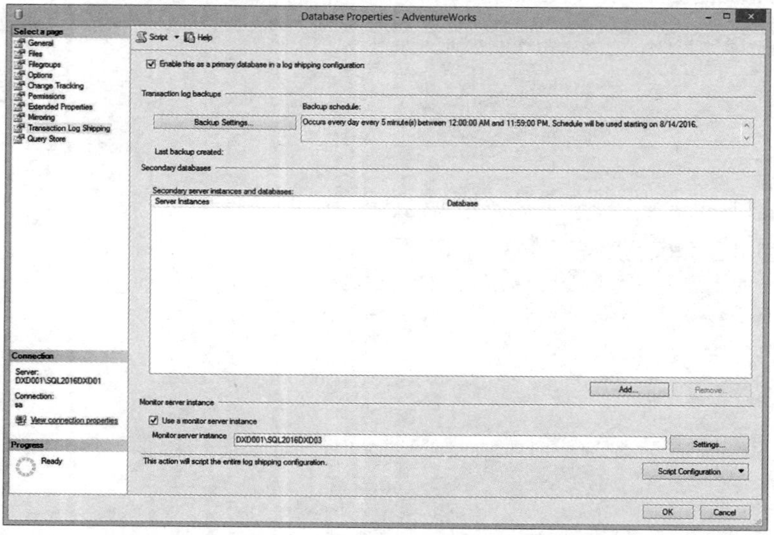

图 9.7 配置监视服务器实例的数据库属性页

现在就可以添加针对日志传送的目标服务器实例和数据库了。在数据库属性页上，单击 Add 按钮，添加次级服务器实例和数据库（在页面的中间部分）。如图 9.8 所示，需要以适当的登录权限连接到目标（次级）服务器实例。然后，可以完成指定如何启动在该服务器（本例中为 SQL2016DXD02）上的日志传送，如果还没有目标数据库，需进行创建；如果已存在，需恢复其完整备份。

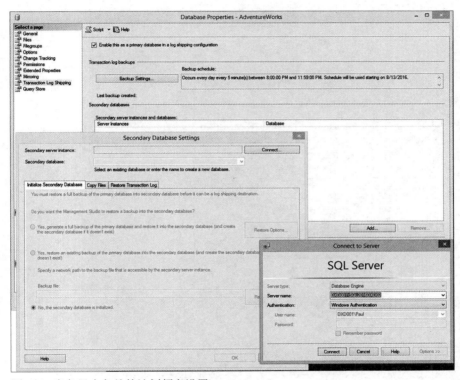

图 9.8　事务日志备份的计划频率设置

对于目标（次级）服务器，需指定文件复制计划以保存从源服务器复制的事务日志，如图 9.9 所示。此外，还需要指定还原事务日志计划，即将事务日志应用到目标服务器（次级）数据库，同样如图 9.9 所示。在本例中，设置所有计划频率为 5 分钟的时间间隔，从而可以获取更多的数据。

在配置完目标（次级）服务器设置后，开始备份、复制和还原过程。图 9.10 给出了所有设置的最终配置以及开始将备份还原到目标（次级）数据库的过程。通过单击 Script Configuration 按钮，可以指定以脚本形式生成整个日志传送配置（可在本章的 SQL 脚本中下载）。

图 9.11 显示了在恢复模式下执行的 SQL Server 代理作业和目标服务器数据库，表明事务日志已应用于该次级数据库，并在需要时可用于故障转移。

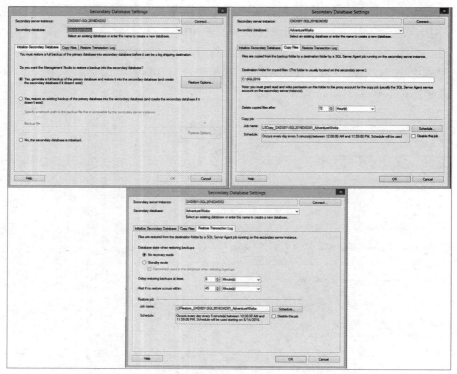

图 9.9 目标（从）服务器和数据库初始化设置

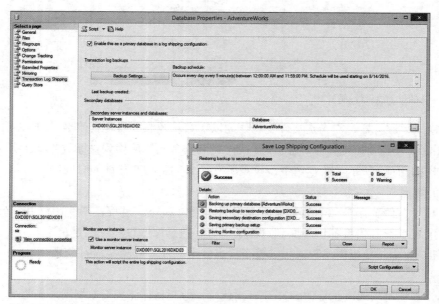

图 9.10 事务日志传送数据库属性完整配置

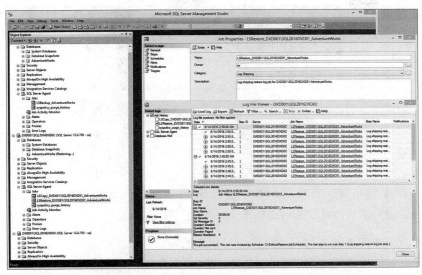

图 9.11 5 分钟间隔内备份和恢复的 SQL Server 代理工作历史

在恢复模式下，不允许访问目标数据库。可使用备用模式使得目标数据库用于查询处理。然而，事务日志恢复作业可能会停滞（即排队），直到所有现有连接终止（关于这一点，后面会有更多的讲解）。但此时并不是无计可施。在完成只读活动后，仍可以应用这些事务日志。注意，该目标数据库中的数据只能与上一次事务日志恢复时的数据相同。图 9.12 给出了同样的整体日志传送配置，只是目标数据库处于备用模式。从图 9.12 中还可以看到针对目标数据库中人员表单的只读查询结果。

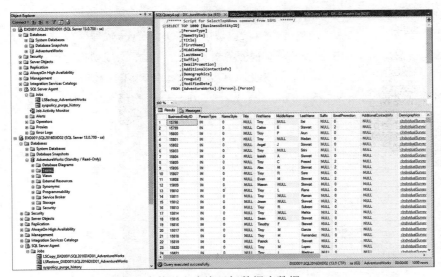

图 9.12 备用模式下的日志传送和查询目标数据库数据

> **提示**
>
> 日志传送和磁盘空间可能会影响高可用性。为事务日志转储指定的目录应足够大，以容纳很长一段时间的转储活动。可能需要考虑使用 Remove Files Older Than 选项，在经过一段指定的时间后，从源服务器的事务日志目录中删除备份文件。但是需要注意磁盘空间并不是无穷大的，除非对该选项有某些设定，否则磁盘最终会溢出。

数据库负载状态表明了在数据加载期间如何管理目标数据库（日志传送的目的地）：

- 非恢复模式表明该目标数据库不可用。选择 RESTORE LOG 或 RESTORE WITH NORECOVERY 选项，目标数据库将处于非恢复模式。在源服务器发生故障时，将更改该目标数据库的模式，以便能够使用该数据库。
- 备用模式表明该数据库可用，但只能是只读模式。选择 RESTORE LOG 或 RESTORE DATABASE WITH STANDBY 选项，该目标数据库将处于备用模式。

如果指定备用模式，本示例将允许只读访问该目标数据库。还应在数据库选项中指定终止用户，因为如果任何用户都连接到目标数据库，则所有恢复操作（事务日志的）都将失败。这似乎有点绝对，但保持数据库完整并确保源数据库的精确镜像至关重要。用户可在恢复过程完成后重新连接到该目标数据库（这个过程通常很快）。在指定恢复频率时，需要考虑将该目标数据库用作次级数据访问点（如用于报表）。

> **提示**
>
> 如果打算将目标数据库用于报表，可能希望降低备份和复制/加载的频率，因为报表要求不能容忍过于频繁的备份。然而，如果目标服务器是用于故障转移的热备用，则可能希望将备份和复制/加载的频率增大到几分钟执行一次。

快速查看监视服务器实例和 LSAlert SQL Server 代理任务的作业历史表明，这是一个良好的日志传送监视序列。在日志传送失败时，希望使用该 SQL Server 代理任务发送警报（如电子邮件、SMS 消息）。图 9.13 显示了在监视服务器实例中最近一次成功执行的任务。也可以在监视服务器实例上执行一些简单的 SELECT 语句（针对 MSDB 数据库表的日志传送）。通常，可查看 msdb..log_shipping_monitor_history_detail 表来清楚地了解正在进行的工作：

```
SELECT * FROM msdb..log_shipping_monitor_history_detail
WHERE [database_name] = 'AdventureWorks'
```

拓扑中的每个 SQL Server 实例都在 MSDB 数据库中有一系列日志传送表：

```
log_shipping_primary_databases
log_shipping_secondary_databases
log_shipping_monitor_alert
log_shipping_monitor_error_detail
log_shipping_monitor_history_detail
log_shipping_monitor_primary
log_shipping_monitor_secondary
log_shipping_plan_databases
```

```
log_shipping_plan_history
log_shipping_plans
log_shipping_primaries
log_shipping_secondary
log_shipping_secondaries
```

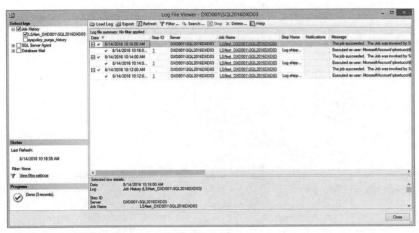

图 9.13　监视服务器实例日志传送警报任务

根据服务器在拓扑中的角色（源、目标或监视器），可以使用每个合适的表。

> **提示**
> 在拓扑的所有 SQL Server 中找不到所有表的条目。只有每个服务器功能所需的表中才有数据行，因此不必担心。

9.2.3　源服务器发生故障时

当源服务器发生故障时，可以快速地让目标服务器数据库接管应用的所有工作（在完全事务模式下）。在目标服务器中（由于源服务器不可用），运行针对数据库的 sp_delete_log_shipping_secondary_database 存储过程，将删除所有用于复制和还原处理的日志传送任务。然后，只需运行 RESTORE DATABASE 'dbname' WITH RECOVERY 命令。最后将应用连接到这个功能完备的数据库，以恢复正常运行。这个过程需要花费几分钟的时间，并能够很好地恢复业务需求的高可用性。

9.3　场景 4：使用日志传送的挖掘前呼叫

正如第 3 章中所述，挖掘前呼叫的业务场景（场景 4）综合采用了硬件冗余、共享磁盘 RAID 阵列、SQL 集群和日志传送。这是一个在计划的工作时间内非常关键的系统，但性能目标较低且停机成本低（在停机时）。不管怎么说，都是尽可能地需要该系统启动和运行。在整个SQL集群配置失败时，具有使用日志传送的温备用可以提供足够的保险策略。

由于具备该高可用性解决方案，公司能够轻易地实现正常运行时间的目标。事实上，3个月后就会禁用日志传送配置。禁用日志传送两天后，整个SQL集群配置就失效了（墨菲定律）。重建日志传送，并从此保持该配置不变。应用的性能一直很出色，且不断达到其可用性目标。图9.14给出了使用日志传送的当前高可用性解决方案。

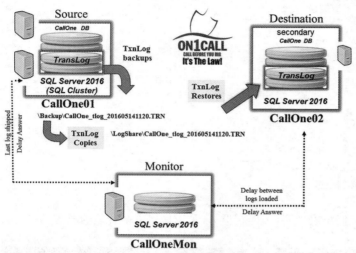

图9.14　使用日志传送的挖掘前呼叫的高可用性"现场解决方案"

- 可用性：
  - 15小时/天（早上5:00—晚上8:00）
  - 6天/周（周日关闭）
  - 312天/年
- 计划停机时间：0%
- 计划外停机时间：0.5%（小于1%）可容忍

公司之前估计的总增量成本为1万到10万美元之间，其中主要包括以下内容：

- 3台新的双向服务器[4GB RAM、本地SCSI磁盘系统的RAID 10、2个以太网网卡和1个额外的SCSI控制器（用于共享磁盘）]，每台服务器25000美元。
- 2份微软 Windows 2000 Advance Server 授权，每份约3000美元（Windows 2003 企业版，每台服务器4000美元）
- 1个RAID 5共享SCSI磁盘系统（每个SCSI磁盘系统最少10个驱动器），约5000美元。
- 4～5天的系统管理人员的额外培训费用，约12000美元。

- 2 份新的 SQL Server 授权（SQL Server 2000 企业版），每台服务器 5000 美元。

升级到这个使用日志传送和 SQL 集群的高可用性解决方案的总增量成本约为 108000 美元，略高于之前的估算。

现在，根据这些总增量成本和停机成本来计算完整的 ROI。

1. **维护成本（1 年期）。**
   - 12000 美元（估计）：年度系统管理人员培训费用（培训这些人员的额外时间）。
   - 16000 美元（估计）：软件重复许可成本（额外的高可用性组件：2 个操作系统 +2 个 SQL Server 2000）。

2. **硬件成本。**

   8 万美元的硬件成本：新高可用性解决方案中额外硬件的成本。

3. **部署 / 评估成本。**
   - 2 万美元的部署成本：解决方案的部署、开发、QA 和生产实施的成本。
   - 1 万美元的高可用性解决方案评估成本。

4. **停机成本（1 年期）。**
   - 如果已保存去年的停机记录，则使用该值；否则，计算估计的计划停机时间和计划外停机时间。对于本场景，每小时的停机估计成本为 2000 美元 / 小时。
   - 计划停机成本(收入损失)：计划停机时间 × 公司每小时的停机成本(应为 0 美元)。
   - 计划外停机成本（收入损失）：计划外停机时间 × 公司每小时的停机成本。
     - 0.5%（估计的 1 年内计划外停机时间百分比）×1 年的 8760 小时 =43.8 小时的计划外停机时间。
     - 43.8 小时 ×2000 美元 / 小时（每小时的停机成本）=87600 美元 / 年的计划外停机成本。

ROI 总计：
- 该高可用性解决方案的总成本 =128000 美元（1 年——略高于上述的直接增量成本）。
- 停机总成本 =87600 美元（1 年）。

增量成本约为 1 年停机成本的 123%。也就是说，高可用性解决方案的投资将在 1 年 3 个月后回本。这是公司所寻求的 ROI 回报，且将为未来几年提供一个可靠的高可用性解决方案。

9.4 小结

与数据复制和 SQL 集群不同，日志传送非常容易配置，且不需要许多硬件或操作系统限制。由于不仅可提供高可用性，还能够确保数据不受硬件故障的影响，因此日志传送是一种很好的选择。也就是说，如果源（主）服务器上的某个磁盘停止响应，仍可恢复目标

（次级）服务器上保存的事务日志，并将其升级到主服务器，而基本不会丢失数据。此外，日志传送不要求服务器必须类似。另一个优点是日志传送支持向多个次级服务器发送事务日志，并允许将一些查询处理和报表需求卸载到这些次级服务器上。

如前所述，日志传送不会像故障转移集群或可用性组那样透明，因为终端用户在一段时间内无法连接到数据库，且恢复可用后，用户必须更新与新服务器的连接信息。值得注意的是，从数据同步角度来看，只能够将数据库恢复到最近一次的有效事务日志备份，这意味着用户可能不得不重新执行已在主服务器上完成的一些工作。为此，可以将日志传送与复制和/或故障转移集群相结合，以克服上述缺点。利用日志传送模型可以很好地支持特定的高可用性解决方案。

第 10 章
云平台的高可用性选项

大多数公司现已开始在一些云平台上执行一部分工作，有些公司已完全基于云计算。作为基于云平台的服务软件（SaaS）应用（如 Salesforce、Box、NetSuite 等）正在日益普及。目前也有许多云计算选项可供选择，如微软的 Azure、Amazon、Rackspace、IBM、Oracle 等。在决定是否采用云计算时，必须权衡许多因素。成本通常并不是驱动公司是否采用云计算的因素，性能和安全性往往是决定性因素。传统系统所涉及的内容同样重要，其中一些根本不适合 100% 采用基于云的部署。然而，如果公司已采用或即将采用云计算，那么 SQL Server 系列产品和 Windows Server 版本已很好地决定了是逐步稳妥地实现云还是尽可能快地实现。微软提供的一些选项是云托管（作为服务的基础设施 IaaS）、Azure SQL 数据库（这实际上是一个提供服务的数据库平台 PaaS）和一些将现有的现场部署与 Azure 选项相结合以获得快速提升高可用性的元计算能力的混合方案。

本章介绍了实现高可用性的两种方式：一种是扩展当前的现场部署（在云中实现高可用性的一种混合方法）；另一种是 100% 实现应用（或仅是数据库层）高可用性的基于云的方法。另外还介绍了一些关于大数据高可用性的发展历史，这将在第 11 章中进行详细介绍。

本章内容提要
- 高可用性云存在的问题
- 利用云计算的高可用性混合方法
- 小结

10.1 高可用性云存在的问题

2016 年 10 月 21 日，许多主要的互联网 / 云计算公司，包括 Amazon、Box、Twitter、Netflix、Spotify、

PayPal、GitHub 和 Reddit 等，都发生了严重的分布式拒绝服务（DDoS）攻击。这些公司基本上在一段时间内都不能提供服务（服务不可用）。正如已知的，这是高可用性评估中需要考虑的一个因素，同时也是决定选择何种高可用性解决方案以及如何进行配置的部分因素。图 10.1 显示了整个美国范围内上述 DDoS 攻击的程度。这对于每个供应商来说都是一场噩梦，所提供的基本部署根本无法对这种故障（攻击）作出快速反应。

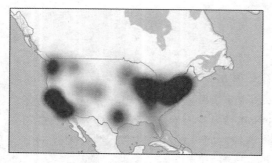

Key Words:
attack 攻击
2016 年 10 月 21 日

图 10.1　造成美国全境许多公司瘫痪的 DDos 攻击

即使这些公司的某些部门没有受到攻击，但所使用的组合栈也因不堪重负而瘫痪。现有一些对抗这类高可用性风险的选项，如地理分区和多点故障转移选项等。另外，也有一些成熟的重大灾难恢复和业务连续性方法（将在第 13 章中讲解）。

本章介绍了一些高可用性选项，可以单独使用云计算或与现场部署相结合以降低上述噩梦般的风险。必须充分理解公司发生的故障与部署的所有内容和其他供应商（如 Amazon、Box、微软）提供的所有服务有关。解决问题的诀窍是进行灵活配置以降低整体风险，这样就可以高枕无忧了。

10.2　利用云计算的高可用性混合方法

对于具有广泛的现场部署且急于利用云计算以更好地支持高可用性的需求，本节主要讨论一些可从根本上提高总体可用性并部分实现云计算的易于实现选项。在此根据现场平台上的部分内容和基于云的解决方案（如作为混合方法的微软 Azure）中的部分内容，对这些高可用性选项进行分类。

> **提示**
>
> 大多数大公司（如微软、Amazon 和 Rackspace）提供了众多基于云计算的解决方案和选项。本章重点介绍服务于微软堆栈的最佳选择。不过，客观地说，尽管重点介绍微软 Azure 选项，但在 Amazon 或其他服务上可能也有类似选项。

随后的章节将讨论对以下传统现场高可用性或已部分实现的高可用性解决方案进行云扩展：

- 数据复制拓扑的云扩展。
- 从现场数据库创建一个微软 Azure 上的拉伸数据库。
- 创建一个云端 AlwaysOn 可用性组。
- 为现有的日志传送配置添加一个云端的新目标节点。

图 10.2 显示了对应于 MS Azure（在云端）上相应部分拓扑的每一种选项。微软已明确表示希望保护所有现有的投资，同时提供扩展选项以满足未来需求。下面将介绍一些轻松进入云端以满足高可用性需求的方法。

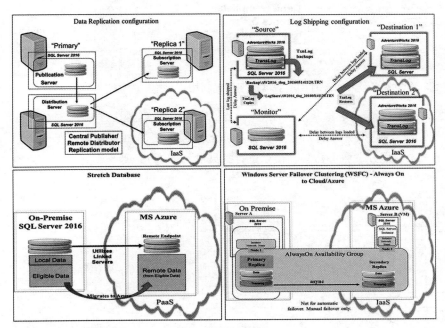

图 10.2 将当前技术扩展到云端以增强高可用性

10.2.1 复制拓扑的云扩展

在将数据复制拓扑扩展到云端时，必须考虑的因素有连接性、稳定性和带宽。如果当前基础设施处于慢速网络主干网，且内部网络流量已饱和，则可能需要考虑在扩展部分拓扑之前先进行升级。当能够扩展现有复制拓扑时，必须确定希望在云副本中的确切内容。如果第一次尝试云计算是发生故障时的一个温备用，那么整个数据库就应该是该复制扩展的范围。也可以考虑利用这种基于云技术的复制节点的其他用途，如卸载区域报表。图 10.3 给出了一个现有的现场复制拓扑，可能类似于多年来一直提供服务的拓扑，其中是采用典型的中央发布服务器/远程分发服务器的复制模型。

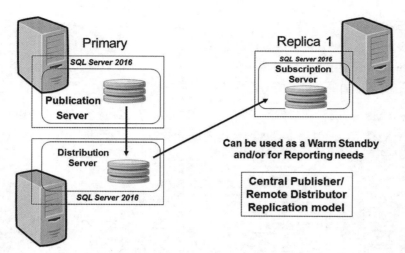

图 10.3　发布服务器、分发服务器和单个订阅服务器的现场复制拓扑

要扩展到云端，就必须建立与基于 Azure 的 IaaS 环境的完整网络连接，安装 SQL Server 2016（包括允许复制），并设置对主服务器发布的连续订阅。图 10.4 展示了一个对现有中央发布服务器/远程分发服务器复制模型进行扩展的新的 IaaS 云环境。

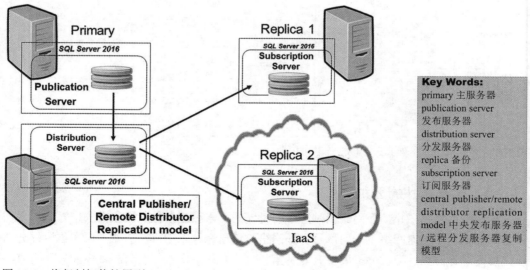

图 10.4　将复制拓扑扩展到 Azure（IaaS）

从数据库设置角度来看，启动和运行该复制节点实际上并没有什么不同。通过 Azure 使用活动目录域、角色和权限也是非常简单的，而且容易实现推送订阅。

在主服务器（发布服务器）完全故障的情况下，可以选择使用新的基于云的副本，继续向企业提供报表或作为应用的主数据库（手动）。当然，对现有的内部订阅服务器也具有相同的选项，但在高可用性配置中增加了一个附加的基于云的选项，进一步降低了公司发生故障的风险。这也是一个无须公司提供新技术和额外开销且进一步实现风险规避的简单选项。这种混合云的方法有可能将整体高可用性中数据库层的正常运行时间百分比提高到 99.9% 以上。

10.2.2 为提高高可用性的日志传送云扩展

第 9 章中的日志传送实际上是一种廉价的数据复制。将日志传送扩展到云端与上述的复制拓扑扩展没有太大区别。同样，在将日志传送拓扑扩展到云端时必须考虑的主要问题仍是连接性、稳定性和带宽。需要在一定频率下"传送"事务日志备份文件（可能不是小文件）。在扩展部分拓扑之前必须考虑网络上的流量和负载。在扩展现有日志传送拓扑时，必须初始化 Azure IaaS 环境中的目标数据库，正如在现场安装时的操作。同样可将云中新扩展的数据库用于故障转移。另外，还需考虑利用基于云的备份的其他用途，如卸载区域报表。

图 10.5 展示了一个现有的日志传送现场拓扑，可能类似于多年来一直提供服务的拓扑。为扩展到云端，图 10.6 给出了一个对现有日志传送拓扑进行扩展的新的 IaaS 云环境。在此必须建立与基于 Azure 的 IaaS 环境的完整网络连接，安装 SQL Server 2016，确保日志传送任务可以访问日志共享文件夹，并设置日志传送的适当频率。在任何时候都需要频繁地减轻网络负担（即不必在乎转移较大文件而处理较小的日志文件会更频繁）。

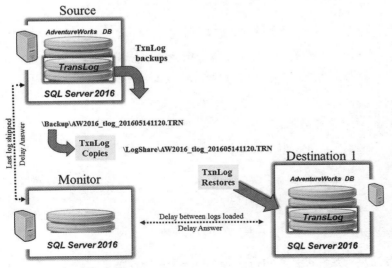

图 10.5 日志传送现场拓扑

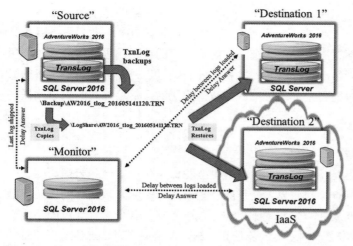

图 10.6 将日志传送拓扑扩展到 Azure（Iaas）

从数据库设置角度来看，启动和运行这个基于云的日志传送次要副本没有任何不同。如前所述，Azure 使用活动目录域、角色和权限也非常简单。

正如复制拓扑中所述，在主服务器（源）完全故障的情况下，可以选择使用新的基于云的日志传送继续向企业提供报表或（手动）成为应用的数据库。当然，对现有的所有内部目标副本都具有相同选项，但在现在的高可用性配置中增加了一个附加的基于云的选项，同样进一步降低了公司完全故障的风险。这是一种无须公司提供新技术和额外开销且实现进一步风险规避的简单选项。这种混合云的方法有可能会将整体高可用性中数据库层的正常运行时间百分比提高到 99.9% 以上。

10.2.3 为提高高可用性创建一个云端拉伸数据库

从数据冗余的完备性来看，拉伸数据库仅提供了高可用性的部分解决方案。图 10.7 显示了一个能够很好体现拉伸数据库功能的典型 OLTP 数据库中当前数据和历史数据的故障。

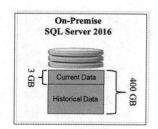

图 10.7 针对大数据库，典型 OLTP 数据库中当前数据与历史数据的故障

拉伸数据库具有获取满足一定标准且不常访问的数据并将这些数据通过链接服务器机制推送到云端的功能（如图 10.8 所示）。实际效果是生成一个非常小的主数据库，提高当

前数据的性能，并显著减少备份和恢复本地数据库的时间，反过来直接影响 RTO 和 RPO 的值，将对整体高可用性产生巨大影响。简单来说，备份和恢复一个 400GB 的数据库与一个 3GB 的数据库是有很大区别的。利用拉伸数据库的功能能够实现更小的数据库备份 / 恢复，而不会丢失 397GB 中的任何数据且不影响对其访问。

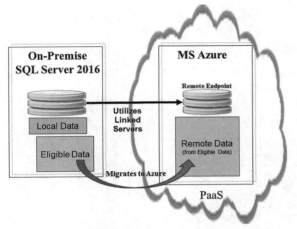

图 10.8　扩展数据库如何减少本地数据库的大小，并将这些数据迁移到云端

Key Words:
on premise 现场
local data 本地数据
eligible data 符合条件的数据
remote endpoint 远程端点
remote data 远程数据
utilizes linked servers 利用链接服务器
migrates to Azure 迁移到 Azure

10.2.4　将 AlwaysOn 可用性组应用到云端

如果已有一个未使用 AlwaysOn 可用性组的高可用性配置（如 SQL 集群），可以在不影响当前配置的情况下将高可用性功能大幅迁移到云端。图 10.9 给出了一个设置为主动 / 被动故障转移的现有 SQL 集群配置。这种配置可以提供良好的服务，且很容易地扩展到云端来利用 AlwaysOn 可用性组复制主数据库，从而进一步实现高可用性和卸载处理。

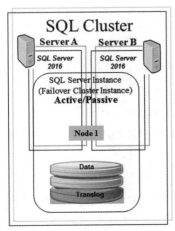

图 10.9　标准 SQL 集群故障转移的现场配置

Key Words:
SQL cluster SQL 集群
server 服务器
node 节点
primary replica 主备份
data 数据
translog 事务日志
active/passive 主动 / 被动
failover cluster instance 故障转移集群实例

注意，SQL 集群是在 WSFC 上创建的。AlwaysOn 可用性组也利用 WSFC 实现跨服务器的高可用性配置。图 10.10 表明了现有的现场 SQL 集群高可用性配置如何进一步扩展到 Azure IaaS 基于云的 AlwaysOn 可用性组配置。在此，应通过异步模式（非同步）实现，以获得云端用于故障转移（手动）和报表卸载等处理任务的几乎实时的完全复制数据库。

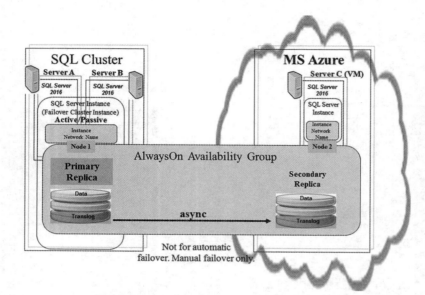

图 10.10　将具有 AlwaysOn 可用性组的 SQL 集群故障转移配置扩展到云端

正如图 10.11 所示，可以轻松地将用于高可用性的一个标准 SQL Server 配置（并不是一个 SQL 集群配置）扩展到云端，只需确保 WSFC 在现场和云端的次级 IaaS 上可用。同理，由于是复制到云端，需要采用异步模式且在现场发生故障的情况下使用手动故障转移来实现，这是一种有效降低公司失败风险的简单方法。

10.2.5　利用云端的 AlwaysOn 可用性组

如果准备至少在 IaaS 部署中完全迁移到云端（目前尚不能应用于 PaaS），可以使用一个完整的高可用性配置来完成主数据库的故障转移保护和灾难恢复。在此需要建立一系列的 IaaS 环境，并在每个环境上安装 SQL Server，和配置一个 AlwaysOn 可用性组来实现 SQL Server 实例级和数据库级的高可用性（如图 10.12 所示）。这一过程的操作基本上与现场所执行的操作一样，只是完全在云端（在 IaaS 上）进行。

当所有 SQL Server 都在云端时，可在主服务器和次级服务器之间采用同步复制模式，且在某个服务器不可用时进行瞬时故障转移。此外，还可能需要因用于灾难恢复而复制到一个距离较远的 IaaS 云环境，甚至在不同的 IaaS 供应商平台（在第 13 章中详细介绍该策略）。而且，利用 Azure 的最后一种选择是使用 Azure Blog 存储来保存数据库备份。基于微软 blog 存储的高可用性架构和基础设施是非常出色的，且具有一些在行业中最佳的 SLAs。

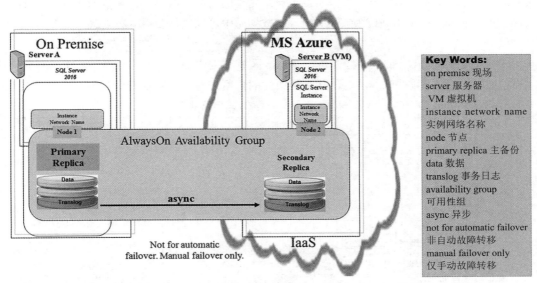

图 10.11　将用于高可用性的具有 AlwaysOn 可用性组的标准 SQL Server 配置扩展到云端

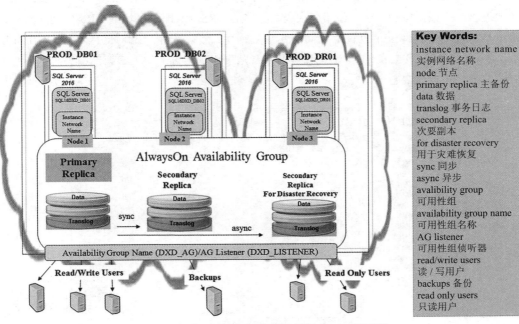

图 10.12　具有基于 IaaS 的 AlwaysOn 可用性组及数据复制的高可用性配置

10.2.6　在云端使用高可用性的 Azure SQL 数据库

越来越多的公司利用微软的 Azure SQL 数据库中为数据库需求、高可用性及灾难恢复提供的 PaaS。Azure SQL 数据库本质上是一个完整的云服务数据库，无须安装 SQL Server 或配置 Windows Server。在当前 SQL Server 数据库中可以执行使用 Azure SQL 数据库的一切操作。

如图 10.13 所示，SQL 数据库位于 Azure 区域数据中心（区域 1）内，从中可以访问并将其用作应用的数据库。然而，从高可用性的角度来看，为数据安全起见，还可通过地理冗余存储（GRS）在该区域的其他三个位置存储冗余数据库。

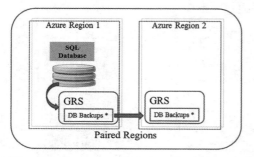

Key Words:
database 数据库
db backups 数据库备份
paired regions 配对区域
GRS 地理冗余存储

图 10.13　Azure SQL 数据库和高可用性

此外，将区域 1 数据库的数据库备份发送到另一个 Azure 区域数据中心（区域 2），以实现进一步的数据保护。一旦存储在次级服务器的 GRS 上，即与区域的 GRS 成功"配对"，这也是该区域中其他三个位置上存储的冗余数据库。在本书中，配对的区域如图 10.14 所示。例如，如果使用北美的一个 SQL 数据库，则可能将其置于与美国南部中央数据中心配对的北部中央数据中心上。

Paired Regions

Geography	Paired regions	
North America	North Central US	South Central US
North America	East US	West US
North America	US East 2	US Central
North America	West US 2	West Central US
Europe	North Europe	West Europe
Asia	South East Asia	East Asia
China	East China	North China
Japan	Japan East	Japan West
Brazil	Brazil South (1)	South Central US
Australia	Australia East	Australia Southeast
US Government	US Gov Iowa	US Gov Virginia
India	Central India	South India
Canada	Canada Central	Canada East
UK	UK West	UK South

Key Words:
paired regions 配对区域
geography 地理位置

图 10.14　Azure SQL 数据库的配对区域

对于每个 SQL 数据库，可以在不同频率下进行各种类型的自动数据库备份：
- 每周一次的完整数据库备份。
- 每小时一次的差异数据库备份。
- 每 5min 一次的事务日志备份。

这些完整和差异备份都被复制到"配对"的数据中心，且可用于在一个区域数据中心恢复或恢复到另一个数据中心。如果从另一个区域的备份中恢复，则可能会有一个小时的数据丢失。如果在同一区域内恢复，则数据丢失通常非常少（最坏情况下也只有几分钟的数据丢失）。

10.2.7 使用主动式异地数据复制备援

主动式异地数据复制备援（AGR）本质上是一种作为 Azure SQL 数据库内置服务实现的 AlwaysOn 可用性组功能。可用同样的方式确定一个正常 Windows 可用性组配置中的主副本和次要副本，在一个 Azure SQL 数据库 AGR 配置中也是如此。但是复制模式只能是异步模式：只有一个次级服务器可用于故障转移，且不能复制到超过 4 个可读次级服务器上，如图 10.15 所示。

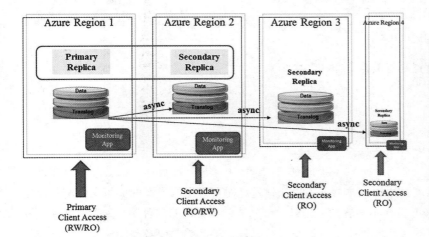

图 10.15　针对大型数据库，典型 OLTP 数据库中当前和历史数据的故障

利用 AGR，可在主动/被动场景（如同在可用性组中）、主动/被动满负载—均衡模式和主动/被动故障转移情况下进行操作，其中在主服务器发生故障时，将次级服务器作为主服务器使用。其余所有场景都只能在只读模式下进行。

因此，利用 AGR 最多可应用于四个可读场景，在此可选择使用次级服务器和异步模式（意味着可能有一些数据丢失）的区域。对于关键应用，AGR 是最佳选择，可对应用提供 99.99% 的可用性。

10.2.8 使用云端 Azure 大数据选项时的高可用性

大数据选项的高可用性有点复杂，但也非常易于处理，因为高可用性是专为本地的 Hadoop 分布式文件系统（HDFS）架构而设计的（第 11 章中详细讨论了微软 Azure 提供的 HDInsight 相关的所有大数据选项）。如图 10.16 所示为 Azure 提供的 HDInsight 和数据湖泊分析的一些组件。通过设计，作为 HDFS 一部分的存储水平机制形成了高可用性的核心能力。

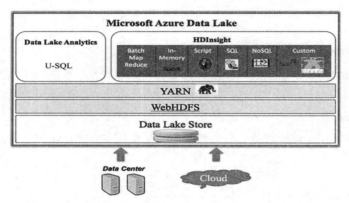

图 10.16　Azure 大数据选项和组件

Key Words:
microsoft Azure data lake
微软 Azure 数据湖泊
data lake analytics
数据湖泊分析
batch map reduce
批量映射减少
in memory 内存
script 脚本
data lake store
数据湖泊存储
data center 数据中心
cloud 云

实际上，这种设置是将数据分布在多个节点上，使得任何数据或节点都可以在另一个节点或接管另一个节点的节点上重建。这为下一代大数据处理提供了内置高可用性的基础。

10.3　小结

无论是想将混合（并行）方法中扩展到云端或 100% 在云端处理，都必须考虑在所使用的配置中如何提供高可用性。本章展示了如何通过对每种主要类型的高可用性配置使用混合方法，将当前 SQL Server 部署扩展到云。首先选择已实现的高可用性配置，然后迁移到应保证业务需求的更灵活配置上。本章演示了如何在不影响当前实现的情况下将环境扩展到云。然而，如果实现了第一步，则高可用性的改进（和优点）将是巨大的。如果选择利用 Azure IaaS 选项实现 100% 地在云端，则可很容易地实现当前现场已实现的一切。随着规模的不断扩大，只需动态地扩展范围。更进一步的方法是利用 Azure SQL 数据库实现高可用性的 PaaS 解决方案，这种方式已快速占领了 PaaS 市场。

第 11 章

高可用性和大数据选项

随着个人和公司产生的数据呈指数增长,大数据应用得到广泛关注。这一切都始于 2003 年 Google 发布的一个关于使用 GFS(Google 文件系统)存储和 MapReduce 进行数据处理的白皮书。一年后,Doug Cutting 和 Michael Cafarella 创建了 Apache Hadoop 公司。自此,Hadoop 和其他几个开源 Apache 项目创建了一个完整的生态系统,以解决不同的业务场景并开发出色的相关应用。这些大数据生态系统可以部署在云端或现场。在云端,最突出的两个产品是来自 Amazon 的 AWS(Amazon Web 服务)和来自微软的 Azure。Azure 经过长期发展,现已可提供一组丰富的企业级大数据实现选项。在过去的一段时间内,微软已为该大数据生态系统开发了完整的栈,涵盖了 Azure 存储、Hadoop 集群实现和包括机器学习在内的最新先进的分析方法。

本章介绍了各种微软大数据产品和一些第三方产品。另外,还介绍了作为大数据解决方案一部分的高可用性特性。最后,本章还提供了一些云端高可用性解决方案的实际用例。由于微软已决定在大数据的 Azure 部署中采用 Hadoop 架构,因此所有的 Azure 大数据部署自然会继承其最低水平的可恢复性和故障转移特性(稍后会详细介绍高可用性架构)。

本章内容提要

- Azure的大数据选项
- HDInsight 特性
- Azure大数据的高可用性
- 如何创建一个高可用性的 HDInsight集群
- 大数据访问
- 从企业初创到形成规模的过程中,大数据经历的七个主要阶段
- 大数据解决方案需要考虑的其他事项
- Azure大数据用例
- 小结

11.1 Azure 的大数据选项

Azure 是一个提供广泛服务的微软云产品,其中包括计算、存储、分析、数据库、Web、移动和网络服务等。

微软已实现了采用 Hortonworks 数据平台（HDP）的基于 Hadoop 的大数据解决方案，其建立在开源组件和 Hortonworks 基础上。HDP 与 Apache Hadoop 和开源社区分布是 100% 兼容的。所有组件都在典型场景中进行测试，以确保能够正常协同工，且没有版本或兼容性问题。

微软和 Hortonworks 提供了以下三种解决方案选项：

▶ HDInsight。其对 Azure 订阅服务器提供的云托管服务是采用 Azure 集群来运行 HDP 并与 Azure 存储相集成。在本章的后面部分将会详细讨论 HDInsight。

▶ Windows 的 HDP。这是一个可安装在 Windows Server 上并基于 Apache Hadoop 构建可完全自主配置大数据集群的完整软件包。可安装在现场的物理硬件上或云端（Azure）的虚拟机上。

▶ 微软分析平台系统。这是一个微软并行数据仓库（PDW）中的大规模并行处理（MPP）引擎和基于 Hadoop 的大数据技术相结合的系统。采用 HDP 提供一种包括基于 Hadoop 的处理区域，以及将 MMP 引擎与 HDP、Cloudera 和基于 Hadoop 的远程服务（如 HDInsight）集成的 PolyBase 连接机制在内的现场解决方案。允许对 Hadoop 中的数据进行查询，并将现场关系数据和 Hadoop 输入/输出数据结合在一起。

来自 Azure 的服务智能和分析范畴是一个不断增长的大数据和分析功能的集合，如图 11.1 所示。

下面将介绍与大数据和分析相关的各种 Azure 产品。

图 11.1　属于智能和分析范畴的 Azure 产品

11.1.1　HDInsight

HDInsight 是 Azure 托管的云服务，具有部署 Apache Hadoop、Spark、R、HBase 和一些其他大数据组件的能力。

11.1.2 机器学习 Web 服务

机器学习 Web 服务是一个易于使用的基于向导的分析服务集合,可快速创建和部署各种预测模型。微软还推出了机器学习 Studio 产品,其中提供了一个允许使用一些内置机器学习算法来创建复杂模型的拖放界面,如图 11.2 所示。

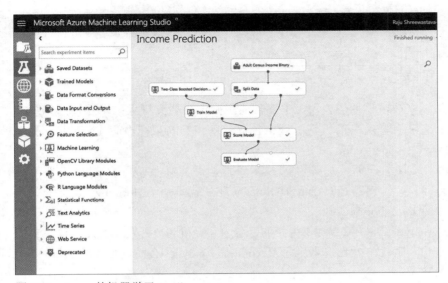

图 11.2　Azure 的机器学习 Studio

11.1.3 数据流分析

数据流分析是一种全面管理的、成本效益高的实时事件处理引擎,可处理各种数据流源,如传感器、网站、社交媒体、应用和基础设施系统。

11.1.4 认知服务

认知服务是能够为语言、语音、搜索、视觉、知识等提供自然上下文交互的一组丰富的智能 APIs。

11.1.5 数据湖分析

数据湖分析可使大数据分析更加容易。该服务负责对数据湖的基础设施进行部署和配置。而且可使得大数据用户专注于实现业务需求所需的实际数据访问和使用。

11.1.6 数据湖存储

数据湖存储是一个与 Hadoop 分布式文件系统兼容的托管云存储服务,可与 Azure 数据湖分析和 HDInsight 集成。

图 11.3 给出了 Azure 上的一些数据湖产品。

图 11.3　Azure 的大数据核心服务产品

- Cloudera 是一家非常早期的公司，主要功能是确定需要支持大数据软件的客户市场。Cloudera 已促成 Apache 开源社区中包括 Hue 和 Impala 在内的几个项目。更多详情参见 www.cloudera.com。
- Hortonworks 采取了一种更加开源的技术路线，并直接促成了如集群管理工具 Ambari 的开源项目。微软的 Azure HDInsight 产品就是基于 Hortonworks 分布的。更多详情参见 http://hortonworks.com。
- Revolution Analytics 是一家专注于为企业、学术和分析客户开发免费开源软件 R 的统计软件公司。微软在 2015 年收购了 Revolution Analytics 公司，此后在 Azure 平台上集成了 R 产品。

Cloudera 和 Hortonworks 等公司都称为 Apache Hadoop 和其他大数据开源软件的分销商。这些公司的主要服务是为大数据相关的开源软件提供支持，还提供封装和培训服务，如图 11.4 所示。

图 11.4　大数据分发服务器的公共服务

Key Words:
packaging 封装
support 技术支持
trainning 培训

11.1.7　数据工厂

Azure 数据工厂可允许对数据迁移和转换提供编写和组织协调数据服务。支持广泛的数据存储，包括 Azure 数据存储、SQL 和 NoSQL 数据库、扁平文件和作为数据源的其他数据容器，还包括从简单的高级 API（如 Hive 和 Pig）到使用机器学习的先进分析的一系列数据转换活动。

11.1.8 嵌入式 Power BI

嵌入式 Power BI 可将 Power BI 的交互式报表能力引入 Azure 平台。Power BI 的桌面用户、OEM 供应商和开发人员可以在各自应用中创建自定义的数据可视化。

11.1.9 微软 Azure 数据湖服务

大数据服务列表不断增长，其一经推出，HDInsight、数据湖分析和数据湖存储就协同它工作以实现 Azure 平台上的大数据功能。图 11.5 表明微软 Azure 上的所有数据湖服务包括数据湖分析、HDInsight、YARN、WebHDFS 和数据湖存储。下节将深入研究 Azure 上的主要大数据服务。

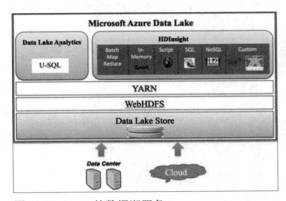

图 11.5 Azure 的数据湖服务

Key Words:
data lake 数据湖泊
data lake analytic 数据湖泊分析
data lake store 数据湖泊存储
data center 数据中心
cloud 云

11.2 HDInsight 特性

由图 11.5 可知，Azure HDInsight 是主要的大数据产品。因为它来自于 Apache Hadoop 并由微软云驱动，意味着它遵循 Hadoop 架构并能处理 PB 级数据。已知大数据可以是结构化的、非结构化的和半结构化的。

HDInsight 允许以最熟悉的编程语言进行开发。可支持多种语言和框架的编程扩展，如 C#、.NET、Java 和 JSE/J2EE。

在使用 HDInsight 时，不必担心硬件选购和维护。同时，安装或设置过程也不会耗时太多。

对于数据分析，可以使用 Excel 或以下商业智能（BI）工具：

- Tableau
- Qlik
- Power BI
- SAP

还可以自定义一个集群来运行其他 Hadoop 项目：
- Pig
- Hive
- HBase
- Solr
- MLlib

11.2.1 使用 NoSQL 功能

传统的关系数据库已用于事务和数据仓库应用几十年。由于数据量的增加和更多非结构化数据的创建，NoSQL 数据库应运而生。目前市面上已有成百上千种 NoSQL 数据库，为特定用例提供了各种不同的存储能力和更快的分析处理。

数据库选项大致可分为六大类，如图 11.6 所示：
- Relational/OLTP（联机事务处理）
- OLAP（联机分析处理）
- 列族
- 键—值
- 文件
- 图

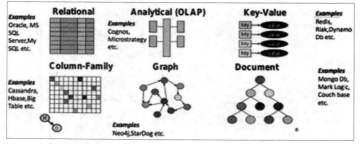

图 11.6　NoSQL 数据存储选项

Key Words:
relational 关系
analytical 分析
key-value 键—值
column-family 列族
graph 图
document 文件

一个重要的 NoSQL 数据库选项是 HBase，它是建立在 HDFS 基础上的一个 NoSQL 柱状数据存储。它仿照 Google 的 BigQuery，BigQuery 是在 GFS 上高度压缩的存储系统。在需要随机、实时读/写访问大数据时，可使用 Apache HBase。该项目的目标是使用商用硬件集群来容纳包含数亿行和数百万列的大型表单。HBase 可与 Hive、HBase、Pig、Sqoop、Flume、Solr 和其他产品配合使用。更多详情参见 http://hbase.apache.org。

11.2.2 实时处理

HDInsight 配置了 Apach Storm，这是一个开源的实时事件处理系统，可允许用户分析来自物联网、社交网络和传感器的实时数据。

11.2.3 交互式分析的 Spark

HDInsight 配置了 Apache Spark，这是一个用于交互式分析目的的在大规模数据上运行的开源项目。Spark 可以比传统大数据查询的执行速度快 100 倍以上。包括对实时流和图处理的查询。

11.2.4 用于预测分析和机器学习的 R 服务器

HDInsight 还配置了 Hadoop 的 R 服务器。可以利用 R 服务器处理之前 100 倍以上的数据，并可实现查询速度高达 50 倍（在配置 Hadoop 和 Spark 时）。

HDInsight 还提供了以下附加功能（如图 11.7 所示）：
- 集群自动配置。
- 集群的高可用性和可靠性（将在本章后面部分讨论）。
- 可与所有 Hadoop 兼容的高效经济的数据存储和 Blob 存储，并成为可免费存储数据的数据工厂。
- 易于缩放集群的集群缩放功能。
- 保证集群安全可靠的虚拟网络支持。

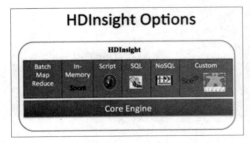

图 11.7　HDInsight 选项

Key Words:
options 选项
core engine 核心引擎

11.2.5 Azure 数据湖分析

大数据分析涉及处理大规模数据集，以发现隐含模式、未知相关性、市场趋势、客户偏好和其他有用的业务信息。

在 Azure 生态系统中，微软提供了数据湖分析，以使得用户专注于业务逻辑。该服务主要负责基础设施组件的部署和配置。数据湖分析是一种高度可伸缩的服务，能够处理任何规模大小的工作。

数据湖分析提供了以下附加功能：
- 安全性。数据湖分析与 Azure 活动目录相兼容，提供基于角色的身份验证和授权控制功能。

- 成本效益性。数据湖分析可轻松处理任意规模大小的工作负载。对于用户来说，这就好比调节处理能力的刻度盘，而只需承担所需的计算量。一旦完成作业，服务就会自动释放资源，以降低总成本。
- U-SQL 兼容性。可与 U-SQL 查询语言兼容，这是一项 SQL 和 .NET 开发人员熟知的技术。
- 数据集多样性。数据湖分析能够分析各种不同的 Azure 数据源，如 Azure 上的 SQL Server、Azure SQL 数据库、Azure SQL 数据仓库、Azure Blob 存储和 Azure 数据湖存储。

由图 11.8 可知，数据湖分析是通过采用 HDFS 来支持与 HDFS 的兼容性。

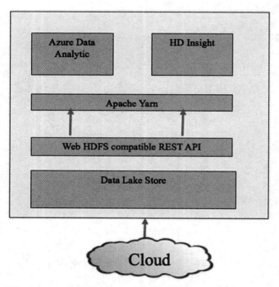

图 11.8　Azure 数据湖分析和存储

Key Words:
data analytic 数据分析
data lake store 数据湖存储
cloud 云

11.2.6　Azure 数据湖存储

数据湖是一个以原始格式保存的大量待处理原数据的存储数据库。一个层次化的数据仓库是将存储数据保存在文件或文件夹中，而数据湖则使用扁平架构来存储数据。

微软已创建 Azure 数据湖存储来将数据湖概念应用于云端。作为一个大数据分析工作的超大规模数据库，其能够在集中式存储数据库中以任何传输速度保存来自社交媒体、事务系统、数据库、日志事件、传感器等任何类型和大小的数据。该机制支持 HDFS 和 Azure 数据湖存储文件系统（adl://）。与 Azure 数据湖文件系统兼容的 HDInsight 等系统，可对数据湖存储提供更好的性能。

数据湖存储可提供以下附加功能：

- 安全性。数据湖存储与 Azure 活动目录兼容，并提供基于角色的身份验证和授权控制功能。身份验证是通过 Azure 活动目录（AAD）来实现的，而数据授权则是通过访问控制列表（ACL）实现的。
- 无存储限制。在 Azure 数据湖存储中，由于对单个文件或整个存储的大小无限制，因此单个文件的大小可以达到千兆字节。
- 高可用性。为确保具有容错功能，文件的冗余副本是基于 HDFS 的复制原理来保存的。默认的复制因子为 3，即数据 3 次冗余存储以保证可恢复性和可用性。如果需要的话，该因子可以调节。

11.3 Azure 大数据的高可用性

Azure 大数据的高可用性需要在数据级和服务级上同时考虑。接下来首先讨论数据，尤其是数据冗余。

11.3.1 数据冗余

对于数据冗余，Hadoop 可通过存储数据的冗余副本来实现容错功能。这与 RAID 存储非常类似，但实际上是在架构中内置并利用软件实现的。存储在 Hadoop 中的任何数据字段的默认复制级别是 3 级。如果需要的话，可以在 hdfs-site.xml 配置文件中调整。

微软 Azure 存储中的数据总是复制的，可以选择相同数据中心（区域）或不同数据中心（区域）中的数据复制副本。

在创建存储账户时，有以下四种复制选项（如图 11.9 所示）：

- 读取访问异地冗余存储（RA-GRS）。这是默认的存储账户选项，可用性最高，因此通常用于高可用性。提供了在一个次级位置数据的只读访问，以及由 GRS 提供的两个区域上的复制。
- 区域冗余存储（ZRS）。ZRS 提供了一个或两个区域上数据中心的三份复制数据。在主数据中心不可用的情况下，本身就提供了额外的容错层。由于只针对于 Blob 存储，因此 ZRS 有一定局限性。
- 本地冗余存储（LRS）。这是最简单且成本最低的复制选项，包括将数据中心的三个数据副本扩展到三个不同的存储节点。通过在不同故障域（FD）和升级域（UD）保存副本，以保证在单个机架发生故障的情况下提供容错功能而实现机架级容错。
- 异地冗余存储（GRS）。GRS 是复制三个由 LRS 实现的距离主区域数百公里外另一个区域上的副本。因此，如果主区域不可用，则另一区域中的数据仍可用。

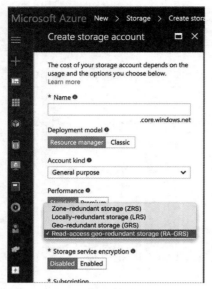

图 11.9　Azure 存储复制选项

11.3.2　高可用性服务

HDInsight 集群提供了两个头节点来提高可用性和可靠性（如图 11.10 所示）。也可以有从 1 到 N 个数据节点（至少有 1 个数据节点）。

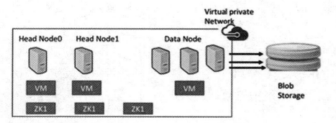

Key Words:
head node 头节点
data node 数据节点
VM 虚拟化
virtual private network 虚拟专用网络
blob storage
blob 存储

图 11.10　Hadoop 集群中头节点和数据节点的架构

11.4　如何创建一个高可用性的 HDInsight 集群

现有两种创建 Hadoop 集群的工具：
- 通过 Azure 管理门户网站创建 HDInsight 集群。
- 通过 Windows Azure PowerShell（提供 cmdlets 来管理 Azure 的一组模块）创建 HDInsight 集群。有关 Azure PowerShell 的更多详情，请访问 https://docs.microsoft.com/en-us/azure/powershell-install-configure。

要继续完成本章中的示例，需要一个主动 Azure 订阅并创建一个简单的 Hadoop 集群。在创建 HDInsight 集群之前，还需要一个用于 Azure HDInsight 集群的 Azure 存储账户。该存储账户将用于保存默认容器的文件和数据文件。为此，需要执行以下操作：

（1）导航到 Azure 门户网站 https://portal.azure.com。

（2）登录后，可看到如图 11.11 所示的 Azure 门户中的默认界面及所提供的服务。

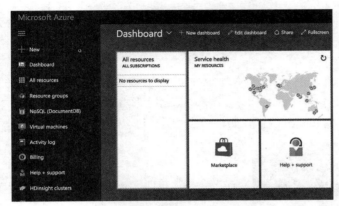

图 11.11　微软 Azure 的门户网站

（3）从左侧菜单中选择存储账户选项（如图 11.12 所示）。

图 11.12　设置存储账户

（4）单击 Add 按钮添加一个新的存储账户（如图 11.13 所示）。

图 11.13　添加存储账户

（5）提供必要的详细信息，包括唯一的名称、复制和资源组。图 11.14 显示了默认的复制选项，即选择读取异地冗余存储（RA-GRS）。如果需要的话，可以选择不同的选项。

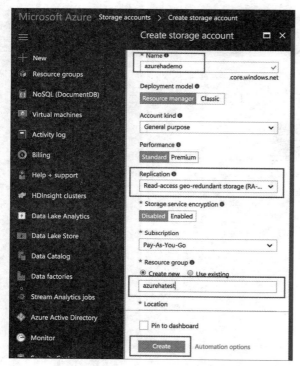

图 11.14　创建存储特性

（6）单击 Create 按钮。几分钟后，新的存储账户可用（如图 11.15 所示）。
（7）要创建一个 HDInsight 集群，在左侧菜单中选择对所有资源的 HDInsight 集群资源选项，并单击 Add 按钮（如图 11.16 所示）。

第 11 章 高可用性和大数据选项 239

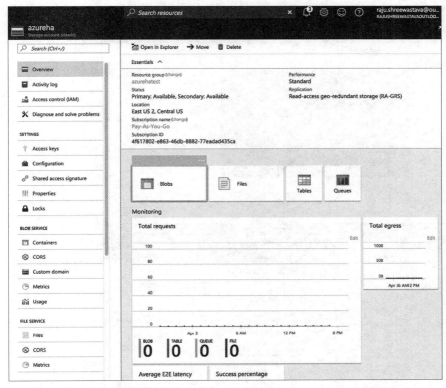

图 11.15 创建存储和资源组

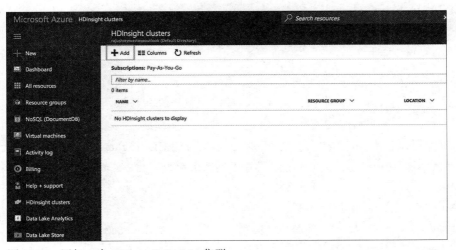

图 11.16 添加一个 Hadoop Hdinsight 集群

（8）提供一个唯一的集群名称（如图 11.17 所示），并选择集群类型（如图 11.18 所示）。

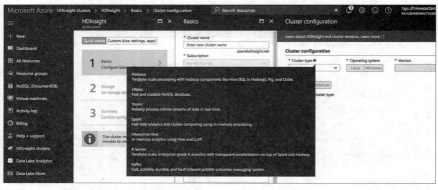

图 11.17　创建 Hadoop 集群类型

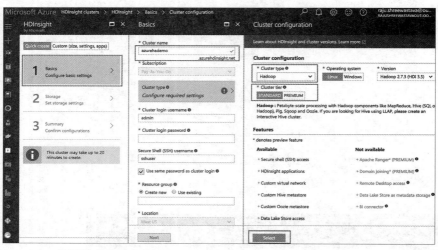

图 11.18　设置集群的更多特性

（9）选择操作系统。如图 11.18 所示，可以选择 Linux 或 Windows 操作系统，并可在 Azure 支持的几个最新 Linux 版本中进行选择。尽管逐步替换为新版本，但微软仍继续支持一些旧版本。另外，还可以在标准和高级集群层之间进行选择：

- 标准。标准层包含所有基本且必要的需要在云端运行的 HDInsight 集群功能。
- 高级。高级层具有标准层的所有功能，另外还包括企业级特性，如多用户身份验证、授权和审核。

单击 Select 按钮，继续集群创建过程。

由图 11.19 可知，可以在集群中添加额外的第三方应用，如 Datameer。对于高可用性演示集群，不能选择任何附加应用。

（10）如图 11.20 所示，通过创建集群登录用户名和 SSH 登录用户名，为集群提供凭证。单击 Next 按钮以存储输入信息。

第 11 章 高可用性和大数据选项 241

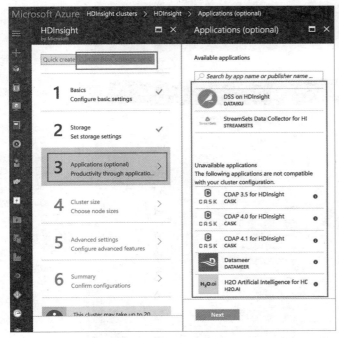

图 11.19 可添加到集群的其他第三方应用

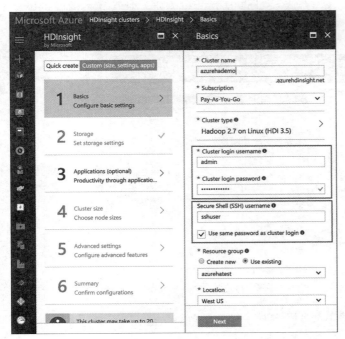

图 11.20 设置 Hadoop 集群的凭证

（11）通过选择之前创建的存储账户，进行数据源配置，如图 11.21 所示。数据源将是 Azure 存储账户。集群位置与主数据源的位置相同。在本例中，使用在步骤 3～6 中创建的存储账户。

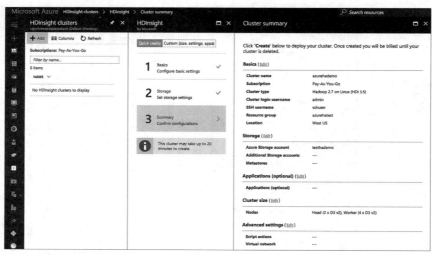

图 11.21　指定数据源

（12）在定价部分，选择工作节点及头节点的数量和类型。对于高可用性的默认 HDInsight 提供了两个头节点，如图 11.22 所示。

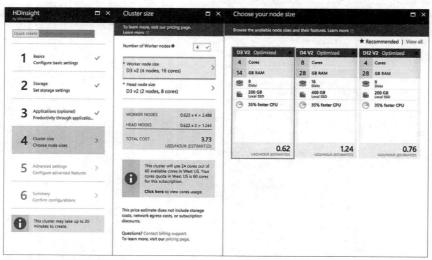

图 11.22　选择 Azure Hadoop 集群的配置和价格等级

（13）完成需提供的信息后，单击 Create 按钮开始集群创建过程（如图 11.23 所示）。

可以使用自动超链接选项来获取创建该集群的脚本，然后就可以自动创建集群而不是通过向导创建。

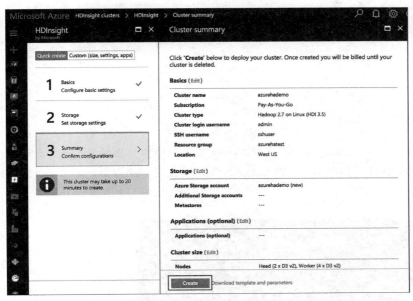

图 11.23　创建 Hadoop 集群

部署过程需要几分钟的时间，但一旦完成后，就创建好第一个高可用性的 HDInsight 集群（如图 11.24 所示）。

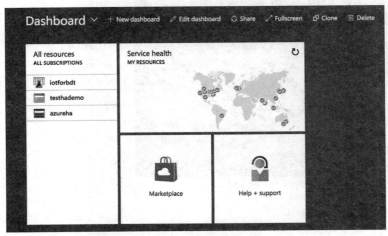

图 11.24　成功创建一个 Azure Hadoop 集群

如图 11.25 所示，所有资源视图显示了所创建的所有内容（资源组、存储账户和集群）。

图 11.25　hadoop 集群的所有资源视图

可以从 HDInsight 集群整体界面（如图 11.26 所示）很好地概览与该集群相关的主要内容，包括状态（运行）、URL、订阅信息以及与集群相关的其他内容的访问，如活动日志、访问控制等。

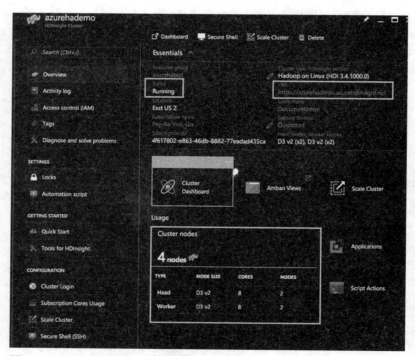

图 11.26　Hadoop 集群的整体界面

11.5　大数据访问

如图 11.27 所示，可以使用活动日志选项来检查集群上的活动日志。

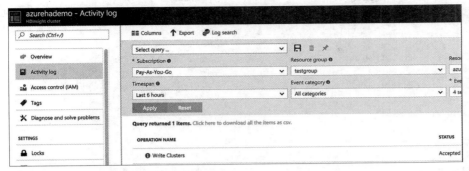

图 11.27　检查 Hadoop 集群的活动日志

通过之前创建的 SSH 主机名和登录名可以登录到集群，如以下示例所示：

```
$ ssh demo_user@azurehademo ssh.azurehdinsight.net
The authenticity of host 'azurehademo-ssh.azurehdinsight.net' can't be established.
RSA key fingerprint is xx.
Are you sure you want to continue connecting (yes/no)? yes
Warning: Permanently added 'azurehademo-ssh.azurehdinsight.net,40.84.55.141' (RSA)
to the list of known hosts.
Authorized uses only. All activity may be monitored and reported.
demo_user@azurehademo-ssh.azurehdinsight.net 's password:
Welcome to Ubuntu 14.04.5 LTS (GNU/Linux 4.4.0-47-generic x86_64)

    * Documentation: https://hetp.ubuntu.com/
Get cloud support with Ubuntu Advantage Cloud Guest:
    http://www.ubuntu.com/business/services/cloud
Your Hardware Enablement Stack (HWE) is supported until April 2019.
The programs included with the Ubuntu system are free software;
the exact distribution teris for each program are described in the individual files
in /usr/share/doc/./copyright.
Ubuntu comes with ABSOLUTELY NO WARRANTY, to the extent permitted by applicable
law.
demo user@hn0-azureh:~$
```

还可以执行一些简单的 Hadoop 命令，如获取 HDFS 文件列表、调用 Hive 和检查可用的 Hive 表，如以下示例所示：

```
demo user@hn0-azureh:~$hadoop fs -ls /
Found 12 items
drwxr-xr-x      - root    supergroup    0 2016-11-25 04:16 /HdiSarnples
drwxr-xr-x      - hdfs    supergroup    0 2016-11-25 04:01 /amns
drwxr-xr-x      - hdfs    supergroup    0 2016-11-25 04:01 /amnshbase
drwxrwxrwx      - yarn    hadoop        0 2016-11-25 04:01 /app-logs
drwxr-xr-x      - yarn    hadoop        0 2016-11-25 04:01 /atshistory
drwxr-xr-x      - root    supergroup    0 2016-11-25 04:01 /example
drwxr-xr-x      - hdfs    supergroup    0 2016-11-25 04:01 /hdp
drwxr-xr-x      - hdfs    supergroup    0 2016-11-25 04:01 /hive
drwxr-xr-x      -mapred   supergroup    0 2016-11-25 04:01 /mapred
drwxrwxrwx      -mapred   hadoop        0 2016-11-25 04:01 /mr-history
drwxrwxrwx      -hdfs     supergroup    0 2016-11-25 04:01 /tmp
```

```
drwxr-xr-x       -hdfs    supergroup         0 2016-11-25 04:01 /user
demo_user@hn0-azureh:~$
```

可以在新创建的集群中调用 Hive，如以下示例所示：

```
demo_user@hn0-azureh:$ hive
WARNING: Use "yarn jar" to Launch YA!1 applications.
Logging initialized using configuration in file:/etc/hive/2.4.4.0-10/0/hive-log4j.
properties
hive> show databases;
OK
default
Tinie taken: 1.272 seconds. Fetched: 1 row(s)
hive> show tables;
hivesampletable
Tinie taken: 0.133 seconds, Fetched: 1 row(s)
```

如果这是一个实验性集群，你可能希望在创建完之后就删除且不会产生任何费用。如图 11.28 和图 11.29 所示，删除一个集群和存储账户是非常容易的。

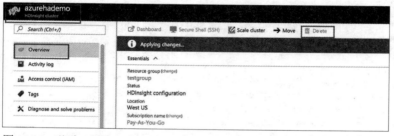

图 11.28　移除 / 删除一个 Hadoop 集群

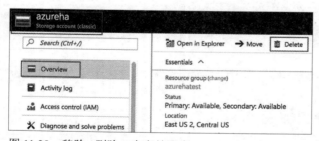

图 11.29　移除 / 删除一个存储账户

本节学习了如何创建一个高可用性 HDInsight 集群和存储账户。

11.6　从企业初创到形成规模的过程中，大数据经历的七个主要阶段

对于已使用微软 Azure 作为云服务供应商的组织机构和公司，自然而然会为下一步的

大数据 Hadoop 实现选择 HDInsight。但在开始着手创建大数据集群之前，应首先学习本节，通过一个过程来有助于大数据的成功实现。

本节提供了一些基本的指导原则，以供考虑从企业初创到形成规模中作为大数据经历的七个主要阶段的一部分。这些步骤（如图 11.30 所示）旨在保证更安全地进行（无重大失误）。

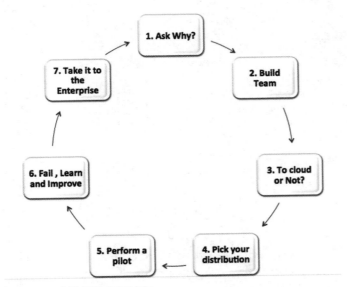

图 11.30 大数据的主要过程

（1）问问"为什么？"。在开始大数据过程之前，评估是否真正需要大数据解决方案非常重要。如图 11.31 所示，在决定将大数据作为业务解决方案的一部分时，大数据的五个重要特性（体量、多样性、速度、准确性和值）可作为指导方针。即使没有大量数据，也可能需要其他的 VS，比如多样性，由于半结构化或非结构化的数据处理需求。

在房地产界，关注的都是位置。而在大数据世界中，关注的都是用例。

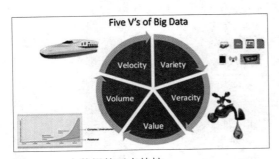

图 11.31 大数据的五大特性

（2）建立稳固的团队。在大数据领域中，确定熟练且有经验的资源是一项具有挑战性的任务。但是否拥有一个优秀的团队在大数据实现中是一个大问题。利用技术和业务领域知识建立一个有经验的成熟团队是非常重要的。除了包括可靠的大数据工程师之外，作为团队一部分的具有分析、设计、架构、测试和产品管理等其他技能的人员也是同样重要的。

（3）是否利用云。在早期规划阶段，一个关键决定在于是否需要在云端构建。合规性或监管和安全需求等某些条件可能需要在现场部署。对于云端实现，微软（Azure）或Amazon（AWS）的产品都是不错的选择。

云实现可以提供以下关键好处：
- 灵活性
- 成本效益性
- 可扩展性
- 易于维护

同时，云实现也带来了一些挑战：
- 安全性
- 行业合规性需求
- 隐私问题

（4）选择一个分销商。包括 Cloudera、Hortonworks、MapR、Amazon EMR 和微软 HDInsight 在内的一些大数据软件分销商均提供了 Apache Hadoop 堆栈基础上的 Hadoop 产品。Apache 的开源产品都是免费的，但通常需要较复杂的设置和维护。选择合适的产品可归结为几个因素，如提供什么样的服务等。大多数产品可提供以下公共服务：

- 封装。不同 Hadoop 生态系统组件可以封装或捆绑在一起，进行兼容性测试。这样可以更容易和更快地部署。
- 技术支持。这些分销商的主要收入来源是从咨询到在线帮助再到故障排除的各种技术支持。确实需要深入了解公司的核心概念（如设计、技术和生产部署）。
- 培训。大多数公司都提供产品的培训和认证。要寻找能够为团队每个成员提供培训的分销商。毕竟希望每个人都能接受培训。

除了这些公共服务之外，每个分销商还提供了一些与众不同的特殊产品或方法。例如，Hortonworks 采用了一种完全开源的技术路线，而 MapR 提供了如 MapR-FS 的专有产品。

（5）执行概念验证或试点项目。大多数公司都是从概念验证（POC）或相当简单的试点项目开始。POC 面临的挑战是如果不够详尽，则并不是总能提供实际效果。为此，通常需要使用一个实际的大数据用例来执行一个试点项目，有助于在下一步行动中获得一些对企业有价值的结果。

（6）失败、学习和完善。在试点实施之后，学习和调整解决方案是一个持续的过程。

随着大数据解决方案的逐步扩展，不同部门（如市场、金融等）需要慢慢发展。

（7）应用于企业。在两三个大数据项目之后，就需要考虑将大数据应用于企业层次了。在这个阶段，需要创建大数据的基础，在一些小的成功应用基础之上，扩展到企业的其他部分。

11.7 大数据解决方案需要考虑的其他事项

当然，公司还必须考虑许多其他注意事项，在建立大数据解决方案并向组织中的用户提供这些解决方案的过程中，方案随时间的推移而改变。尤其重要的是要确保数据是可用的、可管理的和不断演化发展的。以下是一些需要关注的关键领域：

- 高可用性和灾难恢复。由于组织机构中大数据项目的重要性不断增加，因此自然会将其看作是需要高可用性和灾难恢复能力的第一层（业务需求）应用。需要将大数据应用添加到灾难恢复和高可用性计划中。
- 管理。数据管理在大数据世界中至关重要。
- 监控。对于许多大数据解决方案来说，失败是司空见惯的事情。主动监控系统有助于保持系统的运行和高可用性。
- 利用率分析。在实施完成几个项目后，可以快速扩展到更大规模的用户和组织中的不同部门。但必须注意，一定要确定完全了解这些大数据扩展平台是如何使用和调整，以及如何优化和规模化的。
- 自动化处理。要确保尽可能多地为任何（和所有）重复性任务实现自动化处理。这将有助于降低成本、提高稳定性和减少整个董事会的决策失误。

其他一些非功能性需求，如安全性、采取策略、成本和性能优化对成功应用也是至关重要的。

11.8 Azure 大数据用例

正如本章前面所述，基于大数据实现的实际用例是任何组织开展大数据业务的基本要求。下面总结了大数据解决方案典型实现的一些主要类别。

11.8.1 用例1：迭代探索

一种非常常见的大数据模式是迭代探索海量数据（结构化、非结构化或半结构化）。迭代探索通常用于对数据源进行实验，以发现是否能够提供有用信息，或处理传统数据库系统无法处理的数据。例如，可以通过网站点击量（点击流）、电子邮件、博客、其他网页或外部资源（如社交媒体站点）来收集客户反馈。然后可以分析该海量数据集，以获取用户对产品或用户行为的情绪图。还可以将这些信息与其他数据相结合，如表明每个产品销售城市人口密度和特点的人口统计数据。

11.8.2　用例 2：基于需求的数据仓库

大数据解决方案可以存储用于分析的源数据和在该数据上执行的查询结果，还可以存储执行查询后填充的表的模式（确切地说是元数据）。这种方式本质上是将分析视图创建为大量数据，以便实现之前从未进行过的分析。这对于创建鲁棒且维护成本相当低的数据仓库是非常有效的（对存储和管理海量数据尤其有用）。

11.8.3　用例 3：ETL 自动化

在将数据加载到现有数据库或数据可视化工具之前，可以使用大数据平台来提取和转换数据。通常，这种自动化处理非常适合于对数据进行分类、分割和上下文调整，也可用于提取汇总结果以消除重复和冗余。在业界称其为提取、转换和加载（ETL）处理。

11.8.4　用例 4：BI 集成

数据仓库/商业智能平台具有与 OLTP 数据库系统不同的许多优点和功能，其中具有用于集成的独特和特殊处理的考虑。例如，可以在不同维度层次上集成，或者为进一步的 BI 分析提供充实数据，取决于如何使用从大数据解决方案中所获得的数据。

11.8.5　用例 5：预测分析

随着大数据解决方案的日趋成熟，更先进的用例（如使用机器学习的预测建模和预测分析）应运而生。基于随时间推移而可能进化的海量数据（机器学习方面）来提供选项、优化或推荐逐步成为可能。一些供应商正在提供机器学习产品，如图 11.32 所示。

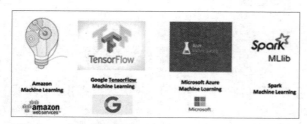

图 11.32　大数据机器学习产品

11.9　小结

本章介绍了围绕微软 Azure 产品的有关大数据的一些主要产品、方法和用例。随着大数据解决方案逐步成为类似于传统第一层（业务需求）应用，检验其高可用性功能非常重要。本章讨论如何将高可用性"设计"成Hadoop平台的处理架构。大数据仍保留并迅速成为任何公司数据基础的一部分，为此，不能将其与其他传统数据平台区别对待。大数据是整个数据平台的一个有机组成部分。后面的章节介绍了如何将这些组合成一个所有组件均具有高可用性的完整数据图。对于一些公司来说，大数据分析决定了公司的未来。大数据系统是一个公司的关键系统，应具有某种程度的高可用性。微软已经通过Azure响应了支持现场和云端的大数据要求，并构建了从未如此简单的大数据解决方案。然而，不要放弃高可用性。如果大数据容器损坏，则大数据对所有人都毫无意义。

第 12 章

高可用性的硬件和操作系统选项

在集成满足业务需求的高可用性解决方案时，需要考虑众多不同硬件和操作系统选项。正如第 1 章中所述，高可用性像是整个系统堆栈中最薄弱的环节一样。因此必须查看系统中的每一层，并了解为实现期望的高可用性而需要考虑哪些选项。然而，可能需要应对有限的硬件资源、各种偶尔受限的存储选项、某些特定操作系统版本及其局限性，包含现场服务器和云服务器的混合系统（作为服务的基础设施），100% 的虚拟服务器（现场）或 100% 基于云计算的能力变化（如在 Azure 或 Amazon 上）等各种情况。上述所有问题都必须考虑，而不管实际情况如何。另外，还必须了解在服务器备份镜像、数据库级备份、各种不同的虚拟化选项和实时迁移（在发生故障或工作负载增加的情况下，从一个服务器迁移到另一个服务器）等类似情况下，所能达到的可用性。过去常常认为数据库在虚拟机上运行得比较慢，发生这种情况的真正原因通常是虚拟机配置不当，而不是数据库引擎的问题。

世界各地的组织都在以多种方式将堆栈置于云端，从而进入无限计算的新空间。目前，全世界已经接受了云平台作为一种有生产价值的解决方案，尤其是存在高可用性和灾难恢复选项时。如果组织机构已决定在 AWS 或 Azure 上提供一个备份站点，那么为何不从一开始就准备呢？这是一个值得考虑的好问题。然而，如果不准备 100% 地基于云平台，那么就需要将现场和混合方案

本章内容提要
- 服务器高可用性的考虑
- 备份考虑
- 小结

结合在一起。

一般来说，最好为数据和服务器设计一种"无共享"的方法。也就是说，在计算和存储级上都应该有用于故障转移的辅助资源。许多组织机构目前都已在现场和云端实现了虚拟化。图 12.1 展示了 Windows 2012 虚拟机管理程序服务器架构中的多个虚拟机。

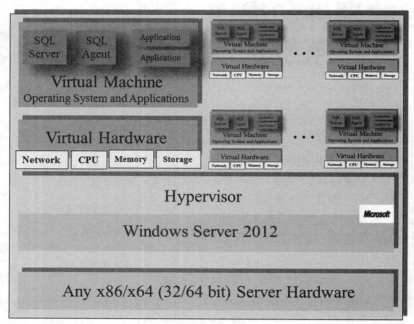

图 12.1　微软 Windows 2012 虚拟机管理程序

12.1　服务器高可用性的考虑

物理服务器和虚拟机的故障转移仍是许多现场系统和虚拟系统的核心。

12.1.1　故障转移集群

在 Windows Server 2012 及以后版本中，可创建一个多达 64 个节点和 8000 个虚拟机的集群。故障转移集群需要某种类型的共享存储，以便所有节点都能访问数据，并通过一种支持协议与大多数 SAN（存储区域网络）协同工作。故障转移集群包括一种内置验证工具（集群验证），能够验证存储、网络和其他集群组件是否正常工作。图 12.2 显示了多个虚拟机节点共享的 SAN 存储。

SAN 存储可分为以下三种主要类型：
- ▶ 使用主机总线适配器（HBA）的 SAN。这是最传统的 SAN 类型。所支持的类型包括光纤通道和串行连接 SCSI（SAS）。光纤通道往往成本更高，但能够提供比 SAS 更快的性能。

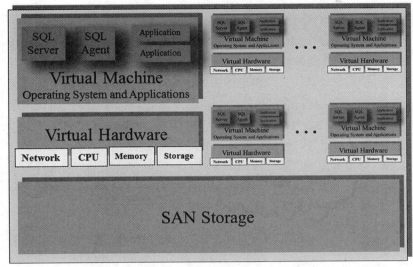

图 12.2　虚拟机（节点）共享的典型 SAN 存储

- 使用以太网的 SAN。近年来，网络带宽显著增加，能够匹配之前只能在基于 HBA 的存储结构下达到的速度，使得基于以太网的解决方法的成本低得多，尽管仍需要专用的网卡和网络。用于故障转移集群的两种支持协议是 iSCSI 和以太网的光纤通道（FCoE）。
- SMB3 文件服务器。服务器消息块（SMB）协议是一种以微软为中心的应用层网络协议，用于文件服务器上的文件共享。传统的文件共享是一个存储多个服务器访问的数据的位置。随着在 Windows Server 2012 中引入，现已可以为文件共享上一个虚拟机存储虚拟硬盘，使其成为一种允许所有集群节点同时访问的非常廉价的共享存储类型。这种方法已被证明是非常可靠的，且有助于简化故障转移配置。

在 Windows Server 2008 R2 中，故障转移集群引入了一个软件定义的磁盘虚拟化层，称为集群共享卷（CSV），使得一个单独逻辑单元号（LUN）能够存储在不同集群节点上运行的多个虚拟机上。在利用 SAN 部署虚拟机的故障转移集群时，强烈建议打开所有共享磁盘的 CVS，以使得通过将多个虚拟机整合到单个磁盘上来简化存储管理。传统的集群磁盘不允许多个节点同时访问同一个磁盘，给存储管理增加了一定复制性。

12.1.2　网络配置

对于高可用性，优化集群网络是关键，因为网络可用于管理、虚拟机访问、健康检查、实时迁移，以及在基于以太网的解决方案或 SMB 上的 Hyper-V 情况下的存储。集群节点可以位于同一子网或不同子网上,且在集群创建或添加新网络时,集群可自动配置网络。

必须使用 Hyper-V 管理器来创建每个集群节点上相同的虚拟网络和交换机,以使得虚拟机可连接到其他服务。这些虚拟网络在集群中的每个节点上的命名必须相同,这样虚拟机总是能够通过名称连接到同一网络,而不管虚拟机运行在哪个主机上。

每个集群至少需要两个冗余网络。如果网络不可用,可通过冗余网络提供网络流量通道。实际应用中最好对以下每种网络流量类型具有一个至少 1Gb/s 的专用网络:

- 实时迁移网络流量。在实时迁移中(即将运行的虚拟机从一台主机转移到另一台主机),通过网络连接在主机间复制虚拟机的内存。上千兆字节的数据尽可能快速地通过网络发送,这种数据转移会造成网络流量的大幅增加。因此强烈建议采用专用网络,以避免实时迁移导致干扰其他网络流量。
- 主机管理网络流量。特定类型的管理任务需要大量数据通过网络发送,如执行第三方产品的备份(如 Veeam 备份与复制)、从库中配置主机上的虚拟机或复制一个虚拟机。理想情况下,这种类型的网络流量应通过专用网络。
- 使用以太网存储的网络流量。如果使用 iSCSI、FCoE 或 SMB3 文件服务器进行存储,则这种存储类型必须具有一个专用网络连接。保证网络具有足够的带宽来支持主机上所有虚拟机的需求是非常重要的。如果不能快速访问数据,则主机上所有虚拟机的性能就会降低。

在创建一个集群时,会根据发现不同网络适配器的顺序为每个网络分配不同的值。由于集群假设网络具有外部连接,因此已访问默认网关的网卡会被指定用于客户端和应用流量,所分配的值称为网络优先级。Windows Server 故障转移集群不需要每个主机(节点)都具有相同硬件,只要整个解决方案不会在任何集群验证测试中失败即可。由于某些主机可能比其他的主机功能强大,或对存储具有不同的访问速度,因此希望某些虚拟机在特定主机上运行。

12.1.3 虚拟机集群复制

Windows Server 2012 引入了一个 Hyper-V 新特性,通过将虚拟硬盘复制到不同站点甚至微软 Azure,来实现 Hyper-V 虚拟机的灾难恢复。对于托管或接收复制的虚拟机的任何服务器或集群节点,都需要启用 Hyper-V 复制功能。每个虚拟机都可以进行单独的复制配置和测试,然后每隔 30 秒、5 分钟或 15 分钟异步发送一个数据副本。

在故障转移集群上,通过利用 Hyper-V 副本代理角色创建一个新的集群工作负载,来配置一个不同的 Hyper-V 副本。这是一个高可用性的复制服务版本,可实现集群节点之间复制引擎的故障转移,以确保总是能够进行复制。

12.1.4 虚拟化竞争

虚拟机曾经一度是不稳定、执行缓慢且难以管理的。但在 VMware 和微软这种大型供应商的支持下，目前服务器虚拟化已取得了巨大成功，完全可靠且能够实现动态管理。

正如本章前面所述，实时迁移需要在物理主机之间转移活动的虚拟机，而不能中断服务或停机。虚拟机实时迁移可允许管理员在主机上执行维护和解决问题，而不影响用户使用。还可以通过在同一个虚拟机管理程序上运行虚拟机来优化网络吞吐量、自动化分布式资源调度器（DRS），并执行磁盘的自动负载均衡，当虚拟机继续在同一物理主机上运行时，虚拟机的磁盘从一个位置转移到另一个位置。所有这些操作都可提升高可用性。

正如我们所知道的，微软在 Windows Server 2008 R2 中推出了在 Hyper-V 主机上转移虚拟机的功能，这需要虚拟机作为集群的一部分驻留在共享存储中。在 Windows Server 2012 和 Server 2012 R2 的基础上，微软继续得到 VMware 的支持，引入更多的迁移能力，使得微软或多或少地可与 VMware 相提并论。从 Windows Server 2012 R2 开始，Hyper-V 可在 SMB 文件共享上存储虚拟机，并允许存储于中央 SMB 上的执行虚拟机在非集群和集群服务器之间实时迁移，因此用户可以受益于实时迁移能力而无须在完全集群的基础设施方面进行投资（如图 12.3 所示）。

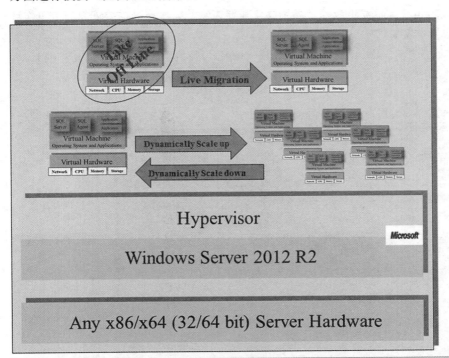

图 12.3　在 Windows 2012 R2 上进行零停机的实时迁移

Windows Server 2012 R2 的实时迁移能力还利用了压缩功能，可将执行实时迁移所需的时间减少了 50% 以上。另外，Windows Server 2012 R2 上的实时迁移应用了改进的 SMB3 协议。如果正在使用支持远程直接内存访问（RDMA）的网络接口，则实时迁移的流量更快且对节点 CPU 的影响更小。在 Windows Server 2012 中，将存储实时迁移引入到 Hyper-V 的功能设置中。Windows Server 2008 R2 允许用户利用传统的动态迁移来转移正在运行的虚拟机，但需要关闭虚拟机来转移其存储内容。

12.2　备份考虑

现代存储备份技术使用诸如改变块跟踪的技术来备份虚拟机。由于需要访问初始备份及所有数据更改来执行还原，因此虚拟机非常适合于在磁盘上存储备份数据。然而，基于磁盘的备份是非扩展的，且在需要异地完全灾难恢复时，并不总是能够提供简单的可移植性。诸如基于原始备份及随后所有增量更改数据块来创建合成备份的选项可以满足恢复需要。但值得注意的是，一旦发生故障，并不仅仅需要恢复数据，而是需要恢复整个工作环境。此外，如果没有备份，不可能实现灾难恢复。

图 12.4 表明在现场、作为服务的基础设施（IaaS）、作为服务的平台（PaaS）和作为一部分业务的作为服务的任何软件（SaaS）应用上的可能备份和恢复范围。

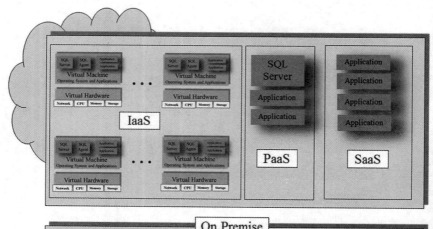

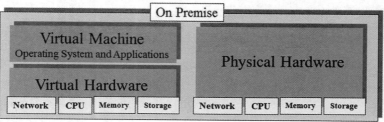

图 12.4　全方位的业务备份

虚拟化改变了一切并增加了选项个数。首先，数据可以很容易地备份为给定虚拟机镜像的一部分，包括应用软件、本地数据、设置和内存。其次，不需要重建物理服务器，虚拟机可以在任何其他兼容的虚拟环境中重建。这可能是备用的内部能力或从第三方云服务供应商处获得，可减少冗余系统的不部分成本。然而，作为业务范畴一部分的 PaaS 和 SaaS 组件必须与传统备份方法相协调，存在很大挑战。虚拟世界中的灾难恢复成本更低、更快、更容易和更加完整。一般来说，目前更容易实现更快的恢复时间目标（RTOs）。

供应商不断涌现，并声称可以提供灾难恢复即服务（DRaaS）。这种服务包括完全恢复最重要的系统，并尽可能快地运行，包括 DRaaS 站点上的相关数据，如图 12.5 所示。

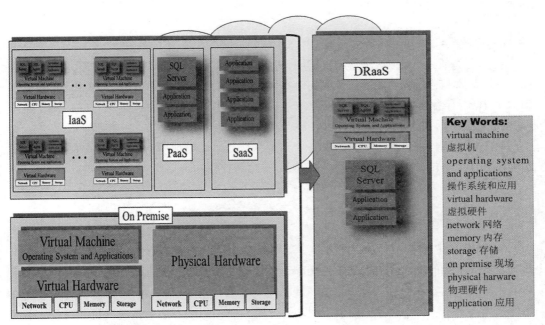

图 12.5　作为服务的灾难恢复

12.2.1　集成虚拟机管理程序复制

虚拟化平台供应商（如 VMware、微软 Hyper-V 和 Citrix Xen）在其产品中内嵌了不同层次的虚拟机复制服务。这些服务与虚拟机管理程序本身紧密集成，从而有可能实现将影子虚拟机作为虚拟热备用而进行连续数据保护（CDP）所需的性能，而且可以大大减少整个装置的 RPO 和 RTO。

12.2.2　虚拟机快照

许多虚拟机工具都能够在给定频率下获取虚拟机的增量快照。这通常需要在虚拟机中暂停足够长的一段时间，以便很快地复制数据、内存和其他相关元素。然后，可以使用这些虚拟机快照在相对短的时间内在任意地方重建虚拟机。RPO 取决于快照频率和整个虚拟机在另一个位置上可用的时间。该方法已逐步应用于虚拟机公司，如 Veeam、VMware、微软 Hyper-V 等。

其他更传统的备份供应商也已经调整其产品，使之直接具有虚拟机快照功能。Backup Exec（来自 Symantec）大多匹配虚拟机快照的能力和性能。其他厂商（如 Dell），声称其解决方案可完全避免虚拟机暂停，并对虚拟机没有任何影响。这些传统供应商的优点之一是支持新的虚拟机和所有旧的虚拟机。当然，很多 IaaS 供应商（如 Azure、Amazon 和 Rackspace）提供虚拟机复制功能，允许用户轻易地将故障转移到适当位置（当然，需要额外费用）。

12.2.3 灾难恢复即服务

正如前面所述，围绕云平台服务的行业有了快速发展，尤其是灾难恢复方面。这些 DRaaS 产品都声称能够在相当短的时间内完成，从而很大程度上减少公司的工作量。当然，RPO 和 RTO 有着很大的不同，如快照技术、备份技术、复制技术或思想方法。提供这些服务的三大公司分别是 SunGard、IBM 和微软（通过 Azure 上的网站恢复服务）。

对于组织机构而言，需要考虑的一个重要问题是"如果使用云平台作为站点灾难恢复选项，为什么不首先考虑使用云平台来满足正常的处理需求呢？"

12.3 小结

本章提出了一些关于高可用性的考虑，主要涉及到当前许多行业所使用的硬件和操作系统。绝大多数的组织（大概其中的 80%）都因为易于管理和高可用性的原因而正在利用虚拟化环境。如本章所述，在虚拟化环境中需要注意一些问题，如网络问题，为实现高可用性必须具有多少网卡；存储问题，如是否使用 SAN；以及在应急情况下可能需要的不同虚拟机快照方法和创建数据备份的方法（或许使用 DRaaS 作为主流选项）。慎重考虑这些硬件和操作系统因素是创建高可用性和灾难恢复的基础。在完全掌握硬件和操作系统因素的情况下，就可以部署传统的高可用性配置，以最大程度满足公司对高可用性的整体要求。

第13章

灾难恢复和业务连续性

本章内容提要
- 如何实现灾难恢复
- 灾难恢复的微软选项
- 灾难恢复的整体过程
- 最近是否拆分数据库
- 第三方灾难恢复方案
- 小结

什么？你还认为灾难永远不会发生？SQL Servers 和应用已连续正常运行多个月？在 Kansas 数据中心可能会发生什么？如果认为这些事不可能发生在自己身上，那简直是白日做梦。灾难可能以各种各样的规模大小、形态和形式发生。无论灾难是人为造成的（如恐怖事件、黑客、病毒、火灾或人为失误等）还是自然原因造成的（气候、地震、火灾等），或只是某种类型的普通故障（服务器故障），都会对公司造成灾难性的破坏。

一些人士估计公司为避免更大损失会将其预算的 25% 用于灾难恢复计划。经长期研究，在计算机记录有重大损失的公司中，43% 的公司倒闭，51% 的公司 2 年内关闭，只有 6% 的公司得以幸存（参见 www.datacenterknowledge.com/archives/2013/12/03/study-cost-data-center-downtime-rising）。针对这种问题，如何应对？我相信你会认真考虑设计一种可支持公司业务连续性（BC）的灾难恢复计划。该计划必须能够保护业务依赖的主要（通常是创收性的）应用。在涉及到灾难恢复和业务连续性时，许多应用都是次要的。一旦确定了需要保护的那些系统，就可以使用所拥有的所有最好的灾难恢复能力来着手规划和测试一个真正的灾难计划。

微软没有类似"SQL Server 灾难恢复"的产品，但确实有许多可以在灾难恢复工作的专门计划中所用的细节。微软用于灾难恢复的最新解决方案包括 AlwaysOn 功能和一些 Azure 选项（使用云平台作为一种可行的恢复站点以及一种架构本身）。此外，微软继续发布一些现有功能的增强版本，以极大增加在许多 SQL Server 环境中各种灾难恢复的方法。尤其是以下三种方法：日志传送仍用于重建实现灾难恢复目的的冗余系统；可用一些类型的数据复制拓扑，如对等复制；数据变更捕获（CDC）是一种廉价的灾难恢复方法。数据库镜像（即使某天会弃用）是另一种用于支持主动/主动和主动/被动灾难恢复需求的可行功能。在 Windows 2012 及其更新的版本中，多站点集群可允许故障转移到一个完全不同的数据中心。如前所述，AlwaysOn 可用性组功能可为现场和基于云的灾难恢复提供一种多站点灾难恢复选项。最后，基于云的解决方案在 Azure、Amazon 和其他内置灾难恢复选项的基础上继续扩展到地理上的远程站点，并作为当前现场解决方案的扩展。这些产品及其他传统产品将充分利用微软的能力，以得到一种业务连续性的舒适感。

13.1　如何实现灾难恢复

通常，灾难恢复专家参考一种七层灾难恢复模式。这些灾难恢复能力级别是从底部的第 0 层（无异地数据，可能没有恢复能力）开始，逐步达到最高级别的第 7 层（零或接近于零的数据丢失，高度自动恢复能力）。本节将介绍一种简化且更广义的五层（第 0 层到第 4 层）表征形式，有助于理解灾难恢复以及如何更容易地实现。接下来，首先考虑没有任何灾难恢复计划且运行在高风险下的大多数中小型企业。这些企业位于图 13.1 中倒金字塔的最底层，即第 1 层甚至根本没有出现在灾难恢复金字塔的第 0 层（低于基准线，压根没有异地数据备份）。

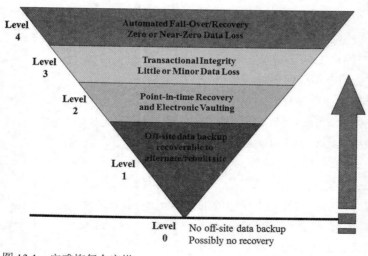

图 13.1　灾难恢复金字塔

可能许多公司都是在不想面对的高风险下运行。好消息是采用基于 SQL Server 的应用来达到更高保护层次并不十分困难。但也并不是没有任何代价的，一旦建立了某种灾难恢复计划并为此创建技术实现和机制，就需要具体实施和测试。

详细了解该模型中有关灾难恢复层次的信息，可更好地理解公司目前所处状况及未来发展方向：

- 第 0 层。在第 0 层，你基本上需要收拾残局（如发生火灾之类后），并查看站点还剩下些什么。如果没有在某个安全的地方（站点）存储备份，即使是最好的现场备份计划，对于灾难恢复也毫无意义。但是，可以清醒地意识到：处于第 0 层是一个主要风险。
- 第 1 层。如果非常关注灾难恢复，则必须尽快到达第 1 层。在此讨论创建可恢复镜像（数据库备份、系统配置备份、用户 ID、权限、角色备份等）的一些非常基本功能，从而可有效地重建在其他位置的 SQL Server 上运行的关键应用和数据库。尽管可能会有数据丢失，但不足以导致公司完全倒闭。如果尚未开始，那就赶紧实现吧。
- 第 2 层。第 2 层增加了一个实时的恢复时间框架，并努力获得更多的时间点恢复能力。如电子链接之类的功能极大地有助于快速恢复系统（数据库），并在极短的时间内恢复联机。尽管在这个层次上仍存在一定程度的数据丢失，但这是无法避免的。
- 第 3 层。第 3 层综合考虑应用中的恢复事务完整性和最小化数据丢失。需要付出更多的努力、资源且更具复杂性，但是非常可行。
- 第 4 层。许多大型公司都达到了第 4 层，提供完全保护，以免受到单个站点故障或灾难的影响，且不会错过每一单交易。本章将介绍实现从第 1 层到第 4 层灾难恢复的基于 SQL Server 的不同选项。

最好的实践方法是设计一个高效的灾难恢复计划，以支持业务连续性需求，然后进行完整测试。确保该计划能考虑到所有内容都完全顺利且快速地到达备用位置，而数据丢失最少。由于要考虑配置中的潜在复杂性，因此制订一个灾难恢复计划是一项繁琐的工作。另外，还需要理解从灾难中存活意味着必须只恢复最关键的应用，而这些是业务的核心，其余一切都可以在适当的时候重建或重新恢复。但需要注意的是，灾难恢复计划对公司的生存至关重要。最终目标是提升到金字塔的上层（第 4 层或附近），以满足公司对业务连续性的要求。大家肯定不希望花费数周时间从数据中心灾难现场恢复而最终不得不失去业务，如果没有准备充分，则行业统计数据可能会对你不利。

13.1.1 灾难恢复模式

一般来说，在试图达到灾难恢复的第 1 层到第 4 层时，应考虑三种主要的灾难恢复模式：

- 主动/被动灾难恢复站点模式。
- 主动/主动灾难恢复站点模式。
- 主动多站点灾难恢复模式。

接下来就详细介绍这些模式。

（1）主动/被动灾难恢复站点模式。

图 13.2 说明了主动/被动灾难恢复站点模式的配置，这可能是世界上最常见的灾难恢复，主要包括一个主站点（日常业务进行的正常环境）和一个被动灾难恢复站点。被动灾难恢复（备用）站点可以是任何地方的任何装置，可能是一个随时可用当前数据库备份（和应用镜像）的热备用站点，或者是一个租赁共用或完全从头建立的冷备用站点。微软还提供了云端的 Azure(作为服务的基础设施)作为灾难恢复站点的一个可能位置。可用的资源、资金和业务需求决定了将采用何种方法。显然，灾难恢复站点越冷，则利用其进行恢复所用的时间就越长。一个中小型企业通常需要 23 ~ 31 天的时间来完全重建一个备用站点（灾难恢复站点）的基本系统，组织可能接受也可能无法接受。全面了解公司的实际需求将决定最终选择。

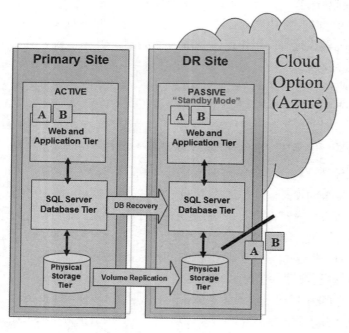

图 13.2　主动/被动灾难恢复站点模式

能够实现灾难恢复模式的基本微软产品是异地且易恢复（还原）数据库层的数据库备份，对于热备用灾难恢复站点，使用灾难恢复站点的数据复制、日志传送、异步数据库镜像和 AlwaysOn 可用性组异步复制。也有一些第三方产品，如 Symantec 的 Veritas Volume Replicator，可将物理字节级的变化推送到被动（热）灾难恢复站点的物理层。在大多数选项中，灾难恢复站点是被动的，即一直空闲直到需要。如图 13.2 所示，应用 A 和应用 B 都在站点中，但只有一个站点处于活动状态。在使用微软的数据复制、数据库快照与数据库镜像或 AlwaysOn 配置进行灾难恢复时，上述规则是例外。在这种情况下，应用 A 和应用 B 报表用户（在被动 SQL Server 数据库层的右侧线之下）可能会利用只读数据库快照或可读次要副本。即使在这种情况下，灾难恢复站点也不能用于事务性更改（更新、删除、插入），只提供读取访问。

> **提示**
>
> 注意，日志传送和数据库镜像在未来的微软产品中都将被淘汰，所以不要计划过多使用这些功能。

（2）主动/主动灾难恢复站点模式。

主动/主动灾难恢复站点模式面临着一些问题，例如需要确保没有应用保持从一个事务到另一个事务的"状态"（称为"无状态"）。此外，应用和/或 Web 层需要能够以某种均衡或轮询方法将用户连接（负载）路由到每个站点。通常是通过使用诸如轮询路由算法的大 IP 路由器来确定直接连接到哪个站点。在图 13.3 中，应用 A 在每个站点上都可用。

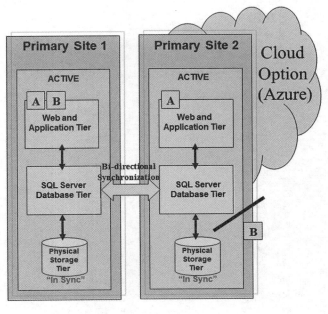

图 13.3　主动/主动灾难恢复站点模式

Key Words:
primary site 主站点
active 主动
web and application tier 网页和应用层
database tier 数据库层
in sync 同步
cloud option 云选项
active/active DR 主动/主动灾难恢复
bi-directional synchronzation 双向同步

可使用对等连续数据复制以及其他多更新订阅服务器复制拓扑来创建主动/主动配

置。与具有两个主站点的细微区别是,有一个主站点和一个不处理事务但积极参与报表和其他活动(即不做任何改变的处理)的从站点。这种功能可通过 AlwaysOn 可用性组配置(主副本和任意数量的次要副本)来很容易地创建。应用 B 的事务处理仅在主站点 1(所有功能特性)上可用,而使用主站点 2 来卸载报表(同样是在 SQL Server 数据库层右侧的线下)。在主站点发生故障的情况下,从站点可快速(秒级)接管主站点的所有功能。这是主动/被动模式的一种形式,其中活动的"次级使用"是在被动站点上(与刚才介绍的主动/被动灾难恢复模式相比)。这种配置类型也可由数据库镜像和数据库快照(用于报表)提供。Azure 也可以轻松地支持托管备用站点(站点 2),而无需过多修改现场站点配置和系统。这些不同形式的配置模式具有很多优点,极大地分配了工作负载,并允许在灾难恢复金字塔上提升。

(3) 主动多站点灾难恢复模式。

对于在区域上分布式处理的大型全球性组织机构,日益流行使用主动多站点灾难恢复模式。主动多站点灾难恢复配置包含三个或多个主动站点,采用其中的任何一个站点作为其他站点的灾难恢复站点(如图 13.4 所示)。这种模式允许在任何站点对之间发布冗余应用,但通常不是冗余到所有三个站点(或多个站点)。例如,可以将主站点 1 上的一半应用冗余到主站点 2 上,而另一半应用冗余到主站点 3 上。这样就可以进一步将风险分散到任一个站点,从而大大增加不间断处理的可能性。

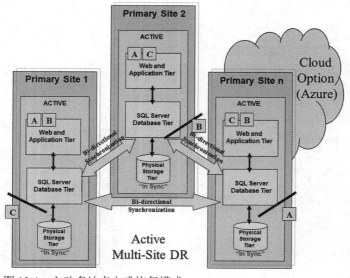

图 13.4 主动多站点灾难恢复模式

同样,此处"无状态"应用也很关键,正如将所有连接智能路由到合适的站点一样。采用连续数据复制、AlwaysOn 可用性组、数据库镜像甚至 CDC 选项都可以轻松创建这样一种灾难恢复拓扑。而且，如果一个或多个备用站点是被动的(即次级使用支持报表服务)，且这些多站点中的任何一个站点都是可以基于云的（在 Azure 或其他云平台供应商选项上），则同样可以使用次级应用。

（4）选择灾难恢复模式。

上述部分是将所有可能的灾难恢复模式简化为三个简单的模式，是在一个基础层次上表征为支持公司要求的业务连续性而所需完成的操作。由于公司业务的性质不同，不同公司可以容忍的损失程度也不同。在最高层次上，可以非常容易地将这些模式与业务需求相匹配。本节将介绍有助于实现这些模式的 SQL Server 功能。

一家全球化公司可能需要设计一个灾难恢复配置，可以将区域内每个主要数据中心站点作为另一区域的主动或被动灾难恢复站点。例如，一家大型高科技公司的灾难恢复站点配置如下：弗吉尼亚州亚历山德里亚站点是亚利桑那州菲尼克斯站点的被动灾难恢复站点；法国巴黎的区域站点又是弗吉尼亚州亚历山德里亚站点的灾难恢复站点等。更多情况下，将单个云站点（使用微软的 Azure 或 Amazon 的 EC2）作为全球多数据中心拓扑的默认灾难恢复站点。

对于拥有多个数据中心站点但只需要支持主动/被动灾难恢复模式的公司，可以使用一种非常主流的灾难恢复模式，称为互惠灾难恢复。如图 13.5 所示，现有两个站点（站点 1 和站点 2）。每个站点对于某些应用都是主动的（站点 1 上的应用 1,3,5 和站点 2 上的应用 2,4,6）。站点 1 的应用被动支持站点 2，而站点 2 的应用又被动支持站点 1。以这种方式推出的配置可完全消除"无状态"应用问题，且实现相当容易。另外，还可以通过其他对等站点（完全免费）上的数据库快照提供被动应用的数据，并进一步利用地理分布的工作负载。

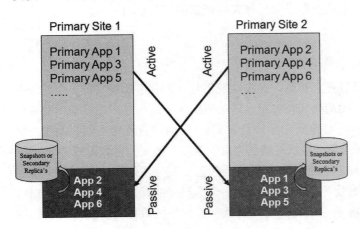

图 13.5　互惠灾难恢复

如果某个站点恰好丢失（如发生灾难），则这种配置会分散丢失所有应用的风险。微软推出的可实现这种灾难恢复模式的产品是灾难恢复站点的数据复制、日志传送、AlwaysOn 可用性组、CDC（针对被动应用），甚至是将异步数据库镜像与数据库快照相结合来实现某些分布式报表。

13.1.2　恢复目标

在此，需要了解两个主要目标：数据必须恢复的时间点（以便能够成功实现恢复处理，称为恢复点目标 RPO）和可接受的停机时间（称为恢复时间目标 RTO）。通常认为 RPO 是上次备份和中断发生时刻之间的时间，用于指示将会丢失的数据量。RTO 是由操作中断情况下的可接受停机时间确定的，用于指示灾难发生后恢复业务操作的最近时间点（即可耽误的时间长短）。

RPO 和 RTO 构成了数据保护策略的开发基础，提供了一张由于灾难而导致业务损失的总时间图。在设计解决方案时，这两项指标都是非常重要的。接下来，以算法形式来表述这些项：

　　RTO = 灾难发生时间与系统运行时间之差 – 操作时间（逐渐增加）– 灾难发生时间（逐渐减小）

　　RPO = 表征必须重新获取或输入数据的完整事务的最后一次备份时间 – 灾难发生时间 – 最后一次可用数据备份时间

由此：

　　业务损失总时间 = 操作时间（逐渐增加）– 灾难发生时间（逐渐减小）– 最后一次可用数据备份时间

完全理解 RPO 和 RTO 的要求是确定采用何种灾难恢复模式以及利用何种微软选项的关键所在。

13.1.3　以数据为中心的灾难恢复方法

灾难恢复本身是一项复杂的任务。然而，在灾难发生时，没有必要恢复每一个系统或应用。必须确定需恢复系统或应用的确切优先级。这些应用通常是与客户进行基本业务所依赖的创收型应用（如订单输入、订单履约和开具发票）。在此，设置这些创收系统的灾难恢复优先级最高。然后，恢复的下一层次是次优先级的应用（如人力资源系统）。

在确定灾难恢复计划中一部分应用的优先级之后，需要充分了解在恢复过程中必须包含哪些内容，以确保这些具有优先级的应用能够完全实现功能。最好的方法是采用以数据为中心的方法，该方法着重于应用实现所需的数据。这里的数据有多种形式，如图 13.6 所示。

- ▶ 元数据：描述结构、文件、XSD 的数据，以及应用、中间件或后端需求的数据。
- ▶ 配置数据：应用需要定义所必须完成内容的数据、中间件需要执行的数据等。
- ▶ 应用数据值：表示系统中事务数据的数据库文件中的数据。

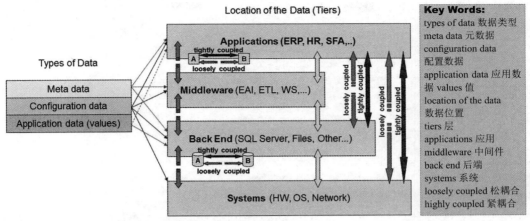

图 13.6　数据类型和数据驻留位置

在确定必须在灾难恢复计划中包含哪些应用之后，就必须确保进行备份并能够从这些应用中恢复数据（元数据、配置数据和应用数据），还要确定数据与其他应用是紧耦合还是松耦合。也就是说，如果在后端层，数据库 A 具有客户订单事务数据，而数据库 B 具有开具发票数据，由于与业务紧密耦合，因此两者都必须包含在灾难恢复计划中，如图 13.6 所示。此外，还必须了解应用堆栈组件与每层之间是紧耦合还是松耦合。也就是说，如果企业资源计划（ERP）应用（在应用层）需要某种类型的中间件来处理所有消息传递，则中间件层的组件与 ERP 应用是紧耦合的（从技术意义上）。

13.2　灾难恢复的微软选项

既然已经了解了灾难恢复模式的基本原理，也知道了如何确定灾难恢复中最高优先级的应用及其紧耦合的组件，那么接下来分析实现各种灾难恢复解决方案的具体微软选项。这些选项包括数据复制、日志传送、数据库镜像、数据库快照、AlwaysOn 可用性组及各种 Azure（云）选项。

13.2.1　数据复制

数据复制是可用于灾难恢复的一种可靠且稳定的微软选项。然而，并非所有的数据复制都能适用于该任务。如图 13.7 所示，使用连续或频繁定期分发的中央发布服务器复制模型非常适于在任何地理范围上创建 SQL Server 数据库的热备用。在该配置中，主站点是唯一主动处理事务（更新、插入、删除）的站点，且通常在连续复制模式下将所有事务都复制到订阅服务器。

灾难恢复站点上的订阅服务器与发布服务器上最近分发（复制）的事务一样都是最新的，且通常是实时的。如果控制得当，且只读访问不妨碍复制处理和将灾难恢复模式置于危险状态,则订阅服务器可用于只读处理。

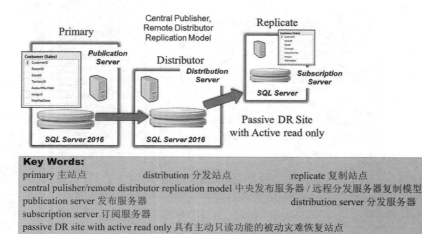

Key Words:
primary 主站点 distribution 分发站点 replicate 复制站点
central pulisher/remote distributor replication model 中央发布服务器/远程分发服务器复制模型
publication server 发布服务器 distribution server 分发服务器
subscription server 订阅服务器
passive DR site with active read only 具有主动只读功能的被动灾难恢复站点

图 13.7 主动/被动灾难恢复模式的中央发布服务器数据复制配置

对等复制选项提供了一种可行的主动/主动功能,以使得在事务流入每个服务器的数据库时,保证两个主站点同步。如图 13.8 所示,这两个站点都包含数据库的完整副本,并且在两者之间同时进行交易并复制。

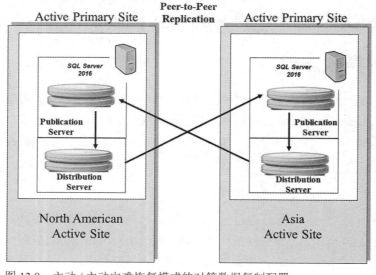

Key Words:
active primary site
主动主站点
peer-to-peer replication
对等复制
publication server
发布服务器
distribution server
分发服务器
north american active site 北美主动站点
asia active site
亚洲主动站点

图 13.8 主动/主动灾难恢复模式的对等数据复制配置

目前,在云平台中(如 Azure)设置一个订阅服务器也很容易,并将其用作灾难恢复站点。中央发布服务器数据复制配置可以很容易地设置为复制到云平台(见图 13.9)。事实上，这很容易实现，也可能是许多组织机构从事灾难恢复业务的首要方式。

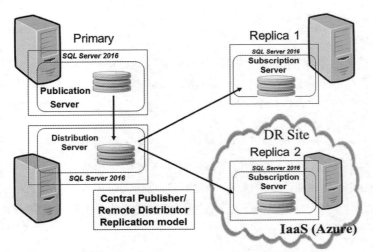

图 13.9　灾难恢复的云平台中央发布服务器数据复制配置

13.2.2　日志传送

如图 13.10 所示，日志传送易用于主动 / 被动灾难恢复模式。然而，日志传送只能与上一次成功发送事务日志的效果一样。日志传送的频率对灾难恢复中的 RTO 和 RPO 非常关键。日志传送实际上并不是一种实时解决方案，即使采用连续日志传送模式，也会由于目标站点上的文件移动和日志应用而产生一段时间的滞后。

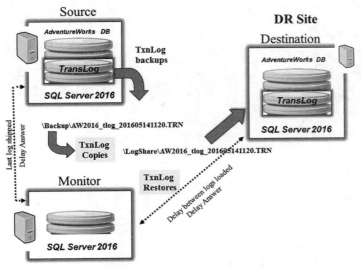

图 13.10　主动 / 被动灾难恢复模式的日志传送配置

注意，微软正在逐步淘汰日志传送，因此规划一种将要淘汰的未来灾难恢复实施计划并不是一个好的思路。

13.2.3 数据库镜像和快照

由于数据库镜像易于配置和高可用性的特点，其在全球的各个公司中得到了广泛应用。尽管非常普及，但微软还是宣布将逐步淘汰数据库镜像。这可能需要许多年来完成，所以对于需要快速完成灾难恢复工作而言，这是一个非常好的选择，但从数据库镜像的长期规划来说，这并不是一个好的选择。

在高可用性模式（同步）或性能模式（异步）中，数据库镜像都有助于减少数据丢失和恢复时间（RPO 和 RTO）。如图 13.11 所示，数据库镜像可用于任何一种从一个站点到另一个站点可能存在的网络连接。有效创建一个镜像，使得在站点丢失时完全可以用于故障转移。同时，在主动/被动模式和主动/主动模式中也都是可行的（从不可用的镜像数据库中创建数据库快照，并用于主动报表服务）。

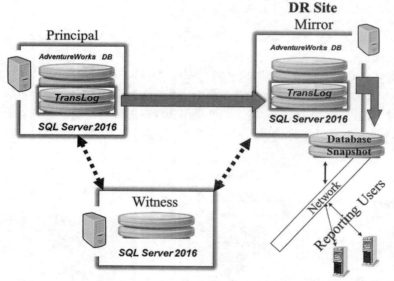

图 13.11　主动/被动（主动）灾难恢复模式中的数据库镜像和数据库快照

13.2.4 数据变更捕获

本书中并没有太多讨论数据变更捕获（CDC），因为通常有更好且更简单的方法来创建数据副本。已经使用 CDC 的公司可以考虑将其用于灾难恢复和高可用性（故障转移）。CDC 是一种通过日志读取器，将更新、删除和插入从一个数据库转移到另一个数据库的方法。是利用源数据库侧的一组存储过程和表（变更表），以 100% 的数据完整性快速将这些数据变更转储到目标数据库。作为一种灾难恢复选项，CDC 对于能够忍受数据滞后且不介意有一个仅与上一次变更推送相同效果（这是相当不错的）的备用灾难恢复站点的公司来说是非常有意义的。CDC 需要设置重要的变更表和额外的存储过程，但不能保证实时性，有时需要重新同步以使返回的表一致。如图 13.12 所示，CDC 可以用于任何一个从一个站点到另一个站点可能存在的网络连接，甚至可以针对一个云 SQL Server 实例（由 Azure 托管）。

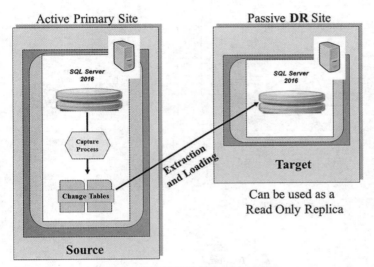

图 13.12　主动/被动灾难恢复模式的数据变更捕获

13.2.5　AlwaysOn 可用性组

SQL Server 2012 之后的版本都配置了 AlwaysOn 可用性组。对于灾难恢复，利用 AlwaysOn 可用性组将数据复制到其他位置逐渐成为首选方式。AlwaysOn 实际上是从数据库镜像和 SQL 集群中选择最佳的方法来为高可用性和灾难恢复提供一系列广泛的配置选项。如图 13.13 所示，一个主动站点（为同步复制和自动故障转移配置了主副本和次要副本）可以将数据复制到另一个从站点（用于灾难恢复的次要副本），该从站点（次要副本）也可用作只读数据库。如果主站点发生故障（由于某种原因的灾难），从站点仍可进行只读处理，并可轻松地为所有事务活动启用。这种功能有助于最小化数据丢失库和显著减少恢复时间（RPO 和 RTO）。

现在，可以相当容易地在主要网络（一个网络到另一个网络）上配置一个异步从站点。但是，该远程从站点只能用于最近一次异步事务复制。不过现在这个过程通常只需要几秒钟的时间。此外，由于是异步复制模式，用于灾难恢复的从站点也可以是 Azure 或 Amazon 供应商提供的云端（如图 13.14 所示）。

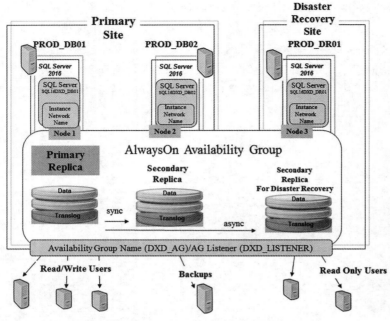

图 13.13 用于主动 / 主动灾难恢复站点的 AlwaysOn 可用性组

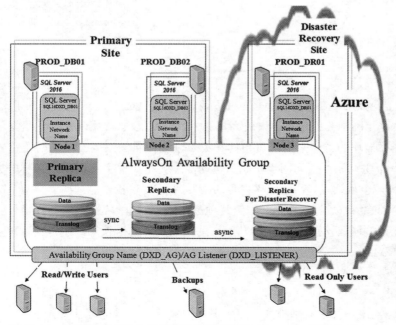

图 13.14 用于云端主动 / 主动灾难恢复站点的 AlwaysOn 可用性组

13.2.6 Azure 和主动式异地数据复制备援

如果在云平台（如微软的 Azure）上部署了 100% 的应用和数据库，则在可用性和灾难恢复方面有一些内置选项。如果使用 SQL Azure，则在同一区域站点上具有标准冗余数据库，在次级区域站点（次要副本）上也有冗余，在第三区域站点上有异步复制模式的次级数据副本。如图 13.15 所示，第三区域站点可以是一个主动/被动模式下的灾难恢复站点。如果需要的话，该站点可用于报表用户，至少提供了一个完整备份（灾难恢复）站点，以保证第三处理区域（站点）与前两个区域站点完全不同。这为大多数公司提供了非常可靠的风险规避措施。

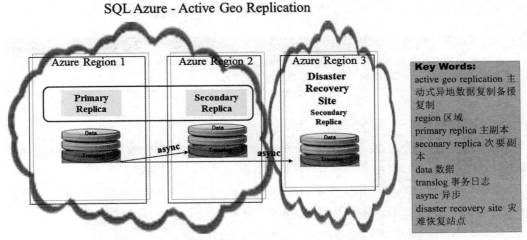

图 13.15　主动/被动灾难恢复模式下的 SQL Azure 主动式异地数据复制备援配置

13.3　灾难恢复的整体过程

要完成 SQL Server 平台的灾难恢复计划，必须进行更多的准备工作。本节介绍了一种总体的灾难恢复方法，其中包括收集所有正确信息、执行灾难恢复计划并进行全面测试。

一般而言，需要定义和执行作为整个灾难恢复过程或计划基础的以下工作：

（1）创建执行灾难恢复的任务/操作说明。其中应包括灾难恢复的所有步骤及需要恢复的所有系统组件。

（2）安排或指定接收恢复内容的服务器/站点。这是能够容纳所需恢复联机内容的一个配置。

（3）确保具有合适的完整数据库备份/恢复机制（包括数据库异地/备用站点的存档和检索）。

（4）确保具有合适的应用备份/恢复机制（如COM+应用、.NET应用、web服务和其他应用组件等）。

　　（5）确保可完全重建和再同步安全性（微软活动目录、域账户、SQL Server登录名/密码等待）。称为"安全性再同步准备就绪"。

　　（6）确保可以完全配置和开启网络/通信线路。还包括确保路由器配置正确、IP地址可用等。

　　（7）培训技术支持人员熟悉灾难恢复的所有要素。永远不可能完全了解恢复一个系统的所有方法。同时一个系统似乎永远不会以同样方式成功恢复两次。

　　（8）计划和执行每年一次或两次的灾难恢复模拟。在此花费的一两天时间可能会节省灾难真正发生时所需的上百倍时间。而且需注意灾难可能有许多种形式。

> **提示**
>
> 　　许多组织机构已经采用了通过拉伸式集群或日志传送技术实现热备用站点的概念。但对于一些先进的、高度冗余的解决方案来说，成本可能很高。

13.3.1　灾难恢复的重点关注问题

　　如果为重建SQL Server环境创建了一些非常可靠且经过时间检验的机制，那么在你最需要的时候可提供很好的服务。本节将讨论灾难恢复的重点关注问题。

　　需要尽可能多地产生工作（通过向导、SMSS等创建的所有操作）所需脚本，这些脚本将保存所有隐藏信息。具体包括以下内容：

- ▶ 完整的复制生成/分解脚本。
- ▶ 完整的数据库创建脚本（数据库、表、索引和视图等）。
- ▶ 完整的SQL登录、数据库用户ID和密码脚本（包括角色和其他权限）。
- ▶ 链接/远程服务器设置（链接服务器、远程登录）。
- ▶ 日志传送设置（源、目标和监视服务器）。
- ▶ 任何自定义的SQL代理任务。
- ▶ 备份/还原脚本。
- ▶ 其他可能脚本，取决于在SQL Server上构建的内容。

　　确保记录正在使用的SQL数据库维护计划的所有方面，包括维护频率、警告、发生错误时的告知电子邮件地址、备份文件/设备地址等。

　　记录所用的所有硬件/软件配置：

- ▶ 利用sqldiag.exe（如下节所述）。
- ▶ 记录启动用于实例的SQL代理服务的账户和启动微软分布式事务协调器（MS DTC）服务的账户。如果使用分布式事务和数据复制，则该步骤尤为重要。

- 记录下列 SQL Server 实例实现特性的脚本。
  - select @@SERVERNAME。提供 SQL Server 和实例的完整网络名称。
  - select @@SERVICENAME。提供正在运行的微软 SQL Server 的注册表键值。
  - select @@VERSION。提供当前微软 SQL Server 安装的日期、版本和处理器类型。
  - exec sp_helpserver。提供服务器名称、服务器网络名称、服务器复制状态，以及服务器标识号、排序规则名称，连接到或查询链接服务器的超时值。下面是一个应用示例：
    ```
    exec sp_helpserver;
    ```
  - exec sp_helplogins。提供每个数据库的登录信息及其相关用户。
  - exec sp_linkedservers。返回本地服务器中定义的链接服务器列表。
  - exec sp_helplinkedsrvlogin。提供针对用于分布式查询和远程存储过程的特定链接服务器所定义的登录映射信息。
  - exec sp_server_info。返回微软 SQL Server 的属性名称及其匹配值的列表。下面是一个应用示例：
    ```
    use master;
    exec sp_server_info;
    ```
  - exec sp_helpdb dbnameXYZ。提供指定数据库或所有数据库的相关信息，包括数据库分配名称、大小和位置。下面是一个应用示例：
    ```
    exec sp_helpdb dbnameXYZ;
    ```
  - exec sp_spaceused。提供指定数据库名称（dbnameXYZ）的数据和索引的实际使用信息。下面是一个应用示例：
    ```
    use dbnameXYZ;
    exec sp_spaceused;
    ```
  - exec sp_configure。通过运行 sp_configure（显示高级选项）获得当前 SQL Server 配置信息，如下面示例所示：

```
USE master;
EXEC sp_configure 'show advanced option', '1';
RECONFIGURE;
EXEC sp_configure;
```

name	minimum	maximum	config_value	run_value
access check cache bucket count	0	65536	0	0
access check cache quota	0	2147483647	0	0
Ad Hoc Distributed Queries	0	1	0	0
affinity I/O mask	-2147483648	2147483647	0	0
affinity mask	-2147483648	2147483647	0	0
affinity64 I/O mask	-2147483648	2147483647	0	0
affinity64 mask	-2147483648	2147483647	0	0
Agent XPs	0	1	1	1
allow updates	0	1	0	0
awe enabled	0	1	0	0

name	minimum	maximum	config_value	run_value
backup compression default	0	1	0	0
blocked process threshold (s)	0	86400	0	0
c2 audit mode	0	1	0	0
clr enabled	0	1	0	0
common criteria compliance enabled	0	1	0	0
cost threshold for parallelism	0	32767	5	5
cross db ownership chaining	0	1	0	0
cursor threshold	-1	2147483647	-1	-1
Database Mail XPs	0	1	0	0
default full-text language	0	2147483647	1033	1033
default language	0	9999	0	0
default trace enabled	0	1	1	1
disallow results from triggers	0	1	0	0
EKM provider enabled	0	1	0	0
filestream access level	0	2	2	2
fill factor (%)	0	100	0	0
ft crawl bandwidth (max)	0	32767	100	100
ft crawl bandwidth (min)	0	32767	0	0
ft notify bandwidth (max)	0	32767	100	100
ft notify bandwidth (min)	0	32767	0	0
index create memory (KB)	704	2147483647	0	0
in-doubt xact resolution	0	2	0	0
lightweight pooling	0	1	0	0
locks	5000	2147483647	0	0
max degree of parallelism	0	64	0	0
max full-text crawl range	0	256	4	4
max server memory (MB)	16	2147483647	2147483647	2147483647
max text repl size (B)	-1	2147483647	65536	65536
max worker threads	128	32767	0	0
media retention	0	365	0	0
min memory per query (KB)	512	2147483647	1024	1024
min server memory (MB)	0	2147483647	0	0
nested triggers	0	1	1	1
network packet size (B)	512	32767	4096	4096
Ole Automation Procedures	0	1	0	0
open objects	0	2147483647	0	0
optimize for ad hoc workloads	0	1	0	0
PH timeout (s)	1	3600	60	60
precompute rank	0	1	0	0
priority boost	0	1	0	0
query governor cost limit	0	2147483647	0	0
query wait (s)	-1	2147483647	-1	-1
recovery interval (min)	0	32767	0	0
remote access	0	1	1	1
remote admin connections	0	1	0	0
remote login timeout (s)	0	2147483647	20	20
remote proc trans	0	1	0	0
remote query timeout (s)	0	2147483647	600	600
Replication XPs	0	1	0	0
scan for startup procs	0	1	0	0

server trigger recursion	0	1	1	1
set working set size	0	1	0	0
show advanced options	0	1	1	1
SMO and DMO XPs	0	1	1	1
SQL Mail XPs	0	1	0	0
transform noise words	0	0	0	0
two digit year cutoff	1753	9999	2049	2049
user connections	0	32767	0	0
user options	0	32767	0	0
xp_cmdshell	0	1	0	0

- 列出磁盘配置、大小和当前可用大小（对于所使用的所有磁盘卷执行标准 OS 目录列表命令）。
- 获取 SA 登录密码和操作系统管理员密码，以便访问和安装（或重新安装）所有内容。
- 记录供应商的所有联系信息，包括以下内容：
  - 微软支持服务联系信息（是否使用"主要产品支持服务"）。
  - 存储供应商联系信息。
  - 硬件供应商联系信息。
  - 异地存储联系信息（快速获取存档副本）。
  - 网络/电信联系信息。
  - 首席技术官、首席信息官以及其他高级管理人员的联系信息。
  - 一切可用的 CD-ROMs/DVDs（SQL Server、服务包、操作系统、实用工具等）。

使用 sqldiag.exe

一种可以获取完整环境场景的好方法是运行 SQL Server 2016 产品所提供的 sqldiag.exe 程序（灾难发生时可以创建一个备用站点）。该程序位于 Binn 目录，其中包括所有 SQL Server 可执行文件（C:\Program Files\Microsoft SQL Server\130\Tools\Binn）。该程序可显示服务器是如何配置的、所有硬件和软件组件（及其版本信息）、内存大小、CPU 类型、操作系统版本和构建信息、页面文件信息、环境变量等。如果定期在服务器上运行该程序，可提供良好的环境文档来补充灾难恢复计划。该实用工具还可用于捕获和诊断 SQL Server 中的问题，并提示在重建收集诊断信息的相关问题时必须进行响应。图 13.16 显示了预期的执行命令和系统信息窗口。

> **提示**
> 针对本章的目的，在提示收集 SQLDIAG 信息时，可通过 Ctrl+C 组合键来终止。

在运行该实用工具时，需打开命令终端，并将目录切换到 SQL Server Binn 目录。然后，在命令终端下执行 sqldiag.exe。

```
C:\Program Files\Microsoft SQL Server\130\Tools\Binn> sqldiag.exe
```

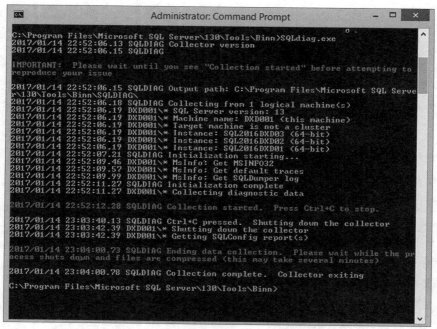

图 13.16　预期的执行命令和系统信息窗口

执行结果会写入 SQLDIAG 子目录下的几个文本文件中。每个文件都包含有关 SQL Server 正在运行的物理硬件（服务器）的不同类型数据以及有关每个 SQL Server 实例的信息。硬件（服务器）信息保存在名为 XYX_MSINFO32.TXT 的文件中，其中 XYX 为机器名称。在此，包含了与 SQL Server 相关的所有详细快照（无论是哪种方式）和所有硬件配置、驱动程序等。这些信息是与 SQL Server 实例直接相关的元数据，并与配置信息紧密耦合。下面给出部分信息的一个示例：

```
System Information report written at: 12/08/16 21:18:01
System Name: DXD001
[System Summary]

Item                       Value
OS Name                    Microsoft Windows Vista Premium
Version                    6.1.7601 Service Pack 1 Build 7601
Other OS Description       Not Available
OS Manufacturer            Microsoft Corporation
System Name                DATAXDESIGN-PC
System Manufacturer        TOSHIBA
System Model               Satellite P745
System Type                x64-based PC
Processor Intel(R) Core(TM) i3-2350M CPU @ 2.30GHz, 2300 Mhz, 2 Core(s), 4 Logical Processor(s)
BIOS Version/Date          TOSHIBA 2.20, 10/30/2015
```

```
SMBIOS Version              2.6
Windows Directory           C:\windows
System Directory            C:\windows\system32
Boot Device                 \Device\HarddiskVolume1
Locale                      United States
Hardware Abstraction Layer  Version = "6.1.7601.17514"
User Name                   DXD001\DATAXDESIGN
Time Zone                   Pacific Daylight Time
Installed Physical Memory (RAM)   Not Available
Total Physical Memory       11.91 GB
Available Physical Memory   8.83 GB
Total Virtual Memory        19.8 GB
Available Virtual Memory    8.54 GB
Page File Space             5.91 GB
Page File                   C:\pagefile.sys
```

可为服务器上安装的每个 SQL Server 实例生成一个单独文件。这些文件命名为 XYZ_ABC_sp_sqldiag_Shutdown.OUT，其中 XYZ 为机器名称，ABC 为 SQL Server 实例名称。文件中包含关于如何配置的大部分 SQL Server 内部信息，其中包括在该机器上运行服务时的 SQL Server 日志快照。下例给出了 DXD001_SQL2016DXD01_sp_sqldiag_Shutdown.OUT 文件的关键信息：

```
2016-12-08 20:53:27.810 Server    Microsoft SQL Server 2016 - 13.0.700.242 (X64)
        Dec 8 2016 20:23:12
        Copyright (c) Microsoft Corporation
        Developer Edition (64-bit) on Windows 8.1 Pro <X64> (Build 9600: Hypervisor)
2016-12-08 20:53:27.840 Server       (c) Microsoft Corporation.
2016-12-08 20:53:27.840 Server       All rights reserved.
2016-12-08 20:53:27.840 Server       process ID is 4204.
2016-12-08 20:53:27.840 Server       System Manufacturer: 'TOSHIBA', System Model:
'Satellite P745'.
2016-12-08 20:53:27.840 Server       Authentication mode is MIXED.
2016-12-08 20:53:27.840 Server       Logging SQL Server messages in file 'C:\Program
    Files\Microsoft SQL Server\MSSQL13.SQL2016DXD01\MSSQL\Log\ERRORLOG'.
2016-12-08 20:53:27.840 Server       The service account is 'DXD001\Paul'. This is an
    informational message; no user action is required.
2016-12-08 20:53:27.850 Server       Registry startup parameters:
         -d C:\Program Files\Microsoft SQL Server\MSSQL13.SQL2016DXD01\MSSQL\DATA\
master.mdf
         -e C:\Program Files\Microsoft SQL Server\MSSQL13.SQL2016DXD01\MSSQL\Log\
ERRORLOG
         -l C:\Program Files\Microsoft SQL Server\MSSQL13.SQL2016DXD01\MSSQL\DATA\
mastlog.ldf
2016-12-08 20:53:27.850 Server       Command Line Startup Parameters:
     -s "SQL2016DXD01"
2016-12-08 20:53:28.770 Server       SQL Server detected 1 sockets with 2 cores per
socket and 4 logical processors per socket, 4 total logical processors; using 4
logical processors based on SQL Server licensing. This is an informational message;
```

```
no user action is required.
2016-12-08 20:53:28.770 Server         SQL Server is starting at normal priority base
(=7). This is an informational message only. No user action is required.
2016-12-08 20:53:28.770 Server         Detected 6051 MB of RAM. This is an
informational message; no user action is required.
2016-12-08 20:53:28.790 Server         Using conventional memory in the memory
manager.
2016-12-08 20:53:29.980 Server         This instance of SQL Server last reported
using a process ID of 6960 at 12/4/2016 12:28:56 AM (local) 12/4/2016 7:28:56 AM
(UTC). This is an informational message only; no user action is required.
```

根据输出信息，可确定在主站点上运行的 SQL Server 实例的完整信息。这是有关 SQL Server 实现的良好文档。应定期运行该实用程序，并将输出信息与执行运行的信息相比较，以确保在灾难发生时能够确切地了解所需恢复的内容。

13.3.2 规划和执行灾难恢复

规划和执行完整的灾难恢复过程是一项非常严肃的工作，全球许多公司每年都会预留几天时间来完成这项任务。具体包括以下操作步骤：

（1）模拟灾难。

（2）记录所采取的所有行为。

（3）计时从开始到结束的所有事件。有时需要有人专门用秒表记录。

（4）在灾难恢复模拟之后进行事后分析。

许多公司将灾难恢复模拟的结果与 IT 小组的工资（加薪比例）挂钩，给予 IT 成员足够的动力来熟练操作和良好执行。

纠正发生的任何故障或问题都是至关重要的。可能下一次就不是模拟了。

13.4 近期是否有过拆分数据库

在处理灾难恢复时，应考虑备份和恢复的所有方法。一种创建数据库快照的简单直接但功能强大的方法（无论是什么目的，甚至是备份和恢复）是，简单地拆分数据库并将其附加到另一个位置。在拆分数据库时，压缩数据库文件（.mdf 和 .ldf），这些文件（或一个压缩文件）中的数据从一个位置传输到另一个位置的过程中，文件解压缩时和数据库连接时都会有一些停机时间。这种方法简单直接，且相当快速和安全。总之，将整个数据库从一个地方转移到另一个地方是非常可靠的一种方法。

在一个说明所完成工作的示例中，一个约 30GB 的数据库可以在 10 分钟内被拆分、压缩、通过网络（10GB 主干网）转移到另一个服务器、解压缩和组装。应确保系统管理员知道这是一个紧要关头。

13.5 第三方灾难恢复方案

支持灾难恢复的第三方复制、镜像和同步方案是相当普遍的。Symantec 和其他几家公司率先采用了非常可行但成本很高的解决方案。这些解决方案大多与磁盘子系统绑定（以易于开箱使用和管理）。以下是一些功能非常强大的选项：

- Symantec。包括 Veritas 存储复制和 Veritas 卷复制的 Symantec 复制解决方案可以创建在任何距离上进行数据保护的数据副本。这些都是通过 SQL Server 认证的。请参见 www.symantec.com。
- SIOS。用于数据复制、高可用性集群和灾难恢复的 SteelEye DataKeeper 系列产品主要针对 Linux 和 Windows 环境。是对运行在 Windows 和 Linux 上各种应用和数据库的经过认证的解决方案（关于其他厂商的各种产品），其中包括 mySAP、Exchange、Oracle、DB2 和 SQL Server。请参见 www.steeleye.com。
- EMC。EMC 公司利用 AutoStart、MirrowView、Open Migrator/LM、Replication Managerhe RepliStor 等工具提供了高性价比的连续远程复制和连续数据保护功能。Legato AA 系列产品具有管理系统性能和自动故障恢复能力。Legato AA 还可以自动进行数据镜像和数据复制，以实现发生故障和灾难后的数据整合、迁移、分布和保存。请参见 www.emc.com。

如果已是上述某个供应商的客户，则应该仔细研究这些选项。

正如第 12 章中所述，一种新兴的灾难恢复选项是专门为灾难恢复而设计的基于云的服务。这些 DRaaS 产品声称能够在相当短的时间内恢复公司的主要业务。例如，微软的 Azure 站点恢复可以保护微软 Hyper-V、VMware 和物理服务器，并且可以使用 Azure 或次级数据中心作为恢复站点。站点恢复可以通过集成现有技术（包括系统中心和微软 SQL Server AlwaysOn）来协调和管理正在进行的数据复制。当然，根据快照、备份和使用的其他方法，RPOs 和 RTOs 会有所不同。

13.6 小结

在构建一个可行的产品实现时，必须考虑上千项注意事项，更不用说需要在灾难恢复中构建了。建议在首次正确确定何种灾难恢复解决方案符合公司需求时进行更多的考虑，然后关注实现所选解决方案的最有效方法。例如，如果选择数据复制来支持灾难恢复，则必须确定使用正确类型的复制模型（如中央发布服务器、对等网络等）、可能存在的限制和需要设计的故障转移过程等。充分了解灾难恢复的其他特性需求（如与最重要创收型应用紧密关联的应用或数据库）也是非常重要的。灾难恢复计划很重要，而测试灾难恢复解决方案以确保其正常工作更为重要。不能出现在主站点真正发生故障时才第一次测试灾难恢复解决方案的情况。

如果尚未实现灾难恢复，那么就需要设定一些短期可以实现灾难恢复第 1 层次的目标，这将提供一个基本保护，并减少灾难发生时的一些风险。然后可以逐步提升到第 2 层，并在预算和能力范围内实现最高的灾难恢复能力。最后，一定要注意，在已使用的产品中灾难恢复是否可用。

第14章
高可用性实现

至此毫无疑问，评估、选择、设计和实现合适的高可用性解决方案不应由心里承受力弱或无经验的人来完成。在此过程中，公司为避免犯错需冒很大风险。为此，再次强调应使用最优秀的技术人员来进行高可用性评估，或寻求高可用性评估专家的帮助来快速完成。

好消息是如果按照本书给出的步骤，即可实现不可思议的 99.999%（即应用的可用性可达到 99.999%）。此外，你现在已经有机会深入了解微软的高可用性主要解决方案（故障转移集群、SQL 集群、数据复制、数据库镜像/快照、日志传送、可用性组、虚拟机快照和备份与复制方法），并了解这些工具所能实现的功能。本章将这些方法和功能信息结合在一起，形成一种连贯的、循序渐进的方法，使得应用顺利实现正确的高可用性解决方案。但首先我们讨论一下所需的硬件和软件基础。

本章内容提要
- 首要基础
- 组建高可用性评估小组
- 设置高可用性评估项目计划进度/时间表
- 执行第0阶段高可用性评估
- 选择高可用性解决方案
- 确定高可用性解决方案是否具有高性价比
- 小结

14.1 首要基础

正如房地产的口号永远是"位置"，在高可用性的解决方案中"基础"最关键。选择适当的硬件和软件组件可允许以可靠而灵活的方式构建大多数高可用性解决方案。如图 14.1 所示，这些基础要素直接与系统栈的不同部分相关。在大多数情况下，所处环境并不重要（现场、云端、虚拟化或原始状态）。

具体来说，这些基础要素包括：
- 适当的硬件/网络冗余可支持网络访问和服务器的长期稳定性。

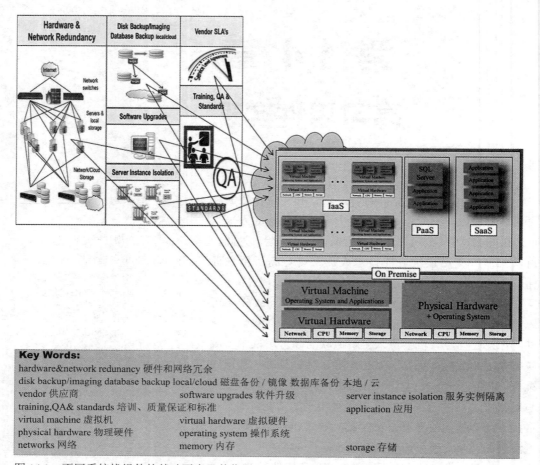

图 14.1 不同系统栈组件的基础要素及其作用

- 确保所有网络、操作系统、应用、中间件和数据库的软件升级始终保持在尽可能最高的发布版本（包括防病毒软件），这些会影响系统栈中的大多数组件。
- 部署全面综合且精心设计的磁盘备份和数据库备份，会直接影响应用、中间件、数据库、操作系统的稳定性。也可能在基础要素中采取虚拟机快照或其他选项。
- 建立必要的供应商服务水平协议/合同，会影响到系统栈中的所有组件（硬件和软件），特别当使用 IaaS、SaaS、PaaS 和 DRaaS 时。
- 最终用户、系统管理员和开发人员的全面综合培训，包括广泛的 QA 测试，会对应用、数据库和操作系统本身的稳定性产生巨大影响。

无须对高可用性进行任何进一步的专门更改，这个基本的基础要素本身就能提供一个很大程度上的可用性（和稳定性），只是不一定是 99.999%。为这一基础要素增加专门的高可用性解决方案可以使之更接近于更高的高可用性。

为选择"合适"的高可用性解决方案，必须收集有关应用的专门的高可用性详细需求。通常，在正常需求收集过程中不考虑或忽略与高可用性相关的特性。正如第 3 章中所述，最好通过启动一个贯穿于所有高可用性评估领域（专门设计以满足高可用性需求）的全面的第 0 阶段高可用性评估项目，来完成这些需求的收集工作。然后，根据可用的软件、硬件和高可用性需求，可以在该可靠基础上匹配和构建合适的高可用性解决方案。

如果应用已实现（或即将实现），那么就需要进行一个真正的高可用性"改造"。在该过程的后期介入是否会对所选择的高可用性选项有所限制，取决于所构建的内容。然而，这可能会与满足高可用性需求的解决方案相匹配而无需对应用进行重大修改。

14.2 组建高可用性评估小组

如果之前从未做过高可用性评估，那么就需要组织合适的人员来进行。进行任何高可用性评估工作的核心成员必须包括以下三人：项目协调人 / 经理，负责推动整个项目；首席技术工程师 / 架构师，完全理解公司的高可用性和技术栈；首席业务架构师，理解内部和外部应用，并能够计算所有应用的准确商业价值。此外，在高可用性评估过程中，还涉及到涵盖硬件、软件和安全的一些其他小组或技术代表以及终端用户。

团队小组应包括以下成员：

- 高可用性项目主管 / 负责人。项目负责人将组织所有会议，安排所有参与人员，并管理日常事务。
- 系统架构师 / 数据架构师（SA/DA）。具有系统设计和数据设计丰富经验的人员能够理解高可用性相关的硬件、软件和数据库。
- 高级业务分析师（SBA）。必须完全精通针对应用（和评估）的开发方法和业务需求。
- 兼职的高级技术顾问（STL）。具有良好的总体系统开发能力的软件工程师有助于评估所遵循的编码规范、系统测试任务的完备性以及已经（或将要）实现的通用软件配置。

根据需要，下列人员也应参与：

- 终端用户 / 业务管理。
- 公司业务连续性小组（如果具有）。
- IT 系统软件 / 管理组。
- IT 数据 / 数据库管理组。
- IT 安全 / 访问控制组。
- IT 应用开发组。
- IT 生产支持组。

14.3 设置高可用性评估项目计划进度/时间表

在组建完成团队后，需要将包括所需的所有参与人员和高可用性项目成员的该项目提上日程。应对高可用性评估和选择过程设置一个时间表（2周时间内）。在2周的时间框架内应安排以下主要任务：

（1）收集高可用性需求（全部）。
- 高可用性评估启动/过程介绍（3h）。
- 高可用性评估信息收集会议。5天以上日程的5到7次JAD风格的评估会议（每次2～3h）。
- 高可用性主变量确定（2h）。

（2）审查高可用性评估需求（团队/管理层）（2h）。

签署评估需求（管理层）（1h）。

（3）选择高可用性解决方案（团队主管）（8h）。

（4）审查所选择的高可用性解决方案和ROI（团队主管/管理层）（2h）。

签署所选择的高可用性解决方案（1h）。

（5）资源/项目执行承诺（管理层）（3～8h的计划/调度/资源采购时间）。

会议之间的所有时间都用于收集信息和满足这些正式JAD会议未涉及到的需求，或与不在场的人员单独谈话，或继续收集正式JAD会议未提供的信息。审查会议对于推动这类评估项目尽快完成并获得调查结果及决策的全盘接受和可行性至关重要。按照需求和所选择的事项完成正式的签署过程为整个评估提供了正确结论。

根据考虑高可用性的应用复杂性和状态，可以实现更快的时间表。

14.4 执行第0阶段高可用性评估

既然已拥有了团队，并安排了高可用性评估及选择相关的主要事项和会议，那么就需要向所有成员介绍高可用性评估的内容和需要确定的关键问题。在项目启动会上应介绍以下所列的高可用性评估主要思路，并通过所提供的可能示例进行详细透彻的解释。在第一次会见所有成员之前，向其展示该高层次列表是一个好思路，以打下良好基础。

提示

作为对读者的奖励，在本书配套网站（www.informit.com/title/9780672337765）上提供了一个第0阶段评估样本模板（名为HA0AssessmentSample.doc的Word文档）可供下载。

需要获取以下高层次信息：
- 应用的当前特点和未来特点是什么？
- 服务水平协议（SLA）相关的要求是什么？
- 每个应用所需的 RTO 和 RPO 是多少？
- 停机影响（成本）有多大？
- 存在的不足（硬件、软件、人为失误等）是什么？
- 实现高可用性解决方案的时间表是怎样的？
- 高可用性解决方案的预算是多少？

此外，还需要在以下方面深入研究以获得更多细节：
- 应用的当前状态/未来状态分析。
- 硬件配置/可用选项。
- 软件配置/可用选项。
- 所用的备份/恢复程序。
- 所用的标准/指南。
- 采用的测试/QA 过程。
- 期望的业务连续性（对于最关键的应用）。
- 评估系统管理人员。
- 评估系统开发人员。

第 0 阶段的高可用性评估可分为以下两个主要步骤：
（1）探索应用和环境的详细情况，该步骤可分为 6 个应尽可能详细处理的重要任务。
（2）完成主要变量的评估确定，并利用这些变量将评估结果传达给管理层和开发团队。

在完成这两个步骤之后，就可以很容易地选择正确的高可用性解决方案。

14.4.1 步骤 1：进行高可用性评估

高可用性评估的每一项任务都是为了确定与高可用性直接相关的环境、人员、策略和目标的不同特性。该步骤涉及以下任务：
- 任务 1——描述应用的当前状态。
  - 数据（数据使用和物理实现）。
  - 流程（支持的业务流程）。
  - 技术（硬件/软件平台/配置）。
  - 备份/恢复程序。
  - 所用的标准/指南。
  - 采用的测试/QA 过程。
  - 目前定义的服务水平协议（SLA）。

- 系统管理人员的专业水平。
- 系统开发/测试人员的专业水平。

▶ 任务 2——描述应用的未来状态。
- 数据（数据使用和物理实现、数据量增长、数据恢复能力）。
- 流程（支持的业务流程、预期的扩展功能和应用恢复能力）。
- 技术（硬件/软件平台/配置，正在获得的新技术）。
- 计划采用的备份/恢复程序。
- 使用的或改进的标准/指南。
- 改进或完善的测试/QA 过程。
- 期望的 SLA。现实中的 SLA 示例很难找到，因为这是商业机密信息，就像其他合同条款一样。但是有几处需要重点关注。首先，检查与供应商达成的协议。很多时候，能够提供的 SLA 受限于所依赖的供应商所提供的 SLA。例如，如果 Internet 服务供应商只保证 99% 的正常运行时间，那么承诺达到 99.5% 的正常运行时间就不切实际。还需要检查在首次公开发行过程中类似于与 SEC 签订的公司合同。这些合同往往代表着最大且最重要的交易，而且通常包含作为基准的 SLA 条款。
- 系统管理人员的专业水平（计划培训和聘用）。
- 系统开发/测试人员的专业水平（计划培训和聘用）。

▶ 任务 3——描述不同时间间隔的计划外停机原因（过去的一周、过去的一个月、过去的一个季度、过去的半年、过去的一年）。

如果是一个新的应用，任务 3 将创建未来一个月、一个季度、半年和一年的估计值。

▶ 任务 4——描述不同时间间隔的计划停机原因（过去的一周、过去的一个月、过去的一个季度、过去的半年、过去的一年）。

如果是一个新的应用，任务 4 将创建未来一个月、一个季度、半年和一年的估计值。

▶ 任务 5——计算不同时间间隔的可用性百分比（过去的一周、过去的一个月、过去的一个季度、过去的半年、过去的一年）。完整计算过程请参见第 1 章"理解高可用性"。

如果是一个新的应用，任务 5 将创建未来一个月、一个季度、半年和一年的估计值。

▶ 任务 6——计算停机损失。
- 收入损失（每小时不可用）。例如，在在线订单输入系统中，查看每小时的任何峰值订单输入量，并计算高峰期间的总订单金额。这就是每小时的收入损失值。
- 生产力损失（每小时不可用）。例如，在用于执行决策支持的内部财务数据仓库中，计算过去一两个月内数据集市/仓库不可用的时间，并乘以该时间内负责查询的主管/经理人数。这就是"生产力效应"。用该值乘以这些主管/经理的平均工资即可获得生产力损失的粗略估计。其中并未考虑在没有数据集市／仓库的情况下作出的糟糕商业决策以及这些决策所造成的经济损失。计算生产力损失可能对高可用性评估有所帮助，但需要采取一些措施来证明投资回报的合理性。对于非生产型的应用，无须计算该值。

- 商誉损失（是指每小时不可用的顾客损失）。这个组件极其重要。商誉损失可以通过一段时间内的平均客户数来衡量（如上月的在线订单客户平均数），并将其与系统故障后的处理时间（在此有大量停机时间）进行比较。有可能是与商誉损失成比例的同一数量上有所下降（即在线客户没有返回而转向竞争对手）。然后，计算下降百分比（如 2%），并将其乘以规定时间内的平均最高订单量。这段时间内的损失值类似于每月 ROI 计算中的重复损失开销值。

如果是一个新的应用，任务 6 将创建一个损失估计值。

在完成这些任务后，将进行步骤 2。

14.4.2　步骤 2：确定高可用性主要变量

应指定以下主要变量：

- ▶ 需要的正常运行时间。这是根据应用的计划运行时间而要求达到的目标（从 0% 到 100%）。
- ▶ 恢复时间。这是一个恢复应用并返回联机所需时间的通用指标（从长期到短期）。可以是几分钟、几小时或只是恢复时间的长期、中期或短期。这就是 RTO。
- ▶ 可容忍的恢复时间。应描述为重新同步数据、恢复事务等所需延长的恢复时间而产生的影响（从高容忍度到低容忍度）。主要与恢复时间变量有关，但该变量根据系统的最终用户不同而有很大不同。
- ▶ 数据恢复能力。应描述为可允许丢失的数据量以及是否需要保持完整（也就是说，即使在发生故障时也需保证数据完整性）。通常表征为低恢复能力到高恢复能力。这就是 RPO。
- ▶ 应用恢复能力。需要针对所需实现行为的一种面向应用的描述（从低到高的应用恢复能力）。也就是说，无须最终用户重新连接，应用（程序）能够重新启动，并切换到其他机器等。
- ▶ 分布式访问／同步程度。对于地理分布或分区的系统（对于许多全球应用），了解其在任何时候必须是分布式或紧密耦合（由所需的分布式访问和同步程度表征）的程度是非常重要的。该变量较低表示应用和数据都是松耦合的，可以在一段时间内继续保持各自状态，然后在随后的时间内再同步。
- ▶ 定期维护频率。需要确定产品包装、操作系统、应用软件以及系统栈中的其他组件所需的定期维护的预期（或当前）频率（从经常到从不）。

- 性能/可扩展性。这是对应用所需的总体系统性能和可扩展性的严格要求（从低到高的性能要求）。该变量可产生许多高可用性解决方案，因为高性能系统常常牺牲了在此提到的许多变量（例如，数据恢复能力）。
- 停机成本（损失金额/小时）。需要估计或计算每分钟停机时间的成本（从低成本到高成本）。通常这个成本并不是一个数字，而是每分钟的平均成本。在实际中，停机时间越短成本越低，且随着停机时间的增加，成本（损失）呈指数增长。另外，还需考虑商誉成本（或损失）因素。
- 构建和维护高可用性解决方案的成本（美元）。这是最初并不知道的一个变量。然而，在越接近设计和实现一个高可用性系统时，成本就会急剧增长而迫使重新决策。

如图 14.2 所示，可以将这些变量看作是油位计或温度计。只需由每个变量计的箭头来估计特定变量的近似温度或水平。

> **提示**
>
> 在此提供了主要变量计和其他高可用性表征的一个示例模板以供下载。在 Sams 出版社网站 www.informit.com/title/9780672337765 上查找名为 HA0AssessmentSample.ppt 的文档。

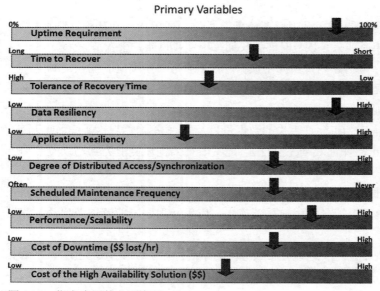

图 14.2 指定应用的主要变量

14.4.3 在开发生命周期中集成高可用性任务

正如想象的那样，如果从所有开发项目一开始就考虑高可用性需求和特性，那么就可以更好地"设计"一个最佳的高可用性解决方案。接下来，快速重新审视如何将高可用性元素集成到传统的开发生命周期中，以便更好地理解评估过程。

由图 14.3 所示的定制高可用性交付成果来增强当前的开发生命周期可交付成果是非常容易的。

图 14.3　内置高可用性任务的传统开发生命周期

正如在传统的"瀑布"方法中所见，生命周期的每个阶段都有一两个新的任务来专门解决高可用性问题、需求或特性（见粗斜体文本）。

▶ 第 0 阶段：评估（范围）。
   估计高可用性主要变量（测量计）。
   在生命周期的早期阶段，使用高可用性主要变量测量计进行估计是非常有价值的。

▶ 第 1 阶段：需求。
   ◆ 详细的高可用性主要变量。
   ◆ 详细的服务水平协议 / 要求。

◆ 详细的灾难恢复要求。
充分详细的高可用性主要变量、定义 SLA，并结合早期的灾难恢复要求为下一阶段的设计和高可用性解决方案作出合理决策。

▶ 第 2 阶段：设计。
为应用选择和设计匹配的高可用性解决方案。
在第 2 阶段，选择满足高可用性需求的最佳解决方案。

▶ 第 3 阶段：编码和测试。
将高可用性解决方案与应用充分整合。
编码和测试中的每一步都应完全理解所选择的高可用性解决方案。某些高可用性选项还可能需要进行单元测试。

▶ 第 4 阶段：系统测试和验收。
全面的高可用性测试 / 验证 / 验收。
必须完成高可用性功能的全面系统测试和验收测试，且不能出现任何问题。在此阶段，必须严格衡量高可用性选项是否真正满足可用性级别。如果没有达到，则需要返回早期阶段并修改高可用性解决方案的设计。

▶ 第 5 阶段：实施。
开始构建 / 监视高可用性的实现。
最后，将应用和经过全面测试的高可用性解决方案注入生产模式。从这时开始系统将正常运行，同时也开始监控高可用性应用。

14.5 选择高可用性解决方案

高可用性的选择过程包括使用第 3 章介绍的混合决策树评价方法（结合 Nassi-Shneiderman 图）来评价高可用性评估结果（需求）。回顾该决策树技术，可通过下列问题来评价评估结果：

（1）应用必须在计划运行时间内保持多长时间？（目标）
（2）当系统不可用（计划或计划外的不可用）时，最终用户的容忍度如何？
（3）该应用每小时的停机成本是多少？
（4）在发生故障（任何类型）后，将应用恢复联机需要多长时间？（最糟糕的情况）
（5）在认为所有节点 100% 可用之前，应用的分布以及需要与其他节点进行某种类型同步的程度如何？
（6）为保证应用可用，可以容忍多大程度的数据不一致？
（7）该应用（和环境）需要多久定期维护？

（8）高性能和可扩展性有多重要？

（9）保持应用与最终用户的当前连接有多重要？

（10）一个可行的高可用性解决方案的成本估计是多少？预算是多少？

通过决策树的系统运动并回答每个问题的构建情况，可以沿一条指向特定高可用性解决方案的具体路径进行工作。该过程并非万无一失，但非常有助于提高与正在评估的需求相匹配的高可用性解决方案。图 14.4 给出了一个通过使用上述过程产生的场景 1（应用服务供应商 ASP）的示例。注意，所有问题都是累积的，每个新问题都与前面问题的回答有关，这些响应综合确定了最适合的高可用性解决方案。

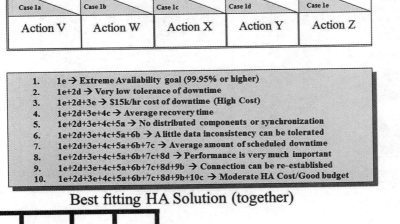

Key Words:
action 行为   case 情况
best fitting HA solution 最适合的高可用性解决方案   disk network 磁盘网络
other hardware 其他硬件   failover clustering 故障转移集群
SQL clustering SQL 集群   data replication 数据复制   log shipping 日志传送
db snapshots 数据库快照   stretch db 拉伸数据库   database 数据库

图 14.4　场景 1：根据所选择高可用性结果产生的 ASP,Nassi-Shneiderman 高可用性问题

由图可知，针对场景 1 的分析，采用 ASP 产生了一个硬件冗余、共享磁盘 RAID 阵列、故障转移集群、SQL 集群和 AlwaysOn 可用性组的高可用性选择。综合这些选项，可完全满足 ASP 对正常运行时间、容忍度、性能、分布式工作负载和成本的所有需求。针对客户的 ASP 服务水平协议也允许短暂停机来处理操作系统升级或修复、硬件升级和应用升级。对于大量的硬件冗余，ASP 的预算是足够的。

图 14.5 显示了 ASP 高可用性解决方案的生产实施。这是一个具有可用性组的双节点 SQL 集群（在主动/被动配置中），有一个主副本和三个次要副本。第一个次要副本是同步故障转移节点，而其他两个是用于报表卸载甚至灾难恢复的异步只读次要副本（服务器 D 和服务器 E 位于另一个数据中心的一个独立子网上）。这种实现证明其是一种非常具有可扩展性、高性能、低风险且高性价比的 ASP 架构。

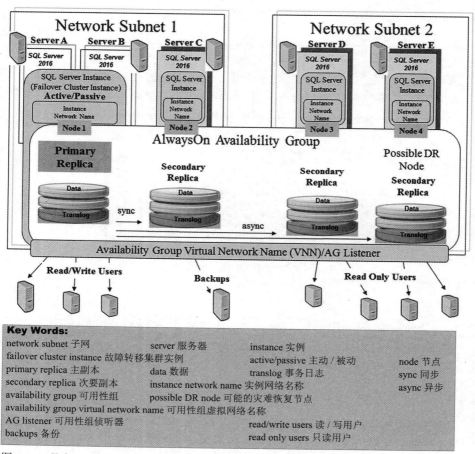

图 14.5　具有 SQL 集群和 AlwaysOn 可用性组的 ASP 高可用性"现场解决方案"

14.6　确定高可用性解决方案是否具有高性价比

作为高可用性评估的一部分，需要进行的最重要的一个计算是确定投资回报率

(ROI)。也就是确定所选择的高可用性解决方案是否具有高性价比、能多久回本。一个高可用性解决方案的 ROI 可以在评估过程中进行估计，然后在选择过程中确定。确定停机成本对于高可用性解决方案的 ROI 计算至关重要。因此，应多花费一些时间来研究公司的实际停机成本。如果是针对一个新系统，可以使用类似于根据新应用对财务的影响来调整的应用停机成本。回顾之前所介绍的方法，一个高可用性解决方案的 ROI 可通过新解决方案的增量成本（或估计成本），并与一段时间（如 1 年）的整个停机成本进行比较来计算。

通过场景 1 示例，本节介绍如何估计一个所选择的具有 SQL 集群和 AlwaysOn 可用性组的高可用性解决方案的总成本（增量 + 部署 + 评估）。

必须以每小时的经济价值（美元）（计划运行的小时数）来确定停机成本（计划外和计划内），从而最终确定高可用性实施成本与停机成本的百分比。结果表明高可用性解决方案的总执行成本是 1 年停机费用的 41.86%。也就是说，高可用性解决方案的投资将在 0.41 年内或约 5 个月回本。图 14.6 显示了在 Excel 中进行的整个 ROI 计算过程。电子表格的最后一行显示了收回投资（成本）的时间。该电子表格（HAAssessment0ROI.xls）在本书配套网站 www.informit.com/title/9780672337765 上提供。

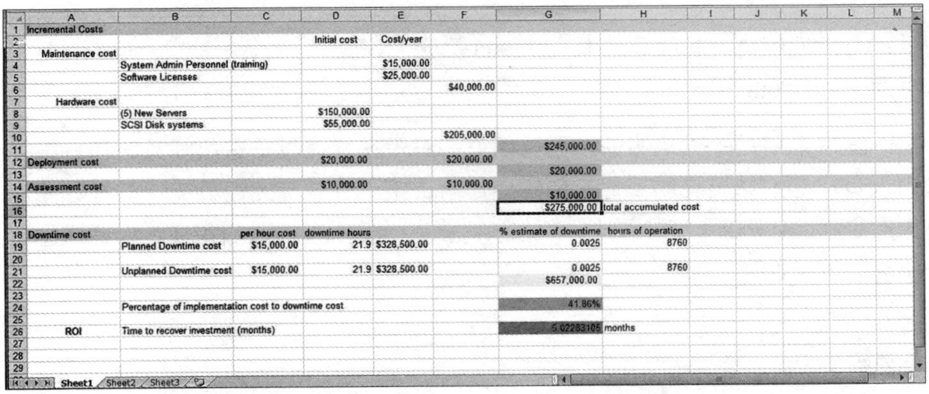

	A	B	C	D	E	F	G	H
1	Incremental Costs							
2				Initial cost	Cost/year			
3	Maintenance cost							
4		System Admin Personnel (training)			$15,000.00			
5		Software Licenses			$25,000.00			
6						$40,000.00		
7	Hardware cost							
8		(5) New Servers		$150,000.00				
9		SCSI Disk systems		$55,000.00				
10						$205,000.00		
11							$245,000.00	
12	Deployment cost			$20,000.00		$20,000.00		
13							$20,000.00	
14	Assessment cost			$10,000.00		$10,000.00		
15							$10,000.00	
16							$275,000.00	total accumulated cost
17								
18	Downtime cost		per hour cost	downtime hours			% estimate of downtime	hours of operation
19		Planned Downtime cost	$15,000.00	21.9	$328,500.00		0.0025	8760
20								
21		Unplanned Downtime cost	$15,000.00	21.9	$328,500.00		0.0025	8760
22							$657,000.00	
23								
24		Percentage of implementation cost to downtime cost					41.86%	
25								
26	ROI	Time to recover investment (months)					5.02283105	months
27								
28								
29								

Sheet1　Sheet2　Sheet3

图 14.6　场景 1 的 ROI 计算的 Excel 电子表格

完整的 ROI 计算包括以下成本项：

1. 维护费用（1 年期）。

- 15000 美元（估计）。年度系统管理人员费用（这些人员的额外培训时间）。
- 25000 美元（估计）。软件重复授权成本（附加的高可用性组件；5 个操作系统 +5 个 SQL Server 2016）。

2. 硬件成本。

205000 美元的硬件成本。新高可用性解决方案中附加硬件的成本。

3. 部署 / 评估成本。

- 2 万美元的部署成本。解决方案的开发、测试、QA 和生产实施成本。

- 1 万美元的高可用性评估成本。
4. 停机成本（1 年期）。
    - 如果已保存上年的停机记录，则使用该值；否则，计算计划内和计划外的估计停机时间。对于该场景，每小时该 ASP 的停机估计成本为 15000 美元 / 小时。
    - 计划停机成本（收入损失）= 计划停机时间 × 公司每小时的停机成本。
        - 0.25%（估计 1 年内计划停机的百分比）×1 年中 8769 小时 =21.9 小时的计划停机时间。
        - 21.9 小时（计划停机时间）×15000 美元 / 小时（每小时的停机成本）= 每年 328500 美元的计划停机成本。
    - 计划外停机成本（收入损失）= 计划外停机时间 × 公司每小时的停机成本。
        - 0.25%（估计 1 年内计划外停机的百分比）×1 年中 8769 小时 =21.9 小时的计划外停机时间。
        - 21.9 小时（计划停机时间）×15000 美元 / 小时（每小时的停机成本）= 每年 328500 美元的计划外停机成本。

ROI 总计：
- 获得该高可用性解决方案的总成本 =275000 美元（1 年）。
- 停机总成本 =657000 美元（1 年）。

由此可见，这些数字是令人信服的。可以想象，对于在这类投资中所涉及的精打细算的人员和管理人员，这些结果有助于他们更快地作出决策。只有确定停机成本的过程才能产生这样惊人的启示。投资成本可能很大，当人们计算出系统不可用时的实际损失金额后，可能会加快实现高可用性。

14.7 小结

通过对应用进行正式的高可用性评估，选择并计划实现高可用性后，可知真正实施高可用性解决方案的必要性。要实现选定的高可用性解决方案，可按照适当高可用性选项章节中对应于具体选择结果的详细步骤。首先构建一个测试环境，然后构建一个正式的 QA 环境，最后进行实施部署。这时就会知道如何事先冒风险地实现任何一种高可用性选项并猜测整个过程。将应用的高可用性需求研究到极致细节并一直到产品实现，这将很大程度上导致虎头蛇尾。除此之外，还可知道需要花费多少钱来实现这个高可用性解决方案，以及发生停机事件 ROI 的回报程度如何（以及多久可以达到该 ROI）。此时可以完全确定考虑了决定高可用性解决方案的所有基本因素，并且已完全准备好如何实现该高可用性解决方案。

第 15 章
当前部署的高可用性升级

希望将当前 SQL Server 部署升级为高可用性，这是一个合理稳健且经过考量的业务过程，而并不是因为刚刚经历了重大灾难或很大程度上的不可用。无论如何都必须具有大量信息和分析，才能从现在所处状态切换到所需状态。

所有这些都需要从理解为什么需要高可用性和全面准确评估应具备的满足公司需求的高可用性类型开始。根据高可用性评估，可以确定所应具备的高可用性配置（高可用性目标部署）。另外，还需要确切地了解当前部署的组成，从而可创建一个 GAP 分析，以表明当前所拥有的和所需的高可用性的细节。作为 GAP 分析的一部分，还应考虑可能需要的灾难恢复解决方案相关因素，并将其添加到规划实践中。如前几章所述，现在构建一个灾难恢复解决方案要比过去容易得多，所以在规划中包含灾难恢复可以省去不少麻烦。一旦完成了完整的 GAP 分析，就可以列出在规划的高可用性目标中全面运行所需的硬件、软件和云组件。由于这些组件的价格迅速下降，你可能会对该升级相关的报价比较满意。

还需要类似运行任务、开发运营团队的培训、存储和容量规划、数据迁移或 SQL 许可升级（例如，如果使用 AlwaysOn 功能，需要从标准版升级到企业版）和完成升级的目标日期等其他规划。一个非常好的思路是将高可用性应用到两种环境：工作台/系统测试环境和生产环境。可以在工作台/系统测试环境中全面测试高可用性的性能，然后在一切工作正常的情况下切换到生产环境（在开发或测试环境中不需要具有高可用性）。

本章内容提要
- 量化当前部署
- 确定采用何种高可用性解决方案进行升级
- 规划升级
- 执行升级
- 测试高可用性配置
- 监控高可用性的性能状态
- 小结

> **提示**
>
> 有些组织机构认为工作台/系统测试环境不需要具有高可用性，这最终还是取决于决策者。笔者不喜欢在生产环境中测试高可用性，除非确信准备在此进行部署。

最终，将进入一个全新的高可用性性能监测环境，在此可了解高可用性部署的持续状况。这种性能状况监测与过去非高可用性环境中的情况完全不同。本章在场景 1 下采用应用服务供应商，作为规划和部署一个新高可用性解决方案的示例。可发现这比你想象的要容易得多，于是可能会因为没有尽快实现高可用性解决方案而自责。

15.1　量化当前部署

如前所述，不需要在开发或测试环境中具有高可用性。然而，需要与 SQL Server 生产环境中的 SQL Server 版本和版次保持一致。作为升级到新的高可用性部署初始规划的一部分，应该列出一个包含所有软件和硬件的组件及其特性（大小、CPU 个数、网卡数量等）、网络配置和 IP 地址、软件和操作系统的版本、补丁以及所运行的应用版本和批次的功能强大的列表。

由图 15.1 可知，场景 1 的原始服务配置相当不错，可为超大型应用负载提供良好的 ASP 服务，但不是高可用的，且没有灾难恢复功能。开发和测试服务器的容量只是生产服务器的一半，但 SQL Server 与操作系统版本一致。工作台/系统测试服务器是生产服务器的一个镜像。

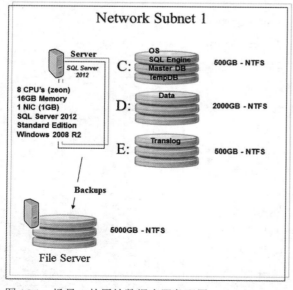

Key Words:
network subnet 子网
os 操作系统
engine 引擎
data 数据
translog 事务日志
backups 备份
file server 文件服务器
memory 内存
standard edition 标准版

图 15.1　场景 1 的原始数据库服务配置

> **提示**
>
> 为简单起见，本章只考虑数据库服务器，而不考虑Web或应用服务器。但是，本章还显示了作为所有数据库备份容器的文件服务器。

场景 1：原始环境列表

以下是场景 1 的产品硬件 / 软件配置。

- 数据库服务器。
  - CPU：8 核 Intel Zeon 处理器。
  - 内存：16GB。
  - 网卡：1 NIC (1GB)。
  - 存储卷配置。

    C：驱动器 Drive (500GB) SATA 硬盘 10000 转，本地二进制 / 操作系统。

    D：驱动器 (2000GB) SATA 硬盘 10000 转。

    E：驱动器 (500GB) SATA 硬盘 10000 转。
- 操作系统——Windows Server 2008 R2。

  SQL Server 版本：SQL Server 2012，服务包 1，标准版。
- 文件服务器。
  - 存储配置。
  - C：驱动器 (5000GB) SATA 硬盘 10000 转。

以下是场景 1 的工作台 / 系统测试硬件 / 软件配置。

- 数据库服务器。
  - CPU：8 核 Interl Zeon 处理器。
  - 内存：16 GB。
  - 网卡：1 NIC (1GB)。
  - 存储卷配置。

    C：驱动器 (500GB) SATA 硬盘 10000 转，本地二进制 / 操作系统。

    D：驱动器 (2,000GB) SATA 硬盘 10000 转。

    E：驱动器 (500GB) SATA 硬盘 10000 转。
  - 操作系统——Windows Server 2008 R2。
  - SQL Server 版本——SQL Server 2012，服务包 1，标准版。

以下是场景 1 的开发硬件 / 软件配置：

- 数据库服务器。
  - CPU：4 核 Intel Zeon 处理器。
  - 内存：8 GB。

- 网卡：1 NIC (1GB)。
- 存储卷配置。

  C：驱动器 (500 GB) SATA 硬盘 10000 转，本地二进制/操作系统。

  D：驱动器 (500 GB) SATA 硬盘 10000 转。

  E：驱动器 (500 GB) SATA 硬盘 10000 转。
- 操作系统——Windows Server 2008 R2。
- SQL Server 版本——SQL Server 2012，服务包 1，开发版。

以下是场景 1 的测试硬件/软件配置。

▶ 数据库服务器。
- CPU：4 核 Intel Zeon 处理器。
- 内存：8 GB。
- 网卡：1 NIC (1GB)。
- 存储卷配置。

  C：驱动器 (500GB) SATA 硬盘 10000 转，本地二进制/操作系统。

  D：驱动器 (500GB) SATA 硬盘 10000 转。

  E：驱动器 (500GB) SATA 硬盘 10000 转。

▶ 操作系统——Windows Server 2008 R2。

▶ SQL Server 版本——SQL Server 2012，服务包 1，开发版。

由图 15.1 可知，DBA 已正确地从应用数据库中的数据部分分离了 SQL Server 引擎和 TempDB 存储，同时从应用数据库中的数据部分分离了应用数据库的事务日志存储。这种业内的最佳实践方法可使得磁盘驱动争用最小。

自此，本章将不再讨论文件服务器、开发服务器、测试服务器和工作台/系统测试服务器。但可能需要在这些服务器上升级操作系统和 SQL Server 版本，以使之与新的目标高可用性版本保持一致。

15.2 确定采用何种高可用性解决方案进行升级

第 14 章中以场景 1ASP 为例介绍了一个正式的高可用性评估过程。该 ASP 的过程结果产生了一个目标高可用性和灾难恢复的解决方案，其中包括由 AlwaysOn 可用性组和三个次要副本实现的服务器级冗余（SQL 集群）和数据库冗余。为实现自动故障转移，次要副本 1 与主副本处于同步复制模式。次要副本 2 和 3 与主副本处于异步复制模式，以用于报表和其他非关键用户访问。此外，次要副本 3 还是灾难恢复节点，将置于 Azure 中。图 15.2 给出了这一计划的高可用性配置。

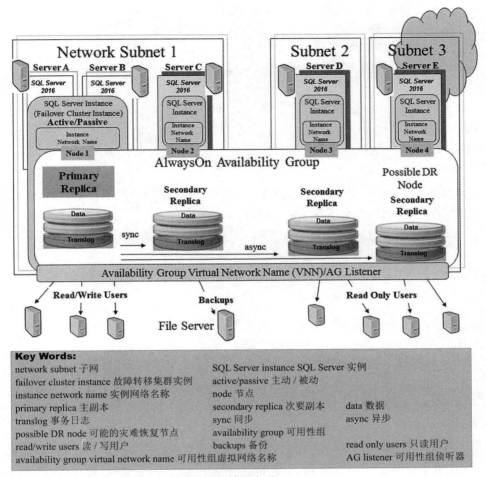

图 15.2　场景 1 的高可用性计划配置（仅数据库层）

现在可以列出支持预期高可用性解决方案所需的这些新的目标服务器特性。在此，场景 1 至少应具有以下特点：

- 将操作系统从 Windows Server 2008 R2 升级到 Windows Server 2012。
- 为 SQL 集群的共享存储增加一些 NAS 存储（图 15.2 中的服务器 A 和服务器 B）。
- 为实现网络冗余，对每个服务器增加一个网卡。
- 将每个服务器的内存从 16GB 增大到 32GB。
- 将 SQL Server 版本从 2008 R2 标准版升级到 2016 企业版，以充分利用最新的 SQL Server 改进和 AlwaysOn 可用性组的功能。

下一步是将最初的处理、存储和事务量需求与构建目标高可用性配置和灾难恢复解决方案所需的内容进行比较。幸运的是，SQL Server 2016 能够很容易地增加灾难恢复。在该场景中，灾难恢复可以通过异步复制到云端的第三个次要副本来实现。

场景 1：目标高可用性环境列表

以下是场景 1 中产品（服务器 A）的硬件（软件）配置。

- 数据库服务器。
  - CPU：16 核 Intel Zeon 处理器。
  - 内存：32GB。
  - 网卡：2 NICs (10GB)。
  - 存储卷配置。
    C：驱动器 (500GB) SATA 硬盘 15000 转，本地二进制 / 操作系统。
    D：缓存为 5000GB (5TB) 的共享 NAS。
    E：缓存为 5000GB (5TB) 的共享 NAS。
    F：仲裁驱动器（通过故障转移集群与服务器 B 共享）。
- 操作系统——Windows Server 2012。
- SQL Server 版本——SQL Server 2016 企业版。

以下是场景 1 中产品（服务器 B）的硬件 / 软件配置：

- 数据库服务器。
  - CPU：16 核 Intel Zeon 处理器。
  - 内存：32GB。
  - 网卡：2 NICs (10GB)。
  - 存储卷配置。
    C：驱动器 (500GB) SATA 硬盘 15000 转，本地二进制 / 操作系统。
    D：缓存为 5000GB (5TB) 的共享 NAS。
    E：缓存为 5000GB (5TB) 的共享 NAS。
    F：仲裁驱动器（通过故障转移集群与服务器 A 共享）。
- 操作系统——Windows Server 2012。
- SQL Server 版本——SQL Server 2016 企业版。

以下是场景 1 中产品（服务器 C）的硬件 / 软件配置。

- 数据库服务器。
  - CPU：16 核 Intel Zeon 处理器。
  - 内存：32GB。
  - 网卡：2 NIC (10GB)。
  - 存储卷配置。
    C：驱动器 (500GB) SATA 硬盘 15000 转，本地二进制 / 操作系统。

D：驱动器 (2000GB) SATA 硬盘 15000 转。

E：驱动器 (500GB) SATA 硬盘 15000 转。

- 操作系统——Windows Server 2012。
- SQL Server 版本——SQL Server 2016 企业版。

以下是场景 1 中产品（服务器 D）的硬件/软件配置。

- 数据库服务器。
    - CPU：8 核 Intel Zeon 处理器。
    - 内存：16 GB。
    - 网卡：2 NICs (10GB)。
    - 存储卷配置。

        C：驱动器 (500GB) SATA 硬盘 15000 转，本地二进制/操作系统。

        D：驱动器 (2000GB) SATA 硬盘 15000 转。

        E：驱动器 (500GB) SATA 硬盘 15000 转。

- 操作系统——Windows Server 2012。
- SQL Server 版本——SQL Server 2016 企业版。

以下是场景 1 中产品灾难恢复服务器（服务器 E）的硬件/软件配置：

- 数据库服务器。
    - CPU：8 核处理器。
    - 内存：16 GB。
    - 网卡：2 NICs。
    - 存储卷配置。

        C：驱动器（500GB）。

        D：驱动器（2000GB）。

        E：驱动器（500GB）。

- 操作系统——Windows Server 2012。
- SQL Server 版本——SQL Server 2016 企业版。
- 位置——Azure IaaS（云端）。

服务器 D 和服务器 E 是次要副本，无须与其他服务器一样强制要求，因为只是用于报表用户访问和灾难恢复目的。另外，服务器 A、服务器 B 和服务器 C 在处理能力和内存方面几乎完全相同。服务 A 和服务器 B 都是共享存储，而服务器 C 不是。这种配置将使得 SQL Server 具有以下功能：在自动故障转移模式中，服务器 A 和服务器 B 用于服务器冗余；而服务器 C 用于数据库冗余；服务器 D 和服务器 E 用于额外的数据库冗余，以实现报表负载访问和云端（Azure）灾难恢复站点的卸载。

这时就可以采购上述设备，并升级操作系统和在主板上安装 SQL Server。在本场景中，削减成本的一种方式是将原始服务器改为一个次要副本（如图 15.2 中的服务器 D），可利用已更换硬件中的许多选项或使用云端的 IaaS。

15.3 规划升级

在收到所有新的硬件和软件并在数据中心设置完成之后，就可以继续详细规划高可用性的升级了。以下是在场景 1 中成功升级高可用性可能需要处理的任务列表：

- ▶ 为故障转移集群和 AlwaysOn 可用性组配置网络 IP 地址。
- ▶ 在 5 个生产服务器上安装 SQL Server 2016 企业版。
- ▶ 确保每个服务器上都提供了存储分配 / 驱动器。
- ▶ 在所有服务器上启用故障转移集群。
- ▶ 进行数据库备份并开始升级。
- ▶ 将 SQL Server 2012 应用数据库升级到 SQL Server 2016。
- ▶ 将服务器 A 和服务器 B 配置为 SQL 集群（参见第 4 章和第 5 章）。
- ▶ 为 SQL Server 集群（主副本）、服务器 C（次要副本）、服务器 D 与服务器 E（次要副本）配置 AlwaysOn 可用性组（参见第 6 章）。
- ▶ 检验应用是否可以访问新创建的 SQL Server 实例，这意味着必须将所有必要的登录（SQL 或活动目录）迁移到新的服务器环境。
- ▶ 验证应用测试程序是否运行成功。
- ▶ 验证高可用性配置功能是否正常（自动故障转移和手动故障转移）。
- ▶ 验证灾难恢复配置是否成功应用。

15.4 执行升级

一般而言，应首先升级所有开发、测试和工作台 / 系统测试环境。包括升级操作系统（如从 Windows Server 2008 R2 升级到 Windows Server 2012）和将 SQL Server 2008 R2 升级到 SQL Server 2016 等。还应该在新的生产环境中完全配置和运行 SQL 集群，所有次要副本服务器都可启动和运行（每个都与可用性组联接），除了使用主副本启动每个次要副本之外，基本上无须进行任何操作。

在应用团队顺利完成上述任务后，就可以在生产实际中启用高可用性配置。包括以下步骤：

（1）对每个主数据库进行事务日志备份。
（2）对每个主数据库进行完整的数据库备份。

（3）对每个主数据库再进行一次事务日志备份。
（4）将这些备份复制到拓扑中的每个次要副本。
（5）将事务日志和数据库备份（利用无恢复选项）还原到每个次要副本，每次一个。
（6）将主数据库加入到可用性组。
（7）将次级数据库加入到可用性组，每次一个。

完成上述步骤后，即可在高可用性配置中启动并运行。一种明智的方法是在从主副本同步复制的次要副本上启用数据库备份维护计划。另外，还应该在维护计划中增加一些逻辑来测试在主副本/次要副本复制模型中的主角色。下面的代码段可以很容易地检测主角色，并从 SQL Server 次级实例中初始化数据库备份。如果次要副本不可用，则需要主服务器上的备份（也就是应急备份）：

```
IF sys.fn_hadr_backup_is_preferred_replica( 'YourDBnameHere' ) = 1
BEGIN
    PRINT 'This instance is the preferred replica'
    EXEC msdb.dbo.sp_start_job N'YourDBnameHere Backup.Subplan_1';
END
ELSE
BEGIN
    PRINT 'This instance is not the preferred replica'
END
```

接下来，必须全面测试应用，并确保其在故障转移和灾难恢复条件下正常运行。

15.5 测试高可用性配置

现在已可以尽可能地实现高可用性配置来模拟所有可能发生故障的场景。在对 AlwaysOn 可用性组配置进行故障测试（如在场景 1 中）之前，应该检验所有次要副本的复制工作是否正常。只需在主副本的应用表单中插入一行，并检查其是否复制到所有次要副本，即可轻松实现。然后从主副本中删除该行，并验证是否在所有次要副本中都删除。这样就成功验证了高可用性配置是否正常工作（即复制数据），接下来可以继续测试发生故障和故障转移情况。

最常见的故障情况是 AlwaysOn 可用性组配置在从主服务器故障转移到次级服务器时。图 15.3 显示了故障转移集群管理器及其不同视图(节点、角色、存储、网络和集群事件)。

为了模拟故障，可以将主角色的故障转移到次要副本，也可以停止 SQL Server 主实例或对该服务器断电。使用故障转移集群管理器可以比较简单且完全地模拟故障事件。在具体操作上，是右击角色选项（节点）并选择 Move 命令。在提示选择一个节点成为集群中的主节点时，从列表中选择次级服务器。此时可观察到现在主角色是之前的次要副本，而次要副本已是主角色。可以根据需要多次重复执行该操作。

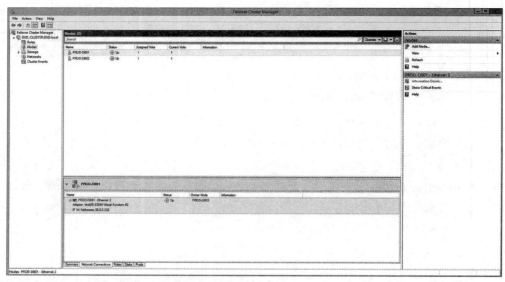

图 15.3　使用故障转移集群管理器来模拟主服务器故障转移

如果对主副本和次要副本之间的正确故障转移比较满意，可以通过连接到侦听器并执行 SELECT 查询进行重复的相同测试。不管 SQL Server 是主副本还是次要副本，运行故障转移序列并验证测试查询是否返回行。另外，还可以利用 INSERT、UPDATE 和 DELETE 命令进行重复测试。

同时，还需要测试手动故障转移到次要副本和手动故障转移到灾难恢复次要副本。为此，必须删除（或移除）主副本和同步复制的次要副本，然后手动启用其他次要副本来进行完整的事务活动。对于灾难恢复次要副本也是如此。

最后，需要验证一系列 SQL Server 代理作业（备份和监视维护计划），以确保其在每个服务器实例上正常运行。以下是可能的代理作业：

- 数据库完整备份维护计划。
- 事务日志增量备份维护计划（如果是进行增量备份）。
- 应急数据库完整备份维护计划（如果使用的是）。
- 应急事务日志增量备份维护计划（如果使用的是）。
- 收集每个服务器监测信息的 PerfMon 数据采集作业。

15.6　监视高可用性的性能状况

对于 AlwaysOn 可用性组的高可用性配置，可以设置 PerfMon 计数器来专门监测从主副本到次要副本的数据复制状况。图 15.4 显示了用于监视一个 SQL Sever 实例的一组典型 PerfMon 计数器。

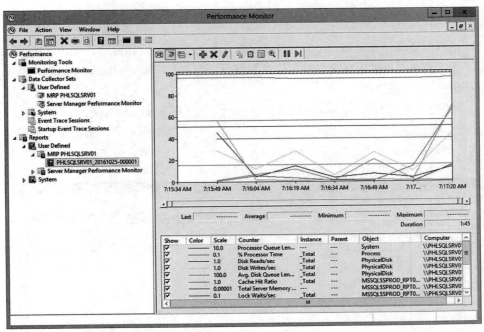

图 15.4　利用 PerfMon 计数器监控 SQL server 高可用性性能

以下是通常需要对 SQL Server 和 AlwaysOn 可用性组设置的 PerfMon 计数器（其中 PROD_DB01 是 SQL Server 实例名称）：

计数器组	计数器
内存	故障数目 / 秒
内存	可用的千字节
MSSQL$PROD_DB01：可用性副本	每秒从副本接收的字节数
MSSQL$PROD_DB01：可用性副本	每秒发送到副本的字节数
MSSQL$PROD_DB01：可用性副本	流量控制时间（毫秒 / 秒）
MSSQL$PROD_DB01 可用性副本	流量控制时间 / 秒
MSSQL$PROD_DB01：可用性副本	最近消息 / 秒
MSSQL$PROD_DB01：可用性副本	发送到副本 / 秒
MSSQL$PROD_DB01：数据库备份	镜像写事务 / 秒
MSSQL$PROD_DB01：缓冲区管理器	缓冲区缓存命中率
MSSQL$PROD_DB01：数据库	事务 / 秒
MSSQL$PROD_DB01：数据库 (tempdb)	事务 / 秒
MSSQL$PROD_DB01：一般统计	用户连接
MSSQL$PROD_DB01：锁定	锁定等待时间（毫秒）
MSSQL$PROD_DB01：锁定	锁定等待 / 秒
MSSQL$PROD_DB01：内存管理器	总服务内存（KB）
MSSQL$PROD_DB01：计划缓存	命中率
物理磁盘	平均磁盘队列长度
物理磁盘	读 / 秒
物理磁盘	写 / 秒
进程	% 处理器时间

进程 (sqlservr)　　　　　　　　　　　　％处理器时间
系统　　　　　　　　　　　　　　　　处理器队列长度

一旦启用或配置高可用性解决方案，其他高可用性配置类型（如复制、镜像、快照、日志传送）便拥有各自的 PerfMon 计数器。可以将其添加到相应的 PerfMon 收集器并设置阈值，以在出现问题时报警。

还可以使用 SSMS 中的 AlwaysOn 高可用性界面，可不断刷新并显示高可用性配置的整体性能状况。如图 15.5 所示，高可用性配置启动并运行，完全同步，性能良好（所有绿色复选框标记）。只需在 SSMS 中右击 AlwaysOn 高可用性节点，即可弹出该界面。

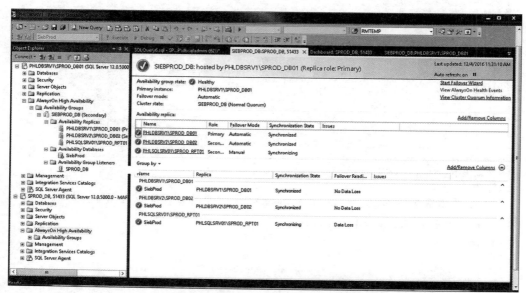

图 15.5　SSMS 中的 AlwaysOn 高可用性监控界面

对于某些高可用性部署，可能希望使用基于云的监视服务（如新的复制），并创建一个以一组频率从主副本发送到次要副本的合成事务概念。这是验证是否成功复制（复制速度相当快）和应用是否真正可用的一种最佳方式。

> **小贴士TIP**
>
> 忠告：在设置完全监控之前，不要开启高可用性配置。

15.7　小结

升级到一个可行的高可用性配置是非常容易的，取决于所选择的高可用性选项。在

SQL Server 2016 中，该过程更加精简。升级通常包括将硬件和软件堆栈替换或升级到一个更高层次，以支持更先进的高可用性解决方案。另外，还应该进行全面的高可用性评估，以便能够准确地确定何种高可用性解决方案是最适合的。然后，可以规划基础设施升级、制定升级配置，将 SQL Server 平台升级到 SQL Server 2016，根据需求配置正确的 SQL Server 高可用性配置，并迁移到该测试良好的环境中。之前动辄需要数月才能迁移到高可用性的时代已经一去不复返了。可以在平均 3 天内迁移完成非常复杂的 SQL Server 高可用性配置，包括全面测试应用、测试所有故障转移场景及实现灾难恢复 SQL Server 实例。

第16章
高可用性和安全性

我们很少同时考虑有关安全性和高可用性的主题。然而，在构建了大量（不同类型）的高可用性解决方案之后，我注意到总是存在一个致命要害——安全性。正确规划、指定、管理和保护高可用性解决方案中与安全性相关的部分非常关键。

曾经无数次看到应用故障和需要从备份中恢复应用都与某种类型的安全性崩溃有关。一般来说，接近23%的应用故障或应用无法访问都可归结于安全性相关因素（参见 http:www.owasp.org）。下面是一些与安全性有关的故障示例，这些故障可能直接影响应用的可用性：

- 表中数据由不具有更新/删除/插入权限的用户删除，导致应用无法使用（不可用）。
- 生产中的数据库对象由开发人员（或系统管理员）意外删除，从而导致应用完全崩溃。
- 使用错误的 Windows 账户来启动日志传送或数据复制服务，导致 SQL Server 代理任务不能与其他 SQL 服务器通信以完成事务日志恢复，监视服务器状态更新和处理数据复制过程中的数据分布。
- 热备用服务器缺少本地数据库用户 ID，导致一部分用户无法访问应用。

遗憾的是，以上及其他类型的与安全相关的故障通常会在高可用性计划中被忽略，但正是这些故障往往导致大量的不可用。

在规划和设计高可用性解决方案的早期阶段应做很多工作，以防止此类问题发生。可以使用约束或模式绑

本章内容提要

- 安全性总体框架
- 确保高可用性选项具有适当的安全性
- SQL Server审核
- 小结

定视图来实现一般对象权限和角色的方法或对象保护方法。对应用进行更全面的测试或针对最终用户进行更好的培训，可以减少应用所用数据库的数据操作错误。使用这些方法可以直接提高应用的可用性。

16.1 安全性总体框架

从更高的安全性和合规性角度来考虑问题，将有助于更好地理解更广泛的安全性实施方法中涉及的各个层。图16.1从可靠性规范、策略和合规性报表能力方面展现了从最高层开始的许多层。必须从这些层开始，以确保了解所需做的工作，并通过一种方式来表明所执行的整体策略。

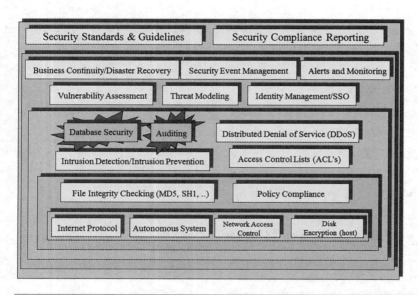

Key Words：
security standards & guidelines 安全性标准和指南
business continuity/discover recovery 业务连续性 / 灾难恢复
alerts and mornitoring 报警和监视
threat modeling 威胁建模
database security 数据库安全
distributed denial of service 分布式拒绝服务
access control lists 访问控制列表
policy compliance 策略一致性
autonomous system 自治系统
disk encryption 磁盘加密

security compliance reporting 安全合规性报告
security event managerment 安全事件管理
vulnerability assessment 漏洞评估
identity management/SSO 身份管理 / 单点登录
auditing 审核
intrusion detection/intrusion prevention 入侵检测 / 入侵防护
file integrity checking 文件完整性检查
Internet protocol 互联网协议
network access control 网络访问控制

图16.1　安全性实施层和组件

接下来，必须定义和创建安全性与合规性的其他方面，如安全事件管理、报警和监视、完整的威胁模型和漏洞评估目标。这些措施必须在灾难恢复（确保业务连续性）等重大事件中实现并发挥作用，继续支持所部署的身份管理和单点登录方式。

下一层是定义数据库安全性，以及进行任何数据库级或数据库实例级的审核。在该层还可能发生 SQL 入侵等混乱情况以及诸如拒绝服务攻击之类的事件。建立某种类型的入侵检测和防护方案是至关重要的。在本章后面部分，将介绍一些数据库级的基于 SQL Server 的基本审计。图 16.1 突出显示了两个关键部分：数据库安全性和审计。

从安全性层继续向下，会发现文件完整性检查、互联网安全协议、磁盘级加密和其他增强安全性的措施。这些都协同工作，共同提供一个更安全（更兼容）的应用部署环境。

若使用 SQL Server 2016，则基本上已经准备完全而不需要再进行任何操作了。也就是说，微软已经采取了 allow nothing 的策略，并且必须显式授权任何访问、执行或其他操作。不管是否相信，但这是正确的做法。这种方法可确保所有对象和访问都显式声明，并根据定义来实现安全性和许多合规性规则。开放 Web 应用安全性项目（OWASP；参见 www.owasp.org）列出以下十大应用漏洞：

- SQL 注入攻击。
- 跨网站脚本。
- 失效的认证和会话管理。
- 不安全的直接对象引用。
- 跨站请求伪造。
- 安全配置错误。
- 未限制 URL 访问。
- 未验证的重定向和转发。
- 不安全的加密存储。
- 传输层保护不足。

为防止会影响应用数据完整性的任何未经授权的访问或不合时宜的数据操作，应该采取常用的防范措施：防火墙、防病毒软件以及完整且精心设置的用户 ID 和权限机制。目前，大多数应用都被绑定到 LDAP 目录（类似于活动目录），能够通过角色和其他属性来验证及授权数据和功能的使用。必须确保防病毒软件配置文件是最新的，LDAP 目录与数据库级的权限保持同步，并确保环境中不存在其他故障点（或损坏点）。这些基本的保护措施都将直接影响系统的可用性。

16.1.1 使用对象权限和角色

确保不会意外删除（或更改）表、视图、存储过程或其他对象的第一道防线是除了 sa 之外再创建一个管理员用户 ID（类似于 MyDBadmin），并显式授权该 ID CREATE 权限（如 CREATE TABLE、CREATE VIEW 等）。这样就会至少通过一小部分授权用户来严格控制对象创建。在此，可以对个人 Windows 登录创建一个管理用户 ID 或分配适当的角色（为了更好地审核跟踪和减少密码共享）。这些方法可直接减少此类错误。

（1）通过特定用户 ID 或 Windows 账户提供安全性。

下面是一个对个人登录/用户 ID 授权对象权限的示例：

```
GRANT CREATE TABLE TO [MyDBadmin]
```

此时，该 MyDBadmin 用户（可以是一个微软 SQL Server 登录名或是一个现有的微软 Windows 用户账户）可以创建和删除当前数据库中的表。在 dbcreator 或 sysadmin 服务器角色中的任何用户都可以创建和删除表。公司中负责生产对象维护的小组只会赋予 MyDBadmin 用户 ID，而没有 sa。为快速验证一个用户的现有权限，可运行 sp_helprotect 系统存储过程，如下例所示：

```
EXEC sp_helprotect NULL, 'MyDBadmin'
```

可得如下结果：

```
Owner  Object  Grantee     Grantor  Protect Type  Action        Column
.      .       MyDBadmin   dbo      Grant         CONNECT       .
.      .       MyDBadmin   dbo      Grant         Create Table  .
```

（2）通过创建角色提供安全性。

另一种方法是创建角色，为该角色分配相应的对象权限，然后向该角色添加一个用户 ID。例如，可以创建一个名为 ManageMyDBObject 的角色，对其授予 CREATE TABLE 权限，然后添加一个用户 ID 作为该角色的成员，如下所示：

```
EXEC sp_addrole 'ManageMyDBObjects'
GRANT CREATE TABLE to ManageMyDBObjects
EXEC sp_addrolemember 'ManageMyDBObjects', 'MyDBadmin'
```

这与授权单个用户 ID 具有相同的效果，但在角色级的管理上要容易得多。可以通过 sp_helprotect 系统存储过程来查看当前数据库中所有语句级权限的保护：

```
EXEC sp_helprotect NULL, NULL, NULL, 's'
```

可得如下结果：

```
Owner  Object  Grantee            Grantor  Protect Type  Action        Column
.      .       dbo                         Grant         CONNECT       .
.      .       ManageMyDBObjects  dbo      Grant         Create Table  .
.      .       MyDBadmin          dbo      Grant         CONNECT       .
.      .       MyDBadmin          dbo      Grant         Create Table  .
```

（3）通过固定服务器角色或数据库角色提供安全性。

可以利用固定服务器角色，如 dbcreator 或 sysadmin，或使用数据库角色 db_ddladmin 提供安全性。在 SQL Server 中创建一个用户 ID（或要利用任何 Windows 账户）时，只需授予该用户（或 Windows 账户）希望拥有的角色。例如，可以对 MyDBadmin 用户 ID 授予固定角色 sysadmin，如下所示：

```
EXEC sp_addsrvrolemember 'MyDBadmin', 'sysadmin'
```

正如所知，通过 GRANT 或 REVOKE 来授权或撤销权限的能力取决于所授予的语句级权限和涉及的对象。sysadmin 角色的成员可授予任何数据库中的任何权限；对象拥有者还可以对其拥有的对象授予权限；db_owner 或 db_securityadmin 角色的成员可对其数据库中的任何语句或对象授予任何权限。

需要权限的语句是在数据库中添加对象或执行管理活动的语句。每个需要权限的语句都具有自动执行语句权限的特定角色集。可考虑以下示例：

- sysadmin、db_owner 和 db_ddladmin 角色默认具有 CREATE TABLE 权限。
- sysadmin 和 db_owner 角色以及对象拥有者默认具有在表中执行 SELECT 语句的权限。

有些 Transact-SQL 语句的权限不能授予。例如，为执行 SHUTDOWN 语句，用户必须添加 severadmin 或 sysadmin 角色的成员，而 dbcreator 可执行 ALTER DATABASE、CREATE DATABASE 和 RESTORE 操作。

采取一种对权限和访问（用户 ID 及其角色）全面且管理良好的方法，将大大有助于保持系统的完整性和高可用性。

16.1.2 使用模式绑定视图的对象保护

另一种防止开发人员或系统管理员在生产中意外删除表的易于实现的方法是使用模式绑定视图。通过使用 WITH SCHEMABINDING 选项创建不想意外删除的所有生产表的视图来实现。实际效果是在删除视图之前不能删除任何一个表，这种结果源于在视图和表之间显式创建的依赖关系（WITH SCHEMABINDING 选项）。这是一种易于使用和管理的安全保障。

仅使用主键列的基本模式绑定视图：创建一种有助于避免意外删除生产数据库中表单的模式绑定视图的最简单方法是，为每个表创建一个只具有表单主键列的基本视图。以下是一个可以在 AdventureWorks 数据库（或其他任何 SQL Server 数据库）中创建的示例表：

```
Use AdventureWorks
go
CREATE TABLE [MyCustomer] (
    [CustomerID] [nchar] (5) NOT NULL ,
    [CompanyName] [nvarchar] (40) NOT NULL ,
    [ContactName] [nvarchar] (30) NULL ,
    [ContactTitle] [nvarchar] (30) NULL ,
    [Address] [nvarchar] (60) NULL ,
    [City] [nvarchar] (15) NULL ,
    [Region] [nvarchar] (15) NULL ,
    [PostalCode] [nvarchar] (10) NULL ,
    [Country] [nvarchar] (15) NULL ,
    [Phone] [nvarchar] (24) NULL ,
    [Fax] [nvarchar] (24) NULL ,
      CONSTRAINT [PK_MyCustomer] PRIMARY KEY CLUSTERED
```

```
                [CustomerID]
    ON [PRIMARY]
) ON [PRIMARY]
go
```

上表没有防止由具有数据库创建者或对象拥有者（如 sa）权限的任何用户 ID 删除的完全保护。通过在该表上创建一个至少引用该表主键列的模式绑定视图，可完全阻止直接删除该表。实际上，删除该表需要首先删除模式绑定视图（这是一个两步过程，将在以后大大减少这种情况的故障可能性）。你可能认为这很麻烦（如果是 DBA），但这种方法将会为内置开销一次次付出代价。

创建一个模式绑定视图需要在视图中使用 WITH SCHEMABINDING 语句。以下是一个如何对刚刚创建的 MyCustomer 表进行操作的示例：

```
CREATE VIEW [dbo].[NODROP_MyCustomer]
WITH SCHEMABINDING
AS
SELECT [CustomerID] FROM [dbo].[MyCustomer]
```

不必担心，由于其唯一目的是保护表，因此不会在视图中创建任何授权。

如果现在要删除表：

```
DROP TABLE [dbo].[MyCustomer]
```

如下示例所示，将被严格禁止：

```
Server: Msg 3729, Level 16, State 1, Line 1
Cannot DROP TABLE 'dbo.MyCustomer' because it is being
referenced by object 'NODROP_MyCustomer'.
```

在此，已经对生产系统有效地增加了额外保护，这将直接转化为更高的可用性。

为查看与该特定表依赖的所有对象，可使用 sp_depends 系统存储过程：

```
EXEC sp_depends N'MyCustomer'
```

正如所见，显示了刚刚创建的视图以及可能存在的其他任何依赖对象：

```
Name                    Type
dbo.NODROP_MyCustomer   view
```

切记，这种最初的方法并不能禁止对表的模式进行其他类型的更改（可以通过 ALTER 语句实现）。下节将介绍如何进一步采用这种方法来接受可能会导致应用不可用的模式更改。

完整表结构保护（模式绑定视图中指定的所有列）：在模式绑定视图方法的基础上进一步扩展，可以通过列出模式绑定视图中 SELECT 列表列出的基本表中的所有列来防止更改许多表的结构。这实质上提供了一种列级的模式绑定，意味着将限制对绑定列的任何更改，也防止表中任何模式绑定列的更改（无论是数据类型、为空性还是删除列）。这样并不会禁止增加一个新列，但需要从一开始就理解。下面是一个创建列出引用表中所有列的模式绑定视图示例：

```sql
CREATE VIEW [dbo].[NOALTERSCHEMA_MyCustomer]
WITH SCHEMABINDING
AS
SELECT [CustomerID], [CompanyName], [ContactName], [ContactTitle],
       [Address], [City], [Region], [PostalCode], [Country],
       [Phone], [Fax]
FROM [dbo].[MyCustomer]
```

然后,在试图改变现有列的数据类型和为空性时,该操作失败(确实应该失败):

```sql
ALTER TABLE [dbo].[CustomersTest] ALTER COLUMN [Fax] NVARCHAR(30)
NOT NULL
```

以下是得到的失败信息:

```
Server: Msg 5074, Level 16, State 3, Line 1
The object 'NOALTERSCHEMA_MyCustomer' is dependent on column 'Fax'.
Server: Msg 4922, Level 16, State 1, Line 1
ALTER TABLE ALTER COLUMN Fax failed because one or more objects access
this column.
```

如果试图从表中删除现有列:

```sql
ALTER TABLE [dbo].[CustomersTest] DROP COLUMN [Fax]
```

可得类似信息:

```
Server: Msg 5074, Level 16, State 3, Line 1
The object 'NOALTERSCHEMA_MyCustomer' is dependent on column 'Fax'.
Server: Msg 4922, Level 16, State 1, Line 1
ALTER TABLE DROP COLUMN Fax failed because one or more objects access
this column.
```

这是一种相当安全的方法,可保护应用不会因无意更改表而导致应用失效(完全不可用)。所有这些模式绑定方法都是为了尽量减少可能在生产环境中发生的人为错误。

16.2 确保高可用性选项具有适当的安全性

除了之前已经讨论过的公共基础设施的安全保护,还经常存在与主要的高可用性选项直接相关的安全故障和其他失误。正如所看到的,每个高可用性选项都有需要从安全性角度考虑的自身问题和领域。一个可能安全失误的很好示例是,对于需要为数据复制分发事务的 SQL Server 代理不指定正确服务启动账户(Windows 登录/域账户)。下面将讲解这些类型的问题和注意事项,以使得在构建所有这些高可用性选项之前避免发生上述问题。

16.2.1 SQL 集群安全性考虑

正如所知,SQL 集群是建立在微软故障转移集群之上的,且 SQL Server 是集群感知的。也就是说,SQL Server 和所有相关资源都可以作为故障转移集群中的资源进行管理,并根据需要进行故障转移。为此，在开始安装 SQL 集群配置之前，必须对故障转移的操作进行所有安全性设置和配置。

作为构建可行故障转移集群配置的一部分，必须确保已经完成以下操作：
- 确定（或定义）成为某个成员的域。
- 将集群中的所有节点配置为同一域中的域控制器。
- 以适当权限创建由集群服务使用的域账户（如集群或 ClusterAdmin）。

要配置 Windows Server 上的集群服务，所用的账户必须在每个节点上都有管理权限。也就是说，这是启动集群服务并用于管理故障转移集群的域用户账户。在此，应使得该账户成为故障转移集群中每个节点上的管理员本地组成员。

集群中的所有节点都必须是同一域的成员，并且能够访问域控制器和 DNS 服务器。可以将其配置为成员服务器或域控制器。如果决定将一个节点配置为域控制器，则应该将同一域中的所有其他节点都配置为域控制器。在集群中不接受混合的域控制器和成员服务器。然而，只需要再增加一个与安全相关的项，并设置该项才能成功安装 SQL 集群：在此需要为 SQL Server 和 SQL Server 代理服务创建域用户账户。SQL Server 代理将作为 SQL Server 安装过程的一部分进行安装，并与安装的 SQL Server 实例相关联。

在安装虚拟 SQL Server 的过程中，必须准备好确定启动与 SQL Server 相关联的服务（SQL Server 本身、SQL Server 代理和可选的 SQL 全文搜索）的用户账户。SQL Server 服务账户和密码应在所有节点上保持一致，否则该节点将无法重新启动 SQL Server 服务。可以使用在每台服务器上和域内（即集群内任何节点上管理员本地组的成员）具有管理员权限的管理员账户或最好是指定账户（如集群或 ClusterAdmin）。

16.2.2 日志传送安全性考虑

日志传送是通过事务日志转储有效地将一个服务器（源）的数据复制到一个或多个其他服务器（目标）。根据定义，一个以上的 SQL Server 实例有可能作为主数据库服务器。实际上，每个源/目标服务器对都应是完全相同的（至少从安全性角度来看）。为了保证日志传送正常工作，需要在设置和实现中进行以下操作：
- 将源 SQL Server 用户 ID 安全复制到任何目标 SQL Servers 上。
- 验证为每个 SQL Server 实例启动 SQL Server 代理所用的登录名。
- 在主服务器上为日志传送文件创建适当网络共享。
- 确保创建可由监视服务器所用的 log_shipping_monitor_probe 登录名/用户 ID（除非使用的是 Windows 认证）。
- 创建跨域日志传送信任。

与源 SQL Server 数据库相关联的用户 ID 和权限必须作为日志传送的一部分进行复制，并在日志传送的所有目标服务器上保持一致。

确保源 SQL Server 实例和每个目标 SQL Server 实例都有相应的 SQL Server 代理运行，因为每个 SQL Server 实例都将创建日志传送和监视任务，除非 SQL Server 代理运行，否则不会执行。用于启动 MS SQL Server 和 SQL Server 代理服务的登录必须具有对日志传送计划作业、源服务器和目标服务器的管理访问权限。这些账户通常相同且最好是作为域账户创建。设置日志传送的用户必须是 SYSADMIN 服务角色的成员，可以提供用户修改进行日志传送的数据库的权限。

在此，需要在主服务器上创建一个可存储事务日志备份的网络共享，这样就可以通过日志传送作业（任务）来访问事务日志备份。如果使用与默认备份位置不同的目录，这一点尤为重要。下面是一个示例：

```
"\\SourceServerXX\NetworkSharename"
```

日志传送监视服务器通常（且建议）为一个单独的 SQL Server 实例。log_shipping_monitor_probe 登录名用于监视日志传送。或者，也可以使用 Windows 认证。如果使用 log_shipping_monitor_probe 登录名进行其他数据库维护计划，则必须在任意服务器上定义了相同的登录密码。实际情况是源服务器和目标服务器都使用 log_shipping_monitor_probe 登录来更新 MSDB 数据库中的两个日志传送表，这是跨服务器一致性所需要的。

通常，网络共享会变得不可用或断开，从而导致将事务日志备份到目标目录（共享）时产生复制错误。验证这些共享是否完整或建立一个监视程序在断开后进行重建是非常好的一种思路。一旦重建共享，日志传送就可以重新正常运行。

确保登录名/用户 ID 是在目标服务器中定义的。正常情况下，如果想让目标服务器作为一个故障转移数据库，则无论如何都必须定期同步 SQL Server 登录名和用户 ID。仔细检查每个登录名是否在源数据库中具有适当的角色。在主角色改变时，同步登录名会遇到很多麻烦。

最后，如果正将数据库日志从一个域中的 SQL Server 传送到另一个域中的 SQL Server，则必须在域间建立双向信任关系。在此，可以在管理员工具选项下使用活动目录域和信任工具来实现。使用双向信任的缺点是对于 SQL Server 和所有其他基于 Windows 的应用开启了一个相当大的窗口。大多数日志传送都是在单个域中完成的，以保证最严格的控制。

16.2.3 数据复制安全性考虑

不同数据复制模型的安全性考虑可能有点复杂。但使用一种标准的复制方法可以消除可能遇到的所有问题。

首先考虑从发布服务器到分发服务器，再到订阅服务器的整个数据复制流程。在最开始设置高可用性复制配置时，可能会在企业管理器（而不是复制系统存储过程）中使用复制工具选项。微软也是假设从上述过程开始，并积极规划今后的执行。首先通过主动查询所使用的账户来启动 SQL Server 代理服务。这是一项内置检查工作来验证是否每一步都被授权登录。微软也正在试图以正确方式进行安全性检查。此时的任务是通过对复制解决方案提供正确机制来进行响应，这并不是十分困难。

一般而言，以下是从数据复制的安全性角度来考虑的因素：
- SQL Server 代理服务启动复制拓扑上每个节点的账户。
- 所有复制代理均以适当的账户运行。
- 所有复制均设置并赋予授权。
- 数据同步/快照处理均有正确授权的数据和模式转换。
- 发布服务器和订阅服务器之间的登录名/用户 ID 同步（如果作为故障转移热备用）。

如前所述，企业管理器可以查看定义了哪个账户来启动 SQL Server 代理服务。这是非常关键的，因为所有复制代理都是通过 SQL Server 代理服务来启动的。如果账户关闭或未使用正确的账户启动，则不会进行复制。

还需要确保正式授权的账户是 sysadmin 服务角色的成员所用。

数据复制的最佳方法是对所有面向复制的设置都使用一个指定的账户。该账户应该是在每个 SQL Server 实例上定义的名为 Repl_Administrator 的账户，而实例是位于复制拓扑且是 sysadmin 服务角色的成员。然后，应创建另一个用于启动和处理整个 SQL Server 代理的名为 SQL_Administrator（不是 sa）的账户，该账户也应是 sysadmin 服务角色的成员。在所有 SQL Server 实例中创建相同的 SQL_Adminstrator 账户，并同时启动 SQL Server 代理。实际上，最好是一个域账户。这样就可以在 SQL Server 代理服务级和具体的复制代理级上具有相当严格的账户和密码控制。注意，SQL Server 代理可用于 SQL Server 范围内的许多操作，而不希望通过面向复制的登录来启动。然而，可以使用 Repl_Adminstrator 账户（域账户）作为拓扑中所有复制代理的拥有者。如果曾撤销过复制，也可以删除 Repl_Administrator 账户来确保不进行复制，这是一种安全的撤销操作。

切记，从建立远程分发服务器，启动发布服务器和分发服务器，注册订阅服务器以及最终订阅发布的时间来看，存在着许多必须正常工作的安全交互。每次交互都需要一个作为执行参数一部分的登录名和密码，并依次创建代理（和代理需执行的任务）。所有代理都应配置为 Repl_Administrator 账户的所有者（和执行者）。

采用这种简单而标准化的账户管理方法可在环境中真正实现复制并获得一个稳定的高可用性结果。

16.2.4 数据库快照安全性考虑

在数据库快照方面，需要严格管理以下内容：快照稀疏文件大小、对应于用户需求的数据延迟、物理部署中稀疏文件的位置、可以支持单个数据库实例的数据库快照个数以及数据库快照用户的安全性和访问需求。

默认情况下，可以在数据库快照中得到在源数据库中创建的安全性角色和定义，除了用于更新源数据库中数据和对象的角色或个体权限。由于数据库快照是只读数据库，因此从源数据库获得的权限在数据库快照中不可用。如果希望在数据库快照中具有特定的角色或限制，则需要在源数据库中定义，并立即得到。在同一个地方集中管理可满足所有需求。

16.2.5　AlwaysOn 可用性组安全性考虑

正如所知，AlwaysOn 可用性组建立在微软故障转移集群的基础上，允许 SQL Server 及其所有相关资源作为故障转移集群中的资源进行管理。本章中提到的大多数基本故障转移集群安全考虑也适用于此。启用 AlwaysOn 可用性组需要是在本地计算机中 Administrator 组的成员以及对故障转移集群完全控制。

安全性直接继承于故障转移集群。故障转移集群提供了两种级别的用户安全性粒度：只读访问和完全控制。

AlwaysOn 可用性组需要完全控制，并在对故障转移集群提供完全控制的 SQL Server 实例上启用 AlwaysOn 可用性组（通过 SSID）。

不能在故障转移管理器中直接添加或删除服务实例的安全性。为管理故障转移集群安全性会话，需使用 SQL Server 配置管理器或与 SQL Server 等效的 WMI。

SQL Server 的每个实例都必须具有访问注册表、集群和一些其他组件的权限：

- 创建一个可用性组需要是 sysadmin 固定服务角色的成员，以及具有 CREATE AVAILABILITY GROUP 服务权限、ALTER ANY AVAILABILITY GROUP 权限或 CONTROL SERVER 权限。
- 更改一个可用性组需要在可用性组具有 ALTER AVAILABILITY GROUP 权限、CONTROL AVAILABILITY GROUP 权限、ALTER ANY AVAILABILITY GROUP 权限或 CONTROL SERVER 权限。
- 在可用性组中增加一个数据库需要是 db_owner 固定数据库角色的成员。
- 移除/删除一个可用性组需要在可用性组具有 ALTER AVAILABILITY GROUP 权限、CONTROL AVAILABILITY GROUP 权限、ALTER ANY AVAILABILITY GROUP 权限或 CONTROL SERVER 权限。要删除一个不位于本地副本位置的可用性组，需要在该可用性组上具有 CONTROL SERVER 权限或 CONTROL 权限。

提示

AlwaysOn可用性组的传输安全性与数据库镜像相同。需要创建CREATE ENDPOINT权限或是sysamin固定服务角色的成员，同时还需要CONTROL ON ENDPOINT权限。

小贴士TIP

对托管AlwaysOn可用性组副本的服务器实例之间的连接进行加密是一个好主意。

16.3 SQL Server 审核

SQL Server 审核可以允许审核服务器级的操作（如登录）和 / 或数据库级操作（如 CREATE TABLE 事件）及数据库对象的个体行为（如 SELECT、INSERT、DELETE 或 UPDATE），甚至存储过程的执行。在此强烈建议启用某种级别的审核，从而可以充分了解高可用 SQL Server 平台上的所有更改。

审核是将若干元素组合成一组特定服务器操作或数据库操作的独立封装包。SQL Server 审核特性可生成一个名为审核的输出。

SQL Server 审核特性旨在取代 SQL 跟踪而作为主要审核解决方案。SQL Server 审核的目的是提供完整的审核功能且只有审核功能，这与还提供性能调试功能的 SQL 跟踪不同。

SQL Server 审核还与 Windows 操作系统紧密集成，可以将审核置于（写入）Windows 应用或安全性事件日志。通过 SQL Server 审核，可设置对 SQL Server 任何事件或执行的审核，还可以根据需要进行粒度化（从表级到操作级）。由于不仅可以跟踪所有事件，还可以使用此审核功能来实现应用和数据库合规性审核并检查误用模式，甚至数据库中包含最敏感数据的特定"热"对象。在 SQL Server 2016 中，可能需要更进一步筛选，以有助于关注特定项和减少不必要的审核。

由图 16.2 可知，在 SQL Server 实例节点下存在一个称为安全性的分支，其中包含了几种熟知并喜欢的常见安全相关选项（登录、服务角色、凭证等）。审核节点可允许指定审核内容和审核规范，可以具有 SQL Server 范围内的审核规范和审核以及数据库级的特定审核和审核规范，可以拥有尽可能多的规范，且具有不同的粒度级。

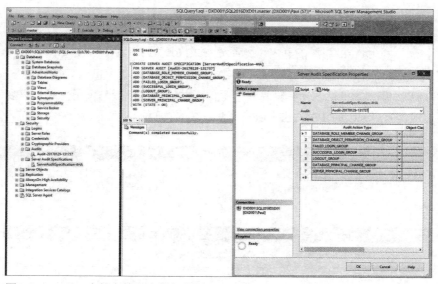

图 16.2 SSMS 中的审核和审核规范

如图 16.3 所示，在 SQL Server 2016 中具有以下三种描述审核主要对象：
- 服务审核。该对象用于描述审核数据的目标及审核的一些高层配置。审核内容可以是文件、Windows 事件日志或安全性事件日志。服务审核对象不包括审核的信息，只是审核数据的去向和审核的服务级 / 实例级信息。可定义多个服务审核对象，且每个对象都相互独立（即每个对象可以指定一个不同的目的地）。
- 服务审核规范。该对象用于描述在服务实例级上的审核内容。一个服务审核规范对象必须与服务审核对象关联，以便定义审核数据的写入位置。服务审核规范对象与服务审核对象之间存在一对一的对应关系。
- 数据库审核规范。该对象用于描述在特定数据库级上的审核内容。审核数据的写入位置由与之关联的服务审核对象决定。每个数据库审核规范对象都只能与一个服务审核对象关联。一个服务审核对象可以与多个数据库的服务审核对象关联，但每个数据库只能有一个数据库审核规范对象。

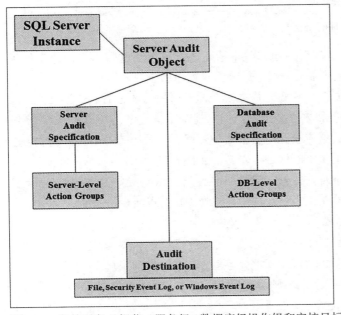

图 16.3　审核对象、规范、服务级 / 数据库级操作组和审核目标

在创建这些对象后，可以通过右击每个对象并选择 Enable 命令启用。一旦启用了服务审核对象，就开始审核并将审核记录写入指定目的地。

通过右击服务审核对象并选择 View Audit Logs 命令可查看详细信息，如果正在审核 Windows 应用或安全事件日志，则可以直接打开 Windows 事件查看器。从 SSMS 中开启审核日志的一个优点是自动筛选且只显示 SQL Server 审核对象事件。图 16.4 显示了使用日志查看器选项开启服务审核对象的日志文件查看器（通过右击服务审核对象可得）。

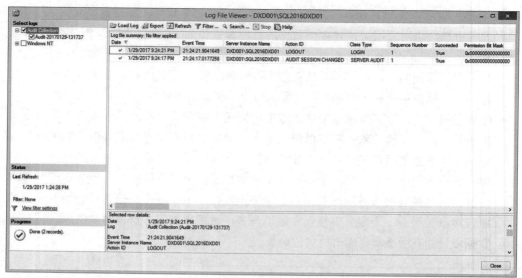

图 16.4 显示服务审核对象的审核事件的日志文件查看器

可由安全性和审核小组来决定如何使用这些审核。在此建议通过脚本来创建审核规范，以便可以很容易地进行管理且不需要通过 SSMS 对话框重新创建。

数据库备份/恢复、隔离 SQL 角色和灾难恢复安全性考虑的总体思路：一般来说，应该协同工作来确保在通知片刻备份和恢复数据库。通常情况下（通常是凌晨 3 点），系统管理员会因为某种类型的故障或数据库损坏而要求恢复数据库。系统管理员的恢复能力取决于是否有权恢复数据库。具体工作是确保数据库备份和恢复机制都得到很好的测试且是最新的，包括系统管理员账户创建为 sysadmin 固定服务角色的成员，或至少创建了一个具有 db_backupoperator 数据库角色的账户，从而使得系统管理员可以备份数据库。

许多组织机构都会隔离出于特殊目的的不同 SQL Server 账户。以下是一些示例：

- 管理服务登录。必须是 securityadmin 固定服务角色的成员。
- 创建和修改数据库。必须是 dbcreator 固定服务角色成员的一个账户。
- 在 SQL Server 中执行任何活动。必须是 sysadmin 固定服务角色的成员，其权限范围包括所有其他固定服务角色。
- 添加和阐述链接服务器以及执行某些系统存储过程，如 sp_serveroption。必须是 serveradmin 固定服务角色的成员。
- 添加或删除数据库中的 Windows 组和用户，以及 SQL Server 用户。必须是 db_accessadmin 数据库角色的成员。
- 管理 SQL Server 数据库角色的角色和成员以及管理数据库中的语句和对象权限。必须是 db_securityadmin 数据库角色的成员。
- 添加、修改或删除数据库中的对象。必须是 db_ddladmin 数据库角色的成员。

▶ 执行所有数据库角色的活动以及数据中其他维护和配置活动。必须是 db_owner 固定服务角色的成员，其权限范围包括所有其他固定服务角色。

从灾难恢复角度来看，应确保可以完全重新创建和重同步所有安全性（包括活动目录、域账户、SQL Server 登录名/密码等），包括确保需要时，有权访问 sa 密码，称为安全性重同步就绪。而且作为其中的一部分，需要完全测试这种恢复能力（1 年 1 次或多次）。

16.4 小结

本章专门讨论了安全性考虑及安全性如何影响高可用性。当涉及到高可用性系统时，往往是"很难的课程"，但如果给予足够重视并规划好面临的安全性因素，就可以避免许多问题。本章概述了可能会导致本书中所介绍的每个高可用性选项管理不当或出错的有关安全性的关键点，以及应用于所有生产实现的一些通用安全性技术。

本章所介绍的许多安全性技术都是常识性方法，如通过使用模式绑定视图方法来防止在生产过程中删除表。另一些方法是面向标准和基础设施的，例如对集群使用域账户和对于数据复制或启动 SQL Server 代理服务使用公共 SQL 账户。总之，都是为了提高稳定性和最小化停机时间。在环境中正确进行这些类型的安全实践，将有助于更容易实现甚至超出高可用性目标。

注意，安全风险都是由于在应用中存在架构问题或漏洞（如 SQL 注入攻击）而产生的。软件安全性的主要目的是安全小心地失败，并对损失有所限制。不希望在报纸或网络上看到失败的消息。

第 17 章

高可用性的未来发展方向

在本书再版时,将只讨论 100% 的高可用性解决方案(而不是 99.999%)。对于许多情况而言,这已经成为现实。但仍然存在很多问题,由于向后兼容性、预算限制、安全性考虑以及众多其他因素而导致尚不可能实现。

在过去 5 年,微软和其他行业在高可用性方面所取得的进步是令人惊叹的。作为在硅谷高科技产业中具有 30 多年职业生涯的一员,笔者一直处于技术前列。曾经花费多年时间为市值数十亿美元的公司提供全球架构的解决方案,这些公司具有前所未有的高可用性要求。但如今,普通人就能够不费吹灰之力轻易地达到同样的高可用性水平。难道我要失业了吗?事实上,不再需要高可用性架构师是难以置信的。可能这正是未来的储备(只要具有其他技能就不用担心)。该行业正朝着具有开箱即用的高可用性和惊人的可用性水平发展。一种表示未来发展趋势的更现代方式可能是,高可用性将成为一项服务,即只需启用作为服务的高可用性(HAaaS)。

本章内容提要
- 高可用性即服务
- 100%虚拟化的平台
- 100%的云平台
- 先进的异地数据复制备援
- 灾难恢复即服务?
- 小结

17.1 高可用性即服务

在与各行各业的服务供应商交流时,如微软、VMware、Salesforce、Cisco 等,一个共同的主题是提供永远可用的服务。无论是现场虚拟服务镜像、IaaS、PaaS、SaaS、DRaaS,还是任何其他作为服务的产品,都在竭力实现 100% 的高可用性。全世界都在要求这种水平的可用性。但许多因素影响了这种需求。如今,尽管移动电话等设备技术已经非常普遍,但仍有超过一半的世界还未联机。然而,Facebook 和 Google 已推出大规模项目来为世界提供互联网,因此这种现象正在迅速改变。此外,硬件(存储和计算)成本也在不断降低。实现在地球上的大部分地方都可以在全球范围内访问系统和数据只是一个时间问题,尽管可能不知道这些服务来自何处。全世界对即时获得数据和应用的渴望将为所有需要高可用性(总是可用)的人们带来同样的渴望。

是的,HAaaS 已经以多种形式开始出现。可能以基本架构形式体现,如 Hadoop 集群、地理复制、故障转移集群、虚拟机故障转移的热备用服务器等。然而,大多数现有的体系架构都必须独立或分层地配置或构建。此处所说的 HAaaS 将无需配置和分层构建,只是一种选择购买的 IaaS、SaaS、PaaS 甚至现场虚拟机的一种服务选项。只要启用,即可具有 100% 的可用性。当然,这些服务需要成本,但本书已经讲解了如何计算每分钟的停机成本,可知高可用性的停机成本能够快速证明该服务的合理性。而且,摩尔定量表明该服务的成本将会随着时间的推移而下降(可能会迅速降低,正如计算和存储成本持续下降一样)。或许不久,就可以期待微软(在虚拟化和 Azure 云)和 Amazon 宣布提供这种类型的 HAaaS 选项,可能采用服务水平协议选项的形式,并有相应的价格。其他公司也会纷纷仿效。关键是无须进行任何操作,而只需启动并付费。

17.2 100% 虚拟化的平台

任何组织都采取的降低成本并实现更灵活高可用性的一个最重要实现步骤就是 100% 的虚拟化。也就是说,根据每个硬件组件的预期寿命,可以使用服务器场中不断运行的商用硬件。然后,在计算层、网络层、内存层和存储层的基础上,可以将其虚拟化为现场的不同虚拟计算资源。接下来就必须将所有应用和数据库都转移到这些虚拟化的平台上。然而,使用商用硬件的回报是巨大的,基本上可以水平扩展以满足组织所需的任何处理需求。

我曾经咨询过的一家全球公司刚开始是 100% 地部署在专业且昂贵的服务器上,而每年从 DELL 和 HP 购买的这些实际大型硬件设备需花费 2500 万美元。在大约 18 个月内,每年购买商用硬件产品的费用已下降到 150 万美元,且平均故障率小于 5%。公司的计算能力和存储容量均翻了两番。那么,他们为什么还没有这么做呢?

图 17.1 展示了在所创建的现场虚拟化平台上需进一步完善的内容。基本上,虚拟机供应商(如微软和 VMware)将实现在此管理与高可用性(以及性能)相关的所有组件,只需直接在虚拟机管理器中设置为想要的高可用性水平。根据可行的工作方式,可以自动复制、配置、运行和分配虚拟机以实现高可用性水平。系统管理员也只需监视管理器中的界面,而不必配置集群等。高可用性服务决定了使用虚拟机资源的最佳方式。如果是在实际的硬件设备上,就不会有这么简单的实现方式。

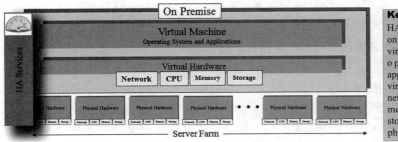

图 17.1 现场虚拟环境中的高可用性作为服务或选项

如图 17.2 所示将自然地扩展到可以作为无限计算平台的任何 IaaS 平台。在这种情况下，不必考虑商用物理服务器场，这些在供应商（Azure、Amazon）处实现了完全隔离。然而，高可用性服务可自动扩展或配置这些层，而无须以任何方式参与，只需简单设置高可用性配置，比如 100% 可用性。

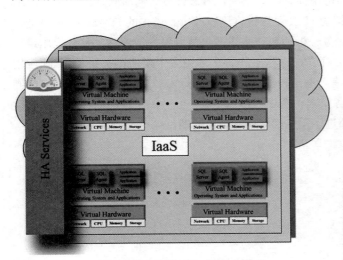

图 17.2 IaaS 环境下的高可用性作为服务或选项

相同类型的高可用性配置也会随着 PaaS 和 SaaS 供应商的出现而产生（当然是从成本角度）。大多数 PaaS 和 SaaS 供应商并不会提供 100% 的 SLA，但只要提供，就可能成为 HAaaS 产品并需要支付费用。

17.3　100% 的云平台

已经存在很长时间的大多数组织都选择了实现云平台的漫漫长路。从一些小应用或功能性实验开始，然后逐步发展为整个业务功能（如 CRM、HR 或金融财务）。一些公司只是将现有应用转移到 IaaS 平台，而其他业务则分包给 SaaS 供应商，这些供应商可提供同样的服务，只不过是在云平台上（类似于从现场的 Siebel CRM 到 Salesforce CRM SaaS）。

如今，许多新兴组织从一开始就直接采用云平台，而从未尝试过现场。可以想象，大多数人处于两者之间，即部分使用云平台，部分在现场。使用云平台可能更适合于特定需求，但需要对应用的某些控制使之更接近于实际（即现场）。注意，如果部分应用在现场，部分应用在云端，则可用性只能是与联合 SLA 一样的水平。例如，如果现场应用使用第三方 SaaS 数据聚合器作为应用的关键输入，则应用的总体可用性取决于应用本身的现场可用性和 SaaS 供应商的可用性。如果供应商性能下降或变得不可用（无论何种原因），那么即使现场应用的性能未变化，可用性也会下降。

然而，越来越多的 CIO 都已授权脱离现场部署而将"一切"置于云端。世界的发展趋势是使用大规模的云平台。随着云平台的发展，高可用性的重点也集中在云端。同时也将所需的内容转移到云端，如网络和互联网本身。每个云服务供应商的 SLA（尤其是可用性）是至关重要的。CIO 在计算公司的可用性时，必须综合考虑公司认购的联合应用 SLA，如图 17.3 所示。这意味着目前所了解的 IT 公司规模将迅速减小。未来的 IT 公司将很可能投入大部分业务分析师、架构师、财务分析师和一些技术人员以更好地评估。基础设施组、软件开发组和数据仓库组等将不复存在，这些工作将全部由各个供应商提供的 SaaS 应用和 PaaS 功能完成。目前，全球已有一些这样的公司，24 个月内 IT 员工数量从 500 名降到 25 名，且不会影响公司的任务业务要求。至于应用已 100% 位于云平台的高可用性，一般来说，所有应用的可用性都大大超过了现场部署所达到的性能。

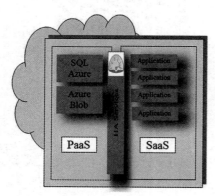

图 17.3　100% 基于云平台的环境中的高可用性作为服务

Key Words:
HA Services 高可用性服务
application 应用

17.4　先进的异地数据复制备援

许多新的 PaaS 供应商提供一种非常强大的新兴功能，有助于更快速地将公司业务转移到云平台。有关 PaaS 供应商和 PaaS 功能的示例分别是微软的 SQL Azure（SQL Server

作为服务)和微软的 Blob 存储。利用 SQL Azure,基本上可以获得所有 SQL Server 的功能,但实际上不需要执行任何操作来构建。所有需要做的只是定义置于何处和如何使用。微软提供的这种具有基本高可用性服务的 PaaS 功能实际上利用了 PaaS 本身的 SLA 特性,一个独立区域内的数据冗余和地理复制主数据库数据多达三个其他区域,如图 17.4 所示。一个区域可作为实现高可用性的故障转移区域,但有一些数据会丢失(因为是异步复制,而不是同步复制)。

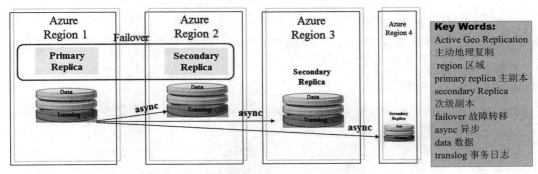

图 17.4 跨区域 SQL Azure 的当前高可用性配置

随着微软投资建设区域间更快的管道,可期待地理复制站点数量增加到很高的数量。此外,到其他区域的地理复制将实现同步复制,且可能是多个区域的同步复制,如图 17.5 所示。这将极大提高该 PaaS 的核心功能,以实现开箱即用的 100% 可用性(当然是需要付费的)。

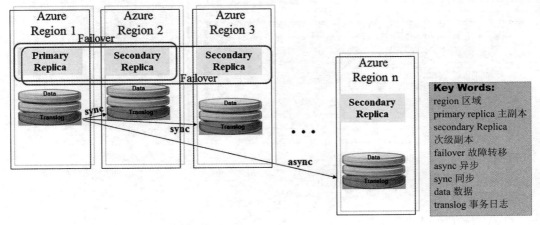

图 17.5 利用先进地理复制的 Azure 发展趋势

17.5 灾难恢复即服务？

供应商已经开始宣传其新的灾难恢复作为服务（DRaaS）产品。实际上，DRaaS 将在 IaaS、PaaS、SaaS 甚至现场部署中增加一种单独的服务，并在所有应用发生重大故障的情况下提供公司运营所需的所有关键应用和数据。DRaaS 实际上是将公司所有的关键应用和数据整合到一个独立的云平台，该平台在发生灾难性故障的情况下作为热备用。会发生灾难吗？如战争、严重自然灾害、毁灭性破坏、病毒入侵甚至是整个大陆的大规模 DDoS 攻击等事件。许多公司都希望只是简单地增加 DRaaS 功能来恢复某个地方，以防万一。微软等供应商已提供具有定制化恢复计划的 Azure 站点恢复服务，这是发展 DRaaS 的第一个重要里程碑。图 17.6 显示了如何在当前 IaaS、PaaS、SaaS 和现场部署中简单地增加一个 DRaaS，并在重大故障的情况下提供所需的业务功能。

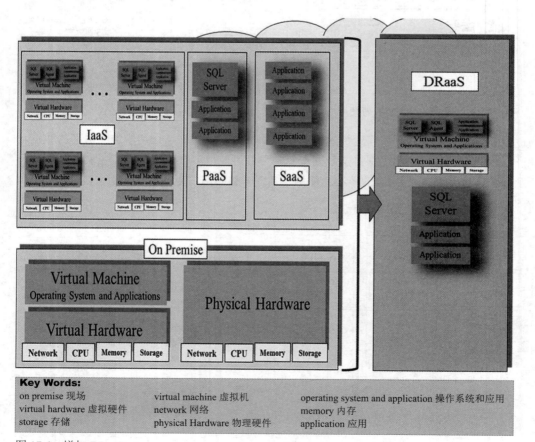

图 17.6 增加 DRaaS

17.6 小结

高可用性取决于发生故障时可以依赖的坚实基础。然后需要确定所能忍受数据丢失、停机时间和停机成本的程度。然而，快速兴起的服务（如 HAaaS 和 DRaaS）都将改变对业务中每个应用 100% 可用的实现方式。当然，这需要公司多年的发展，在基础设置和应用组合方面投入大量资金。但这终将实现，因为成本的驱动。

我们经常谈论规避全球风险，其中涉及到在全球范围内扩展业务功能和数据，以减少任何一个地方的损失（如果某个区域或数据中心发生故障），这对于小型的本地公司来说是一种规避策略。随着数据管道越来越宽，应用或服务越来越有全球意识，并能够在世界许多地方发布资源，从而可极大地减少损失风险、增大生存概率。此外，还可以获得 100% 的应用和数据可用性，即理论上讲的零数据丢失。只要保证设置为 100%，即可享受高可用性的美好生活。